HYPERBOLE

MATHÉMATIQUES

Term S
Spécialité

Joël Malaval

Gérald Bouchard
Marie-Odile Bouquet
Pierre-Antoine Desrousseaux
Frédéric Lavédrine
Jean-Jacques Meyroneinc
Marie-Christine Obert

Programme 2012

Nathan

Programme

D'après le B.O. spécial n° 8 du 13 octobre 2011

L'enseignement de spécialité prend appui sur la résolution de problèmes. Cette approche permet une introduction motivée des notions mentionnées dans le programme.
Plusieurs exemples de problèmes sont donnés à titre indicatif. L'étude des situations envisagées dans le cadre de cet enseignement conduit à un travail de modélisation et place les élèves en position de recherche.
Les thèmes abordés sont particulièrement propices à l'utilisation des outils informatiques (logiciels de calcul, tableur) et à la mise en œuvre d'algorithmes.
Le niveau d'approfondissement des notions est guidé par les besoins rencontrés dans la résolution des problèmes traités.

Arithmétique

Les problèmes étudiés peuvent notamment être issus de la cryptographie ou relever directement de questions mathématiques, par exemple à propos des nombres premiers.

EXEMPLES DE PROBLÈMES	CONTENUS
Problèmes de codage (codes-barres, code ISBN, clé du Rib, code Insee). Problèmes de chiffrement (chiffrement affine, chiffrement de Vigenère, chiffrement de Hill). Questionnement sur les nombres premiers : infinitude, répartition, tests de primalité, nombres premiers particuliers (Fermat, Mersenne, Carmichaël). Sensibilisation au système cryptographique RSA.	• Divisibilité dans $\mathbb{Z}$. • Division euclidienne. • Congruences dans $\mathbb{Z}$. • PGCD de deux entiers. • Entiers premiers entre eux. • Théorème de Bézout. • Théorème de Gauss. • Nombres premiers. • Existence et unicité de la décomposition en produit de facteurs premiers.

Matrices et suites

Il s'agit d'étudier des exemples de processus discrets, déterministes ou stochastiques, à l'aide de suites ou de matrices. On introduit le calcul matriciel sur des matrices d'ordre 2. Les calculs sur des matrices d'ordre 3 ou plus sont essentiellement effectués à l'aide d'une calculatrice ou d'un logiciel.

EXEMPLES DE PROBLÈMES	CONTENUS
Marche aléatoire simple sur un graphe à deux ou trois sommets. Marche aléatoire sur un tétraèdre ou sur un graphe à N sommets avec saut direct possible d'un sommet à un autre : à chaque instant, le mobile peut suivre les arêtes du graphe probabiliste ou aller directement sur n'importe quel sommet avec une probabilité constante p. Étude du principe du calcul de la pertinence d'une page web. Modèle de diffusion d'Ehrenfest : N particules sont réparties dans deux récipients ; à chaque instant, une particule choisie au hasard change de récipient. Modèle proie prédateur discrétisé : – évolution couplée de deux suites récurrentes ; – étude du problème linéarisé au voisinage du point d'équilibre.	• Matrices carrées, matrices colonnes : opérations. • Matrice inverse d'une matrice carrée. • Exemples de calcul de la puissance n-ième d'une matrice carrée d'ordre 2 ou 3. • Écriture matricielle d'un système linéaire. • Suite de matrices colonnes (U_n) vérifiant une relation de récurrence du type $U_{n+1} = AU_n + C$: – recherche d'une suite constante vérifiant la relation de récurrence ; – étude de la convergence. • Étude asymptotique d'une marche aléatoire.

Crédits photographiques : **5** URBA IMAGES/AIR IMAGES/F. Vielcanet ; **13** BSIP/Chagnon ; **25** www.lepape-info.com ; **26** AFP/Sia Kambou ; **33** GAMMA RAPHO/Hoa-Qui/Treal/Ruiz ; **34** RMN/Droits réservés ; **35** FIGARO PHOTO/Jean-Christophe Marmara ; **36** GETTY IMAGES France/Glow Images, Inc ; **52** SAGAPHOTO.com/Patrick Forget ; **57** COSMOS/SPL/David Parker ; **58** REA/Zuma/Xinhua ; **62** CORBIS/Bettmann ; **63** Collection CHRISTOPHE L ; **75 d** BRIDGEMAN – GIRAUDON ; **75 g** FOTOLIA/hensor ; **92** BIOSPHOTO/GPL/François de Heel ; **94 d** LEEMAGE/MP ; **94 g** Len ADLMEN ; **95** Droits Réservés ; **96** BIOSPHOTO/Bruno Mathieu ; **98** COSMOS/SPL/Volker Steger ; **102** MARCO POLO/Françoise Bouillot ; **103** GAMMA RAPHO/Hoa-Qui/Chantal Casanova ; **109** BIOSPHOTO/Juan-Carlos Munoz ; **112** REA/Ian Hanning ; **118** CORBIS/Xinhua Press/Zhang Yuwel ; **120** CORBIS/Science Faction/Michele Westmorland ; **122** GAMMA RAPHO/Jacana/Patrick Lorne ; **125** BSIP/Tom & Pat Leeson ; **127** BIOSPHOTO/J.L. Klein & M.L. Hubert ; **139** BACCEGA Éric ; **140** BIOSPHOTO/Michel Loup ; **142 g** Archives Larbor/Ph. Giacomelli, Venise ; **d** Fotolia/Henri Frontier ; **145** CORBIS/Rick Gomez ; **151** GAMMA RAPHO/Hoa-Qui/Jean-Patrick Deya ; **155** AGE FOTOSTOCK/Éric Baccega

Édition : Marielle Muret-Baudoin, Carole Trierweiler
Conception graphique : Marc Henry
Couverture : Marc & Yvette
Iconographie : Juliette Barjon
Schémas et photogravure : Soft Office
Composition : Soft Office

ISBN : 978-2-09-172673-1

Sommaire

Découvrez votre manuel

Ouverture

- Un grand document ouvre le chapitre sur le monde qui nous entoure.
- Des énigmes permettent de réactiver les connaissances de façon ludique.

Thème 1

- Un chapitre est divisé en **thèmes**. Dans chaque thème, une **entrée par problème** (comme y invite le programme officiel).
- Pour chaque thème, une **synthèse de cours**.

Du cours…

- Le cours présente les définitions et les propriétés. Le cours est illustré de nombreux exemples.

… aux exercices

- Les exercices résolus aident à dégager des méthodes de résolution de problèmes.
- Des exercices d'application directe se trouvent juste en dessous.

Exercices Pour tous les thèmes

Exercices d'application Pour créer des automatismes

Objectif Bac

Exercices d'entraînement Pour développer des compétences

Exercices d'approfondissement Pour aller plus loin

- Les exercices sont transversaux, donc concernent **tous les thèmes** du chapitre ; ils privilégient l'entrée par problèmes.
- Les exercices comportent plusieurs rubriques, pour soigner la progressivité et diversifier l'activité mathématique.
- Deux pages de **préparation au Bac** : QCM/Vrai-faux, une page d'autres exercices de type Bac.
- Dans chaque chapitre, des exercices d'algorithmique, de logique et consacrés à l'histoire des mathématiques.

Les logos du manuel

BAC | ROC | B2i | Exercice d'algorithmique | Exercice en anglais

Chapitre

1 Divisibilité dans $\mathbb{Z}$

Le code-barres identifie automatiquement un article, met à jour le stock en temps réel, réduit le temps de traitement en caisse, permet la traçabilité du produit… Très utile, il est pourtant triste… Les Japonais ont trouvé la solution en customisant les codes-barres afin de les rendre plus beaux.

Énigme ★

Coraline, qui adore jouer avec les nombres, choisit un nombre à deux chiffres.

Elle calcule successivement la somme de ces deux chiffres, leur produit et leur différence (le plus grand moins le plus petit), puis elle additionne les trois résultats. Elle obtient alors 35.

➤ ***Quel pouvait-être le nombre choisi par Coraline ?***

D'après *Championnat des Jeux Mathématiques et Logiques*

Énigme ★★

Chacun des deux joueurs propose à tour de rôle l'un des nombres 1, 2 ou 3 qui s'ajoute au total précédent.

Le premier qui aboutit au total de 20 a gagné.

➤ ***Imaginer une stratégie gagnante.***

Thème 1 Division euclidienne

Résoudre des problèmes

Problème 1 Jeux de nombres

Objectif
Réactiver les connaissances élémentaires sur multiples et diviseurs.

On se propose de déterminer des diviseurs d'un nombre entier naturel obtenu par certaines répartitions de chiffres.

1 Discussion entre amis

Igor : « Choisis un nombre entier naturel de trois chiffres et écris-le deux fois côte à côte pour former un nombre de six chiffres. Donne-moi ce nombre ».
Boris : « J'ai choisi 342 342 ».
Igor : « Ton nombre est divisible par 91 ! »
Boris vérifie sur sa calculatrice : « Ah oui, tu as raison. Quel est ton truc ? »

Info
En arithmétique, la notation $\overline{a_n \ldots a_1 a_0}$, où $a_n, \ldots, a_1, a_0$ sont des chiffres avec $a_n \neq 0$, désigne un nombre entier naturel à $(n+1)$ chiffres.
Plus précisément, il s'agit du nombre : $a_n \times 10^n + \ldots + a_2 \times 10^2 + a_1 \times 10 + a_0$.

a) Fabriquer de tels nombres et vérifier s'ils sont divisibles par 91.
Énoncer une conjecture.
b) Démontrer cette conjecture en utilisant l'info ci-dessus.
c) Expliquer pourquoi les nombres proposés par Igor ont au moins 8 diviseurs.

2 Inventeur de jeux

Imaginer d'autres problèmes de ce type en répétant 2 fois ou 3 fois ou… un nombre entier naturel de 2 ou 3 ou… chiffres.

Problème 2 L'arithmétique change nos habitudes

Objectif
Résoudre une équation du type $f(x) \times g(y) = n$ avec $n \in \mathbb{N}$, d'inconnues les nombres entiers naturels x et y.

Note
$\mathbb{N}$ est l'ensemble des nombres entiers naturels.
$\mathbb{Z}$ est l'ensemble des nombres entiers relatifs.

On se propose de déterminer les nombres entiers naturels par lesquels diviser 45 de façon que le quotient soit égal au reste.

a) Montrer que résoudre ce problème revient à déterminer les nombres entiers naturels tels que $x(y+1) = 45$ et $x < y$.
b) Déterminer la liste des diviseurs positifs de 45. Conclure sur le problème initial.

MÉTHODE

$f(x)$ et $g(y)$ désignent des nombres entiers dépendant des nombres entiers (naturels ou relatifs) x et y.
Pour résoudre une équation du type $f(x) \times g(y) = n$ d'inconnues x et y avec n nombre entier donné, on utilise un **raisonnement exhaustif** :
- on détermine les diviseurs de n (dans $\mathbb{N}$ ou dans $\mathbb{Z}$) ;
- on résout tous les systèmes $\begin{cases} f(x) = d \\ g(y) = d' \end{cases}$ avec $d \times d' = n$;
- on conclut en faisant une vérification.

Problème 3 Effectuer une division euclidienne

Objectif
Étendre la division euclidienne au cas où le dividende est un nombre entier relatif.

On se propose de mettre en place des procédés pour effectuer automatiquement une division euclidienne.

1 Mise en place

a désigne un nombre entier relatif et b un nombre entier naturel non nul.

On admet ici qu'il existe un unique couple $(q\,;r)$ avec $q \in \mathbb{Z}$ et $r \in \mathbb{N}$ tels que $a = bq + r$ et $0 \leqslant r < b$.

Expliquer alors pourquoi $q = \mathrm{E}\left(\frac{a}{b}\right)$ et $r = a - b \times \mathrm{E}\left(\frac{a}{b}\right)$.

Info
E(x) désigne la partie entière du nombre réel x, c'est-à-dire le nombre entier relatif n tel que :

$$n \leqslant x < n+1$$

Avec les calculatrices, E s'obtient de la façon suivante :

T.I.	Casio
math ▶ (NUM)5(partEnt() entrer	OPTN F6 (▶) F4 (NUM) F5 (Intg) EXE

2 Avec la calculatrice

Note
La TI-83 Plus dispose d'une fonction MODE qui donne le reste d'une division euclidienne.

L'algorithme ci-contre donne le quotient et le reste de la division euclidienne de a par b.

a) Traduire cet algorithme en langage machine et le saisir avec la calculatrice.

b) Exécuter ce programme et vérifier les valeurs affichées :

- $a = -3\,437$ et $b = 323$
- $a = -137\,589$ et $b = 257$
- $a = 9\,999\,999\,999\,999$ et $b = 222\,222\,222\,222$

Entrées
Saisir a, b (b non nul)
Traitement
q prend la valeur $\mathrm{E}\left(\frac{a}{b}\right)$
r prend la valeur $a - b \times \mathrm{E}\left(\frac{a}{b}\right)$
Sorties
Afficher q
Afficher r

3 Avec un tableur

La fonction partie entière est la fonction ENT.

La fonction MOD affiche le reste d'une division euclidienne.

Préparer une feuille de calcul comme ci-contre et l'utiliser pour effectuer des divisions euclidiennes de votre choix.

	A	B	C	D
1	*a*	*b*	Quotient	Reste
2				
3				
4				

Problème 4 Avec des lettres

Objectif
Effectuer une division euclidienne lorsque dividendes et diviseurs dépendent de $n \in \mathbb{N}$.

On se propose d'effectuer la division euclidienne de $3n + 2$ par $n + 3$, où n désigne un nombre entier naturel.

a) Pourquoi le quotient ne peut-il pas être supérieur ou égal à 3 ?

b) Lorsque $n \geqslant 4$, démontrer que le quotient est 2 et que le reste est $n - 4$.

c) Étudier les cas où $0 \leqslant n \leqslant 3$.

Divisibilité dans $\mathbb{Z}$

$\mathbb{N}$ désigne l'ensemble des nombres entiers naturels.
$\mathbb{Z}$ désigne l'ensemble des nombres entiers relatifs.

1 Multiples et diviseurs d'un nombre entier relatif

DÉFINITION a et b désignent des nombres entiers relatifs.
Dire que a divise b signifie qu'il existe un **nombre entier relatif** k tel que $b = a \times k$.

Vocabulaire
On dit aussi que « a est un diviseur de b » ou que « b est un multiple de a ».

EXEMPLES
- -23 divise -276. En effet, $-276 = (-23) \times 12$.
- Pour tout $n \in \mathbb{Z}$, $(n-1)$ divise $(n^2 + 3n - 4)$. En effet, $n^2 + 3n - 4 = (n-1)(n+4)$ et $(n+4) \in \mathbb{Z}$.

Conséquences immédiates
- Tout nombre entier relatif a divise 0. En effet $0 = a \times 0$ et $0 \in \mathbb{Z}$.
- Tout nombre entier relatif non nul b admet un nombre fini de diviseurs.

En effet, il en admet $2 \times |b|$ au plus : $-|b|$; … ; -1 ; 1 ; … ; $|b|$.

2 Propriétés de la divisibilité dans $\mathbb{Z}$

a, b et c désignent des nombres entiers relatifs non nuls.

PROPRIÉTÉ Si a divise b et c, alors a divise $b + c$ et a divise $b - c$.

DÉMONSTRATION
Par **hypothèse**, a divise b et c, donc il existe des nombres entiers relatifs k et k' tels que :

$$b = a \times k \qquad \text{et} \qquad c = a \times k'$$

Ainsi $b + c = ak + ak'$, c'est-à-dire $b + c = a(k + k')$ avec $(k + k') \in \mathbb{Z}$. En **conclusion**, a divise $b + c$.
Par ailleurs, $b - c = ak - ak'$, c'est-à-dire $b - c = a(k - k')$ avec $(k - k') \in \mathbb{Z}$. En **conclusion**, a divise $b - c$.

Note
On dit que $bu + cv$ est une **combinaison linéaire** de b et c.

PROPRIÉTÉ GÉNÉRALISÉE
Si a divise b et c, alors pour tous nombres entiers relatifs u et v, a divise $bu + cv$.

DÉMONSTRATION
Par **hypothèse**, a divise b et c, donc il existe des nombres entiers relatifs k et k' tels que :

$$b = a \times k \qquad \text{et} \qquad c = a \times k'$$

Ainsi $bu + cv = a(ku + k'v)$ avec $(ku + k'v) \in \mathbb{Z}$. En **conclusion**, a divise $bu + cv$.

EXEMPLE
n désigne un nombre entier relatif.
a désigne un nombre entier relatif qui divise $n - 3$ et $2n + 1$.
D'après la propriété ci-dessus, a divise aussi la combinaison linéaire $1(2n+1) - 2(n-3)$ de ces deux nombres.

$$1(2n+1) - 2(n-3) = 2n + 1 - 2n + 6 = 7.$$

Donc a divise 7.

1 Exercice résolu — Utiliser les combinaisons linéaires

n désigne un nombre entier relatif.

a) Comment choisir n pour que n divise $n + 8$?

b) Déterminer n pour que $n - 4$ divise $3n + 24$.

Solution

a) • **Si** n divise $n + 8$, comme n divise n, **alors** n divise la différence $(n + 8) - n$, c'est-à-dire n divise 8.

• **Réciproquement**, **si** n divise 8, comme n divise n, **alors** n divise la somme $n + 8$.

> • On montre que si n divise $n+8$, alors n est un diviseur de 8.
> • Est-ce que tout diviseur de 8 est bien un diviseur de $n + 8$? C'est l'objet de la réciproque.

Conclusion

n divise $n + 8$ **si, et seulement si**, n divise 8.

n est donc l'un des nombres de l'ensemble $\{-8 ; -4 ; -2 ; -1 ; 1 ; 2 ; 4 ; 8\}$

b) • **Si** $n - 4$ divise $3n + 24$, comme $n - 4$ divise $n - 4$, **alors** $n - 4$ divise toute combinaison linéaire de ces deux nombres. En particulier $n - 4$ divise $(3n + 24) - 3(n - 4)$, c'est-à-dire $n - 4$ divise 36.

• **Réciproquement**, **si** $n - 4$ divise 36, comme $n - 4$ divise $n - 4$, **alors** $n - 4$ divise la somme $36 + 3(n - 4)$, donc $n - 4$ divise $3n + 24$.

> Pour résoudre ce type de problème, on fabrique une combinaison linéaire des deux nombres indépendants de n.

Conclusion

$n - 4$ divise $3n + 24$ **si, et seulement si**, $n - 4$ divise 36.

$n - 4$ est l'un des nombres de l'ensemble $\{-36 ; -18 ; -12 ; -9 ; -6 ; -4 ; -3 ; -2 ; -1 ; 1 ; 2 ; 3 ; 4 ; 6 ; 9 ; 12 ; 18 ; 36\}$.

n est donc l'un des nombres de l'ensemble $\{-32 ; -14 ; -8 ; -5 ; -2 ; 0 ; 1 ; 2 ; 3 ; 5 ; 6 ; 7 ; 8 ; 10 ; 13 ; 16 ; 22 ; 40\}$.

2 Exercice résolu — Utiliser un raisonnement par disjonction de cas

Déterminer les nombres entiers relatifs x et y tels que $x^2 - y^2 = 7$.

Solution

$x^2 - y^2 = 7$ revient à $(x + y)(x - y) = 7$.

Donc $x + y$ et $x - y$ sont des diviseurs associés de 7.

Or, les diviseurs de 7 dans $\mathbb{Z}$ sont $-7 ; -1 ; 1 ; 7$.

Donc, si $(x ; y)$ est une solution de $x^2 - y^2 = 7$, alors :

> On utilise la méthode proposée au problème 2 p. 6.

$\begin{cases} x + y = -7 \\ x - y = -1 \end{cases}$ ou $\begin{cases} x + y = -1 \\ x - y = -7 \end{cases}$ ou $\begin{cases} x + y = 1 \\ x - y = 7 \end{cases}$ ou $\begin{cases} x + y = 7 \\ x - y = 1 \end{cases}$

$\begin{cases} 2x = -8 \\ x + y = -7 \end{cases}$ ou $\begin{cases} 2x = -8 \\ x + y = -1 \end{cases}$ ou $\begin{cases} 2x = 8 \\ x + y = 1 \end{cases}$ ou $\begin{cases} 2x = 8 \\ x + y = 7 \end{cases}$

$(x ; y) = (-4 ; -3)$ ou $(x ; y) = (-4 ; 3)$ ou $(x ; y) = (4 ; -3)$ ou $(x ; y) = (4 ; 3)$

Réciproquement, on vérifie que chacun de ces quatre couples est solution de l'équation $x^2 - y^2 = 7$.

Conclusion : $(x ; y)$ peut être l'un des couples $(-4 ; -3)$; $(-4 ; 3)$; $(4 ; -3)$; $(4 ; 3)$.

Pour s'exercer

3 Comment choisir le nombre entier relatif n pour que n divise $n + 12$?

4 Déterminer les nombres entiers naturels n pour lesquels $5n + 7$ est un diviseur de $2n + 16$.

5 Déterminer les nombres entiers relatifs x et y tels que $(x - 1)^2 \times y = 18$.

6 **a)** Déterminer les nombres entiers naturels n et m tels que $(2n - 3)(4n - 13)m = 15$.

b) En déduire sans calcul supplémentaire un couple de nombres entiers naturels tels que $(2n - 3)(4n - 13)m = 45$.

Du cours...

Division euclidienne

1 Division euclidienne

PROPRIÉTÉ a désigne un nombre entier relatif et **b un nombre entier naturel non nul.**
Il existe un unique couple de nombres entiers relatifs $(q\,;r)$ tel que $a = bq + r$ avec $0 \leqslant r < b$.

DÉMONSTRATION

- **Existence du couple $(q\,;r)$**

La suite des multiples de b est :

$$\ldots\,; -kb\,; \ldots\,; -2b\,; -b\,; 0\,; b\,; 2b\,; \ldots\,; kb\,; \ldots \text{ (avec } k \in \mathbb{N}\text{).}$$

Note
q est la partie entière de $\frac{a}{b}$.

1er cas : a est un multiple de b. Alors a est un terme de la suite ci-dessus et il existe un nombre entier relatif q tel que $a = bq$.

2e cas : a n'est pas un multiple de b. Alors il existe des multiples de b inférieurs à a et d'autres supérieurs à a. Ainsi $bq < a < b(q+1)$, où $b(q+1)$ désigne le plus petit multiple de b supérieur à a.

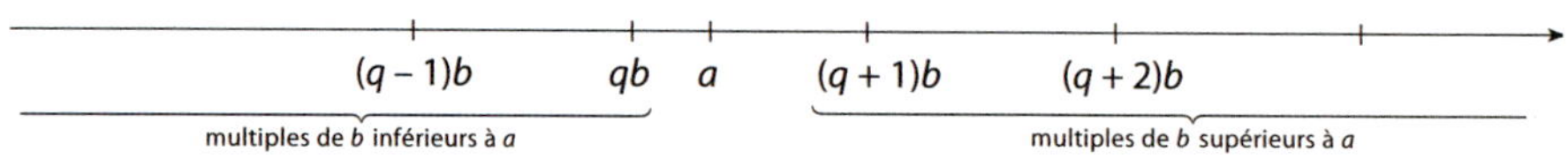

Conclusion : d'après les deux cas ci-dessus, il existe un nombre entier relatif q tel que $bq \leqslant a < b(q+1)$, c'est-à-dire $0 \leqslant a - bq < b$. On pose $r = a - bq$ et on obtient $a = bq + r$ avec $0 \leqslant r < b$.

- **Unicité du couple $(q\,;r)$**

On suppose qu'il existe deux couples $(q\,;r)$ et $(q'\,;r')$ tels que $a = bq + r$ et $a = bq' + r'$ avec $0 \leqslant r < b$ et $0 \leqslant r' < b$.

Par soustraction membre à membre des deux égalités, on obtient $0 = b(q - q') + (r - r')$ soit $r - r' = b(q' - q)$ donc **$r - r'$ est un multiple de b**.

$0 \leqslant r' < b$, donc en multipliant par (-1), on obtient $-b < -r' \leqslant 0$; en ajoutant r à chaque membre, on obtient $-b + r < r - r' \leqslant r$.

Or $-b \leqslant -b + r$ car $r \geqslant 0$; ainsi $-b \leqslant -b + r < r - r' \leqslant r < b$ donc $-b < r - r' < b$. Or 0 est le seul multiple de b strictement compris entre $-b$ et b, donc $r - r' = 0$ soit $r = r'$.

On en déduit alors que $b(q - q') = 0$ soit $q = q'$. D'où l'unicité du couple $(q\,;r)$.

DÉFINITIONS a désigne un nombre entier relatif et b un nombre entier naturel non nul.
Effectuer la division euclidienne de a par b, c'est trouver le couple $(q\,;r)$ de nombres entiers relatifs tels que : $a = bq + r$ et $0 \leqslant r < b$.
a est le dividende, b le diviseur, q le quotient, r le reste.

$$\begin{array}{c|c} a & b \\ \hline r & q \end{array}$$

EXEMPLES

- $a = 80\,;\ b = 17$: $80 = 17 \times 4 + 12$ et $0 \leqslant 12 < 17$ donc $q = 4$ et $r = 12$.
- $a = -95\,;\ b = 12$: $-95 = 12 \times (-8) + 1$ et $0 \leqslant 1 < 12$ donc $q = -8$ et $r = 1$.

2 Écriture d'un nombre entier relatif quelconque

Les restes possibles dans la division euclidienne d'un nombre entier relatif a par un nombre entier naturel b non nul sont $0\,; 1\,; 2\,\ldots\,; b - 1$.

Donc tout nombre entier naturel a peut s'écrire bk ou $bk + 1$ ou $bk + 2$ ou … ou $bk + (b - 1)$ (avec $k \in \mathbb{Z}$).

EXEMPLES :
- Tout nombre entier relatif a peut s'écrire sous la forme $2k$ ou $2k + 1$ (avec $k \in \mathbb{Z}$).
- Tout nombre entier relatif a peut s'écrire sous la forme $3k'$ ou $3k' + 1$ ou $3k' + 2$ (avec $k' \in \mathbb{Z}$).

7 Exercice résolu — Déterminer le reste d'une division euclidienne

n désigne un nombre entier naturel non nul.

Quel est le reste de la division euclidienne : **a)** de $(n+2)^2$ par $n+4$? **b)** de $7n+16$ par $2n+3$?

Conjecturer à l'aide d'un tableur, puis justifier les réponses.

Solution

	A	B	C	D
1	n	$(n+2)^2$	$n+4$	Reste
2	1	9	5	4
3	2	16	6	4
4	3	25	7	4
5	4	36	8	4
6	5	49	9	4
7	6	64	10	4
8	7	81	11	4
9	8	100	12	4

a) On conjecture que le reste de la division euclidienne de $(n+2)^2$ par $n+4$ vaut 4 (voir feuille de calcul ci-contre).

Dans la cellule D2, on tape la formule =MOD(B2;C2).

Pour tout nombre entier naturel non nul n :

$$(n+2)^2 = n^2+4n+4 = (n+4)n+4,$$

avec $0 \leqslant 4 < n+4$ (car $n > 0$).

Donc pour tout $n \geqslant 1$, le reste de la division euclidienne de $(n+2)^2$ par $n+4$ est 4.

	A	B	C	D
1	n	$7n+16$	$2n+3$	Reste
2	1	23	5	3
3	2	30	7	2
4	3	37	9	1
5	4	44	11	0
6	5	51	13	12
7	6	58	15	13
8	7	65	17	14
9	8	72	19	15

b) On conjecture que :
- si $0 < n \leqslant 4$, le reste est $4-n$;
- si $n \geqslant 5$, le reste est $n+7$.

Pour tout nombre entier naturel non nul n, $7n+16 = 3(2n+3)+n+7$.

Or $n+7$ est le reste de la division quand $0 \leqslant n+7 < 2n+3$, c'est-à-dire $n > 4$.

Dans le cas où $0 < n \leqslant 4$, le reste est supérieur au diviseur, donc on augmente le quotient de 1. Ainsi $7n+16 = 4(2n+3)+4-n$.

On vérifie que $0 \leqslant 4-n < 2n+3$ pour $n \in \{1\,;2\,;3\,;4\}$.

Conclusion :
- pour tout $n \in \{1\,;2\,;3\,;4\}$, le reste de la division euclidienne de $7n+16$ par $2n+3$ est $4-n$;
- pour tout $n \geqslant 5$, le reste de la division euclidienne de $7n+16$ par $2n+3$ est $n+7$.

Pour s'exercer

8 Effectuer la division euclidienne de a par b dans chacun des cas suivants :

a) $a = 2\,006$; $b = 11$ **b)** $a = 1\,321$; $b = 9$

c) $a = -1\,321$; $b = 9$ **d)** $a = -423$; $b = 11$

9 **1.** Vérifier que $197\,719 = 341 \times 578 + 621$.

2. Effectuer sans utiliser la calculatrice la division euclidienne de :

a) 197 719 par 341 **b)** 197 719 par 578

c) −197 719 par 578 **d)** −197 719 par 341

10 a désigne un nombre entier naturel. Le reste dans la division euclidienne de a par 144 est 67.

Quel est le reste de la division euclidienne de a :

a) par 72 ? **b)** par 36 ? **c)** par 18 ?

11 Déterminer tous les nombres entiers naturels qui divisés par 7 donnent un quotient égal au reste.

12 n désigne un nombre entier naturel, $n \geqslant 2$.

Déterminer le reste dans la division euclidienne de $4n-3$ par $2n+1$.

13 n désigne un nombre entier naturel.

$$a = 2n^2+12n+22\,;\ b = n+2\,;\ c = 2n+5$$

On souhaite déterminer les restes de a par b et de a par c.

a) Émettre deux conjectures avec un tableur.

b) Démontrer que b divise $2n^2+12n+16$.

En déduire que b divise a, si et seulement si, b divise 6.

Justifier la première conjecture.

c) Vérifier que :

$$a = (2n+5)(n+3)+n+7$$

Conclure sur la deuxième conjecture.

14 n désigne un nombre entier naturel.

Démontrer que $n(n+2)(n+4)$ est divisible par 3.

On utilisera un raisonnement par **disjonction de cas** en envisageant les trois cas :

• $n = 3k$ • $n = 3k+1$ • $n = 3k+2$ (avec $k \in \mathbb{N}$)

Résoudre des problèmes

Problème 5 Un nouvel outil

Objectif
S'initier aux congruences.

Zoé sait qu'elle a entre 300 et 400 jetons. Si elle fait des tas de 17 jetons, il lui en reste 9. Si elle fait des tas de 5 jetons, il lui en reste 3.

On se propose de savoir combien Zoé a de jetons.

1 L'idée de Capucine

Capucine a amorcé un travail sur tableur.

	A	B	C	D
1	x	$17x+9$	y	$5y+3$
2	0	9	0	3
3	1	26	1	8
4	2	43	2	13
5	3	60	3	18

a) Que représentent x et y dans cette situation ?

b) Critiquer la démarche de Capucine. Permet-elle de résoudre le problème ?

2 L'idée de Louis

Louis a également amorcé un travail sur tableur.

B2 =MOD(A2;17)

	A	B	C
1	Nombre de jetons	Reste dans la division par 17	Reste dans la division par 5
2	300	11	0
3	301	12	1
4	302	13	2
5	303	14	3
6	304	15	4
7	305	16	0
8	306	0	1

a) Que calcule Louis dans la cellule B2 ?

b) Critiquer la démarche de Louis. Permet-elle de résoudre le problème ?

Après avoir mis en place la notion de congruence, on verra au chapitre 2 comment résoudre ce problème en se ramenant à une équation diophantienne (voir p. 43).

Note
C'est Karl Friedrich Gauss (1777-1855) qui, à l'âge de 24 ans, introduisit la relation de congruence dans son ouvrage *Disquitiones*.

Info
301 et 306 ont le même reste dans la division euclidienne par 5. On dit que « 301 et 306 sont congrus modulo 5 » et on note $301 \equiv 306\ [5]$ ou $301 \equiv 306\ (5)$ ou $301 \equiv 306\ (\text{mod. } 5)$.
Plus généralement, n désigne un nombre entier naturel supérieur ou égal à 2.
Dire que deux nombres entiers relatifs a et b sont congrus modulo n signifie que a et b ont le même reste dans la division euclidienne par n. On note $a \equiv b\ [n]$.

Problème 6 Le mathémagicien

Objectif
Découvrir des propriétés des congruences.

a est un nombre entier relatif dont le reste est 7 dans la division euclidienne par 10.
b est un nombre entier relatif dont le reste est 3 dans la division euclidienne par 10.
c est un nombre entier relatif dont le reste est 4 dans la division euclidienne par 10.

1 Le mathémagicien annonce : « Le reste dans la division euclidienne de $a + b + c$ par 10 est 4 ». Expliquer ce mystère.

2 À votre tour, conjecturer le reste dans la division euclidienne par 10 de :

a) $a - b + c$ **b)** $a + b - c$ **c)** abc **d)** $ab + bc + ca$ **e)** $a^2 + b^2 + c^2$

Problème 7 Clé de contrôle d'un numéro INSEE

Objectif
Souligner l'importance de l'arithmétique dans la vie de tous les jours.

Le numéro INSEE d'un individu est constitué de 13 chiffres auxquels s'ajoutent les deux chiffres d'une clé de contrôle.
En lisant de gauche à droite :

- le premier des 13 chiffres est 1 ou 2 selon qu'il s'agit d'un homme ou d'une femme ;
- les deux chiffres suivants sont les deux derniers de l'année de naissance ;
- les deux suivants le mois de naissance ;
- les deux suivants le département ;
- les trois suivants la commune de naissance ;
- les trois derniers le numéro d'inscription sur le registre de l'état civil ;
- les deux chiffres de droite sont ceux de la clé de contrôle : elle permet de discerner certaines erreurs de transcription des treize premiers chiffres.

1 Définition de la clé de contrôle

Si A est le nombre entier constitué par les treize premiers chiffres et r le reste de la division euclidienne de A par 97, la clé de contrôle est $K = 97 - r$.
Démontrer que cette clé est un nombre entier naturel non nul d'au plus deux chiffres.

2 Calcul de la clé de contrôle

a) Vérifier que $10^2 \equiv 3\,[97]$.
b) En écrivant A sous la forme $A = 10^6 \times B + C$, démontrer que $27B + C \equiv r\,[97]$.
c) Avec la calculatrice, vérifier que 80 est bien la clé du numéro INSEE inscrit sur la carte vitale ci-contre.
d) Déterminer la clé de contrôle du numéro INSEE : 1 88 02 63 113 095.

Problème 8 Les codes-barres

Objectif
Comprendre les procédures de codage et de contrôle des codes-barres.

Il existe de nombreux systèmes de codage.
Le code-barres EAN13 (European Article Numbering) est le système le plus couramment utilisé pour identifier toutes sortes de produits.

3 987654 321095

3 chiffres pour identifier le pays
5 chiffres pour identifier le fabricant
5 chiffres pour identifier le produit
1 seul chiffre pour la clé de contrôle

Les livres sont enregistrés au niveau international par un code ISBN (International Standard Book Number). Ce code est très utile pour la classification et le recensement des ouvrages, mais il n'est pas exploitable pour la commercialisation du livre puisque la grande distribution utilise le codage EAN-13.

Voici ce qu'on trouve au dos d'un exemplaire d'un livre Hyperbole, édition Nathan, 2006 :

Zone géographique — Code éditeur — Code du livre — Clé de contrôle

ISBN : 2-09-172477-7 ← **Code ISBN-10**

9 782091 724775 ← **Code EAN-13**

Indicatif international pour les livres — Les 9 premiers chiffres du code ISBN — La clé de contrôle

On se propose de comprendre le mode de calcul des clés de contrôle dans les systèmes EAN-13 et ISBN.

1 Le code EAN-13

On attribue un rang à chacun des 12 premiers chiffres du code-barres en allant de gauche à droite.

Le code-barres EAN-13 du manuel 2006 de chez Nathan peut être symbolisé par le tableau suivant :

Rang	C_1	C_2	C_3	C_4	C_5	C_6	C_7	C_8	C_9	C_{10}	C_{11}	C_{12}	K
Chiffre	9	7	8	2	0	9	1	7	2	4	7	7	?

La clé K du code est calculée de la manière suivante.

- On calcule S_i la somme des chiffres des rangs d'indices impairs.
- On calcule S_p la somme des chiffres des rangs d'indices pairs.
- La clé K vérifie la relation $\mathbf{S_i + 3 \times S_p + K \equiv 0\ [10]}$.

Vérifier la clé de contrôle du code EAN-13 du manuel de chez Nathan.

2 Application

Voici quelques codes-barres trouvés sur des articles. Certains chiffres ont été cachés par une tâche rouge sur les articles 2, 3 et 4.

5 010029 020519
Article 1

3 80006● 711135
Article 2

4 571193 ●00002
Article 3

3 59671●● 16079
Article 4

a) Par une recherche sur Internet, donner la provenance des quatre articles dont les codes-barres sont ci-dessus.

b) Vérifier la clé de contrôle de l'article 1.

c) Le chiffre de rang 7 a été caché sur le code-barres de l'article 2. Peut-on le retrouver ?

d) Le chiffre de rang 8 a été caché sur le code-barres de l'article 3. Peut-on le retrouver ?

e) Les chiffres de rangs 7 et 8 ont été cachés sur le code-barres de l'article 4. Peut-on les retrouver ?

3 Le code ISBN

Le code-barres ISBN-10 du manuel 2006 de chez Nathan peut être symbolisé par les deux premières lignes du tableau ci-dessous.
On attribue une pondération à chaque rang (de 10 à 2 en allant en sens décroissant) et on fait la somme S des produits obtenus.

Rang	C_1	C_2	C_3	C_4	C_5	C_6	C_7	C_8	C_9	C
Chiffre	2	0	9	1	7	2	4	7	7	?
Pondération	10	9	8	7	6	…	…	…	…	
Produit	20	0	72	…	…	…	…	…	…	Somme S

a) Recopier et compléter ce tableau.
b) La clé C vérifie la relation $S + C \equiv 0\,[11]$. Vérifier la clé de contrôle pour ce manuel.
c) On donne ci-dessous des codes EAN-13 et ISBN-10 de livres. Trouver dans chaque cas le code manquant.

	Codes EAN-13	**Code ISBN-10**
Livre n° 1	978..............	2-10-003781-1
Livre n° 2	9 782278 046775	
Livre n° 3	978..............	2-95-069600-7

Problème 9 La clé du Relevé d'Identité Bancaire

Le numéro d'un compte bancaire au format RIB comporte 23 chiffres et se décompose comme suit :

	Code banque	Code guichet	Numéro de compte	Clé RIB
France	$\underbrace{r_1r_2r_3r_4r_5}_{B}$	$\underbrace{r_6r_7r_8r_9r_{10}}_{G}$	$\underbrace{r_{11}r_{12}r_{13}r_{14}r_{15}}_{C_1}\underbrace{r_{16}r_{17}r_{18}r_{19}r_{20}r_{21}}_{C_2}$	$\underbrace{r_{22}r_{23}}_{K}$

1 Définition de la clé du RIB

Si N est le nombre entier constitué par les 23 chiffres du numéro du compte bancaire, alors la clé K vérifie la relation $N \equiv 0\,[97]$ et K compris entre 1 et 97.

a) Déterminer le reste dans la division euclidienne par 97 de :
- 10^2
- de 10^8
- de 10^{13}
- de 10^{18}

b) En écrivant N sous la forme $N = B \times 10^{18} + G \times 10^{13} + C_1 \times 10^8 + C_2 \times 10^2 + K$, démontrer que $89B + 15G + 81C_1 + 3C_2 + K \equiv 0\,[97]$, c'est-à-dire :

$$K \equiv 97 - (89B + 15G + 81C_1 + 3\,C_2)\,[97].$$

2 Calcul de la clé d'un RIB

a) Voici le RIB du compte de Lucile, la clé a été effacée.

code banque	code guichet	numéro de compte	clé RIB
11907	00840	40319431090	

Retrouver cette clé.
b) Écrire un programme avec un logiciel adapté, qui, à l'entrée du code banque, du code guichet et du numéro de compte donne la clé du RIB.

Congruences dans $\mathbb{Z}$

a et b désignent deux nombres entiers relatifs et n un nombre entier naturel ($n \geqslant 2$).

1 Congruences

DÉFINITION Dire que a et b sont congrus modulo n signifie que a et b ont le même reste dans la division euclidienne par n. On note $a \equiv b\,[n]$ ou $a \equiv b\,(n)$ ou $a \equiv b\,(\text{mod. } n)$

CONSÉQUENCES IMMÉDIATES
- $a \equiv a\,[n]$
- Si $a \equiv b\,[n]$, alors $b \equiv a\,[n]$
- Si $a \equiv b\,[n]$ et $b \equiv c\,[n]$, alors $a \equiv c\,[n]$
- Si r est le reste dans la division euclidienne de a par n, alors $a \equiv r\,[n]$.

EXEMPLES : • $16 \equiv 1\,[3]$ car dans la division euclidienne de 16 par 3 le reste est 1.
• $-5 \equiv 3\,[2]$ car -5 et 3 ont pour reste 1 dans la division euclidienne par 2.

2 Une propriété fondamentale

PROPRIÉTÉ $a \equiv b\,[n]$ si, et seulement si, $a - b$ est un multiple de n.
Autrement dit, $a \equiv b\,[n]$ si, et seulement si, il existe $k \in \mathbb{Z}$ tel que $a = b + kn$.

DÉMONSTRATION

• Si $a \equiv b\,[n]$, alors il existe trois nombres entiers relatifs q, q' et r tels que $a = nq + r$, $b = nq' + r$ et $0 \leqslant r < n$. Alors $a - b = n(q - q')$ avec $q - q' \in \mathbb{Z}$. Donc $a - b$ est un multiple de n.

• Réciproquement, si $a - b$ est un multiple de n, alors il existe $k \in \mathbb{Z}$ tel que $a - b = kn$, c'est-à-dire $a = b + kn$. Or il existe deux nombres entiers relatifs q' et r' tels que $b = nq' + r'$ et $0 \leqslant r' < n$, donc $a = n(k + q') + r'$. Ainsi r' est le reste dans la division euclidienne de a par n. Donc a et b ont le même reste r' dans la division euclidienne par n.

EXEMPLES : $n \equiv 1\,[5]$ signifie qu'il existe $k \in \mathbb{Z}$ tel que $n = 1 + 5k$. Il est à noter qu'alors :
$n \equiv 6\,[5]$ (car $n = 1 + 5 + 5(k - 1)$) ou $n \equiv -4\,[1]$ (car $n = 1 - 5 + 5(k + 1)$)...

3 Compatibilité avec les opérations

c et d désignent également des nombres entiers relatifs.

PROPRIÉTÉS Si $a \equiv b\,[n]$ et $c \equiv d\,[n]$, alors :
❶ $a + c \equiv b + d\,[n]$ ❷ $a - c \equiv b - d\,[n]$ ❸ $ac \equiv bd\,[n]$ ❹ pour tout $p \in \mathbb{N}$, $a^p \equiv b^p\,[n]$

DÉMONSTRATIONS

$a \equiv b\,[n]$ et $c \equiv d\,[n]$ signifie qu'il existe $k \in \mathbb{Z}$ et $k' \in \mathbb{Z}$ tels que $a = b + kn$ et $c = d + k'n$.
❶ En ajoutant membre à membre, il vient $a + c = b + d + (k + k')n$ avec $k + k' \in \mathbb{Z}$.
Donc $a + c \equiv b + d\,[n]$.
❷ En soustrayant, il vient $a - c = b - d + (k - k')n$ avec $k - k' \in \mathbb{Z}$. Donc $a - c \equiv b - d\,[n]$.
❸ En multipliant, il vient $ac = bd + n(kd + k'b + kk'n)$ avec $kd + k'b + kk'n \in \mathbb{Z}$. Donc $ac \equiv bd\,[n]$.
❹ On utilise un raisonnement par récurrence sur p, et la propriété ❸.

15 Exercice résolu — Raisonner par disjonction de cas

n désigne un nombre entier naturel et $A = n(n^2 + 5)$.
Démontrer que le nombre entier naturel A est divisible par 3.

Solution

Les restes possibles dans la division euclidienne par 3 sont 0 ; 1 ; 2.
Donc n est congru à 0 ou 1 ou 2 modulo 3.

1er cas

$n \equiv 0\ [3]$
$n^2 \equiv 0\ [3]$
$n^2 + 5 \equiv 5\ [3]$
Soit $n^2 + 5 \equiv 2\ [3]$
Donc $n(n^2 + 5) \equiv 0 \times 2\ [3]$
soit $n(n^2 + 5) \equiv 0\ [3]$

2e cas

$n \equiv 1\ [3]$
$n^2 \equiv 1\ [3]$
$n^2 + 5 \equiv 6\ [3]$
Soit $n^2 + 5 \equiv 0\ [3]$
Donc $n(n^2 + 5) \equiv 1 \times 0\ [3]$
soit $n(n^2 + 5) \equiv 0\ [3]$

3^e^ cas

$n \equiv 2\ [3]$
$n^2 \equiv 4\ [3]$ soit $n^2 \equiv 1\ [3]$
$n^2 + 5 \equiv 6\ [3]$
Soit $n^2 + 5 \equiv 0\ [3]$
Donc $n(n^2 + 5) \equiv 2 \times 0\ [3]$
soit $n(n^2 + 5) \equiv 0\ [3]$

On utilise :
- ④ du § 3
- ① du § 3 et $5 \equiv 2\ [3]$, $6 \equiv 0\ [3]$
- ③ du § 3

Ainsi, pour tout $n \in \mathbb{N}$, $n(n^2 + 5) \equiv 0\ [3]$ et A est divisible par 3.

16 Exercice résolu — Utiliser les propriétés des congruences

Quel est le reste dans la division euclidienne de 23^{41} par 7 ?

Solution

On observe les restes dans la division de 23^n par 7 pour les premières valeurs de n ($n \in \mathbb{N}$) à l'aide du tableur[

	A	B
1	n	Reste de 23^n par 7
2	0	1
3	1	2
4	2	4
5	3	1

Dans ce type d'exercice, on essaie de déterminer un exposant k tel que $x^k \equiv 1\ [n]$ (lorsque c'est possible).

Ainsi $23^3 \equiv 1\ [7]$. D'où l'idée de diviser 41 par 3.
Il vient $41 = 3 \times 13 + 2$.
Donc $23^{41} = (23^3)^{13} \times 23^2$
D'après les propriétés de compatibilité des congruences avec les opérations,
$23^{41} \equiv 1^{13} \times 23^2\ [7]$. Or $23^2 \equiv 4\ [7]$ donc $23^{41} \equiv 4\ [7]$.
Ainsi, le reste de la division de 23^{41} par 7 est 4.

Pour s'exercer

17 Quelle heure indique l'horloge :
a) 113 heures après avoir indiqué 2 heures ?
b) 156 heures avant d'indiquer 6 heures ?

18 n désigne un nombre entier naturel tel que $n \geqslant 2$.
Dans chaque cas, dire pour quelles valeurs de n la proposition est vraie.
a) $27 \equiv 5\ [n]$ **b)** $1\,000 \equiv 1\ [n]$ **c)** $121 \equiv 0\ [n]$

19 Dans chaque cas, simplifier la congruence.
a) $a \equiv 30\,757\ [10]$ **b)** $b = 15\,163\ [9]$

20 n désigne un nombre entier naturel.
Démontrer que $n(n + 1)(2n + 1)$ est divisible par 6.

21 Démontrer que si le nombre entier naturel n n'est pas divisible par 3, alors 9 divise $n^6 - 1$.

22 Quel est le reste dans la division euclidienne de $12^{1\,527}$ par 5 ?

23 Démontrer que :
$1^{2013} + 2^{2\,013} + 3^{2\,013} + 4^{2\,013}$
est divisible par 5.

Aide
On peut utiliser $3 \equiv -2\ [5]$ et $4 \equiv -1\ [5]$.

24 $N = \overline{a_n\, a_{n-1} \ldots a_1\, a_0}$ est le nombre entier naturel (avec $a_n \neq 0$) tel que :
$$N = 10^n a_n + 10^{n-1} a_{n-1} \ldots + 10 \times a_1 + a_0$$
En utilisant le fait que $10 \equiv -1\ [11]$, mettre en place un critère de divisibilité par 11.

Plus grand diviseur commun

Résoudre des problèmes

Problème 10 Un problème de pavage

Objectif
Appréhender la notion de PGCD et constater que ses diviseurs sont les diviseurs communs aux deux nombres.

Julie s'amuse à répartir tous ses timbres dans des pochettes en voulant que chacune d'elle ait le même nombre de timbres français et le même nombre de timbres étrangers. Elle a obtenu comme répartition possible 4 pochettes contenant chacune 12 timbres français et 18 timbres étrangers.

On se propose d'étudier d'autres répartitions des timbres de Julie.

1 **a)** Quel est le plus grand nombre P de pochettes de même composition que Julie peut constituer ?
b) Donner la composition de chacune de ces pochettes.

Info
On dit que P est le PGCD de 48 et 72 et on note P = PGCD (48 ; 72).

2 **a)** Donner toutes les répartitions possibles.
b) Que peut-on dire du nombre de pochettes de chacune de ces répartitions par rapport au nombre P ?

Problème 11 L'algorithme d'Euclide

Objectif
Utiliser un tableur ou une calculatrice pour déterminer un PGCD.

Note
La propriété démontrée s'appelle le lemme d'Euclide. Elle permet de ramener le calcul du PGCD de deux nombres à celui du PGCD de deux nombres plus petits.

On se propose d'automatiser le calcul du PGCD de deux nombres entiers naturels non nuls a et b.

1 Travailler avec des nombres plus petits
q est le quotient et r le reste dans la division euclidienne de a par b.
a) On suppose que d est un diviseur commun à a et b.
Expliquer alors pourquoi d divise $a - bq$.
En déduire que d est un diviseur commun à b et r.
b) On suppose que d est un diviseur commun à b et r.
Démontrer qu'alors d est un diviseur commun à a et b.
c) En déduire que PGCD (a ; b) = PGCD (b ; r).

2 L'algorithme d'Euclide
a) Quel est le rôle de l'algorithme ci-contre ?
b) Mettre en œuvre cet algorithme avec un tableur en complétant la feuille de calcul ci-dessous pour déterminer PGCD (262 080 ; 34 398).

	A	B	C	D
1	Étape	a	b	Reste
2	1	262080	34398	21294
3	2			
4	3			
5	4			

Entrées
Saisir A, B
Traitement
Tant que B ≠ 0
  R prend la valeur du reste de la division euclidienne de A par B
  A prend la valeur B
  B prend la valeur R
FinTantque
Sortie
Afficher A

Note
Lorsque PGCD $(a\,;b) = 1$, on dit que a et b sont **premiers entre eux**.

3 Avec la calculatrice

Casio

TI

Taper math ▶ (NUM) 9 (gcd()
Taper les deux nombres séparés par une virgule.
entrer

a) Avec la calculatrice, déterminer PGCD (262 080 ; 34 398).
b) Déterminer : • PGCD (37 352 ; 5 768) • PGCD (15 678 953 ; 589 357)

Problème 12 Pixellisation

Objectif
Envisager une application du PGCD.

Lucile vient de créer le tableau suivant avec un tableur ; dans la plage A1:H8 elle a entré les nombres entiers compris entre 0 et 63.
Dans les colonnes I et J, elle affiche les rangs et les termes d'une suite qu'elle choisit (ici, $u_n = 2n + 3$). Elle décide de colorer les cellules de son tableau correspondant à chaque terme de la suite choisie (par exemple, ici u_0).

	A	B	C	D	E	F	G	H	I	J
1	0	1	2	3	4	5	6	7	n	u_n=2n+3
2	8	9	10	11	12	13	14	15	0	3
3	16	17	18	19	20	21	22	23	1	5
4	24	25	26	27	28	29	30	31	2	7
5	32	33	34	35	36	37	38	39	3	9
6	40	41	42	43	44	45	46	47	4	11
7	48	49	50	51	52	53	54	55	5	13
8	56	57	58	59	60	61	62	63	6	15

On se propose d'aider Lucile à trouver une suite telle que chaque colonne de son tableau possède au moins une case colorée sans que toutes le soient.

1 Éclairage d'une case puis automatisation

a) Réaliser cette feuille de calcul avec OpenOffice.
b) Sélectionner la plage A1:H8, cliquer sur Format, Formatage conditionnel. Dans la boîte de dialogue, sur la ligne « Valeur est », « égale à », compléter par $Feuille1.$J$2. Cliquer ensuite sur Nouveau style et dans la boîte de dialogue, sélectionner l'onglet Arrière plan, cliquer sur la couleur rouge, puis OK. Cliquer sur OK. La cellule D1 se colore en rouge.
c) Recommencer pour chacun des termes de la suite dans la colonne J.

Note
Sur le site compagnon on peut télécharger une macro pour automatiser ces coloriages.

2 Problème de pixellisation

a) L'objectif initial de Lucile est-il atteint avec la suite u qui figure dans la feuille de calcul ? Justifier la réponse.
b) Lucile essaie avec la suite v définie sur $\mathbb{N}$ par $v_n = n(n+1)(n+3)$.
Son objectif est-il atteint ? Justifier.
c) Elle essaie ensuite avec une suite w définie sur $\mathbb{N}$ par $w_n = an + b$ où a est un nombre entier naturel non nul tel que PGCD $(a\,;8) = 1$ et $b \in \mathbb{N}$. Son objectif est-il atteint ?

PGCD de deux nombres entiers

1 Diviseurs communs à deux nombres entiers relatifs

DÉFINITION a et b désignent deux nombres entiers relatifs non nuls.
Le plus grand commun diviseur à a et b est appelé le PGCD de a et de b ; on le note PGCD $(a\,;b)$ ou PGCD $(b\,;a)$.

Conséquence : PGCD $(a\,;b) = |b|$ si, et seulement si, b divise a.
En effet, si b divise a, alors b est un diviseur commun à a et b ; or b est le plus grand diviseur de b, donc PGCD $(a\,;b) = |b|$. Réciproquement, si PGCD $(a\,;b) = |b|$, alors b divise a.

EXEMPLES : Les diviseurs de 30 et de −30 sont : −30 ; −15 ; −10 ; −6 ; −5 ; −1 ; 1 ; 5 ; 6 ; 10 ; 15 ; 30.
Ceux de 12 et −12 sont : −12 ; −6 ; −4 ; −3 ; −2 ; −1 ; 1 ; 2 ; 3 ; 4 ; 6 ; 12.
Le plus grand diviseur commun de ces listes est 6.
Donc PGCD (30 ; 12) = PGCD (30 ; −12) = PGCD (−30 ; 12) = PGCD (−30 ; −12) = 6.

2 PGCD et algorithme d'Euclide

LEMME D'EUCLIDE a, b, q et r désignent des nombres entiers relatifs non nuls.
Si $a = bq + r$, alors PGCD $(a\,;b)$ = PGCD $(b\,;r)$.

Note
Un lemme est une proposition dont la démonstration est préliminaire à celle d'un théorème.

DÉMONSTRATION

- Si d est un diviseur commun à a et b, il divise aussi a et bq, donc $a - bq$, c'est-à-dire r. Donc d est un diviseur commun à b et r.
- Si d' est un diviseur commun à b et r, il divise aussi bq et r, donc $bq + r$, c'est-à-dire a. Donc d' est un diviseur commun à a et b.

Conclusion : L'ensemble des diviseurs communs à a et b et l'ensemble des diviseurs communs à b et r ont les mêmes éléments et donc le même plus grand élément : PGCD $(a\,;b)$ = PGCD $(b\,;r)$.

Algorithme d'Euclide : $a \in \mathbb{N}^*$ et $b \in \mathbb{N}^*$, avec $a > b$.
Pour déterminer PGCD $(a\,;b)$ on utilise l'algorithme d'Euclide : il consiste à remplacer $(a\,;b)$ par des couples de nombres de plus en plus petits qui ont le même ensemble de diviseurs communs.

Note
Deux nombres entiers opposés ont le même ensemble de diviseurs. C'est pourquoi on ne s'intéresse ici qu'au cas de nombres entiers naturels.

Opération	Reste	Commentaire
On divise a par b	r_0	$0 \leqslant r_0 < b$ et PGCD $(a\,;b)$ = PGCD $(b\,;r_0)$
Si $r_0 \neq 0$, on divise b par r_0	r_1	$0 \leqslant r_1 < r_0$ et PGCD $(b\,;r_0)$ = PGCD $(r_0\,;r_1)$
Si $r_1 \neq 0$, on divise r_0 par r_1	r_2	$0 \leqslant r_2 < r_1$ et PGCD $(r_0\,;r_1)$ = PGCD $(r_1\,;r_2)$
⋮	⋮	⋮
Si $r_{n-1} \neq 0$, on divise r_{n-2} par r_{n-1}	r_n	$0 \leqslant r_n < r_{n-1}$ et PGCD $(r_{n-2}\,;r_{n-1})$ = PGCD $(r_{n-1}\,;r_n)$
Si $r_n \neq 0$, on divise r_{n-1} par r_n	0	PGCD $(r_n\,;r_{n-1}) = r_n$

Après un nombre fini de divisions, on trouve un reste nul, car les restes sont des nombres positifs $(0 < r_n < r_{n-1} < \ldots < r_1 < r_0 < b)$ qui vont en décroissant strictement. Ci-dessus, on note r_n le dernier reste non nul. Donc d'après le lemme d'Euclide, PGCD $(a\,;b)$ = PGCD $(b\,;r_0) = \ldots$ = PGCD $(r_{n-1}\,;r_n) = r_n$.

PROPRIÉTÉ Lorsque b ne divise pas a, le PGCD des nombres entiers naturels non nuls a et b est égal au **dernier reste non nul** obtenu par l'algorithme d'Euclide.

25 Exercice résolu — Calculer un PGCD avec l'algorithme d'Euclide

Calculer le PGCD de 1 636 et 1 128 avec l'algorithme d'Euclide.

Solution

Étape	a	b	Reste
1	1 636	1 128	508
2	1 128	508	112
3	508	112	60
4	112	60	52
5	60	52	8
6	52	8	**4**
7	8	4	0

$1\,636 = 1\,128 \times 1 + 508$
$1\,128 = 508 \times 2 + 112$
$508 = 112 \times 4 + 60$
$112 = 60 \times 1 + 52$
$60 = 52 \times 1 + 8$
$52 = 8 \times 6 + 4$
$8 = 4 \times 2 + 0$

Donc PGCD (1 636 ; 1 128) = **4**.

> Lorsqu'un jour de Bac, il est demandé de déterminer un PGCD avec l'algorithme d'Euclide, il faut faire figurer les détails des calculs sur sa copie. Néanmoins, on peut vérifier sa réponse avec la calculatrice (**Problème 11** p. 18).

26 Exercice résolu — Démontrer l'égalité de deux PGCD

a) a, b et $\lambda a + b$ désignent des nombres entiers naturels non nuls.
Démontrer que PGCD $(a ; b)$ = PGCD $(a ; \lambda a + b)$.
b) n désigne un nombre entier naturel non nul.
Selon la parité de n, déterminer PGCD $(n ; n + 2)$.

Solution

a) E est l'ensemble des diviseurs communs à a et b,
F est l'ensemble des diviseurs communs à a et $\lambda a + b$.
- Si $d \in$ E, alors d divisant a et b, d divise $\lambda a + b$.
De d divise a et $\lambda a + b$, on déduit que $d \in$ F.
- Si $d \in$ F, alors d divisant a et $\lambda a + b$, d divise $(\lambda a + b) - \lambda a$, c'est-à-dire b. De d divise a et b, on déduit que $d \in$ E.

Conclusion : E = F et donc PGCD $(a ; b)$ = PGCD $(a ; \lambda a + b)$.

b) Avec $a = n$, $b = n + 2$ et $\lambda = -1$, on vérifie que a, b et $\lambda a + b = -n + n + 2 = 2$ sont des nombres entiers naturels non nuls.
Donc d'après **a)**, PGCD $(n ; n + 2)$ = PGCD $(n ; 2)$.
Ainsi :
- si n est pair, PGCD $(n ; n + 2) = 2$
- si n est impair, PGCD $(n ; n + 2) = 1$

> Pour démontrer l'égalité de deux PGCD, on démontre, avec les notations ci-contre que E = F c'est-à-dire :
> - si $d \in$ E, alors $d \in$ F ;
> - si $d \in$ F, alors $d \in$ E.

> On choisit ici $\lambda = -1$ afin que $\lambda a + b$ soit indépendant de n.

Pour s'exercer

27 Un fleuriste a reçu 1 788 roses blanches et 1 464 roses rouges. Il veut réaliser des bouquets identiques (même nombre de fleurs, même type de fleurs) en utilisant toutes les fleurs. Comment l'aider ?

28 Déterminer à la main, le PGCD des deux nombres entiers relatifs suivants.
a) 1 386 et 1 180 **b)** –6 292 et 5 852
Vérifier à la calculatrice.

29 $a = n^2 + 3n$ et $b = n^2 + 5n + 6$ avec $n \in \mathbb{N}^*$.
a) Factoriser a et b.
b) Exprimer PGCD $(a ; b)$ en fonction de n.

30 Trouver les nombres entiers naturels non nuls a tels que $a < 336$ et PGCD $(336 ; a) = 28$.

31 Conjecturer à l'aide d'un tableur ou d'une calculatrice, quel est l'ensemble des nombres entiers naturels non nuls n tels que PGCD $(n^2 + 4n + 9 ; n + 1) = 6$.
Justifier la conjecture en considérant la combinaison linéaire $n^2 + 4n + 9 - (n + 3)(n + 1)$.

Nombres entiers premiers entre eux

1 Propriétés du PGCD

PROPRIÉTÉ Les diviseurs communs à deux nombres entiers relatifs non nuls a et b sont les diviseurs de PGCD $(a ; b)$.

DÉMONSTRATION

- Lorsque $a \in \mathbb{N}^*$, $b \in \mathbb{N}^*$ et $a > b$, dans l'algorithme d'Euclide (page 20) qui permet de déterminer PGCD $(a ; b)$, les diviseurs communs à a et b sont les diviseurs communs à b et r_0, à r_0 et r_1, à r_1 et r_2, …, à r_{n-1} et r_n.
Or r_n divise r_{n-1}, donc les diviseurs communs à r_{n-1} et r_n sont ceux de r_n c'est-à-dire de PGCD $(a ; b)$.
- Lorsque $a \in \mathbb{Z}^*$ ou $b \in \mathbb{Z}^*$, le résultat est identique car PGCD $(a ; b)$ = PGCD $(|a| ; |b|)$.

PROPRIÉTÉ a, b et k désignent des nombres entiers naturels non nuls.

$$\textbf{PGCD}\ (ka ; kb) = k\ \textbf{PGCD}\ (a ; b)$$

DÉMONSTRATION

On suppose $a > b$. Si $a = bq + r$, avec $0 \leqslant r < b$, alors $ka = kbq + kr$, avec $0 \leqslant kr < kb$ (car $k \in \mathbb{N}^*$).
Donc kr est le reste de la division de ka par kb d'après l'unicité de l'écriture. Aves les notations utilisées page 20 pour l'algorithme d'Euclide et en multipliant chaque membre des égalités par k, il vient :

$$\text{PGCD}\ (ka ; kb) = \text{PGCD}\ (kb ; kr_0) = \ldots = kr_n = k\ \text{PGCD}\ (a ; b)$$

Remarque : Lorsque $a \in \mathbb{Z}^*$, $b \in \mathbb{Z}^*$ et $k \in \mathbb{Z}^*$, PGCD $(ka ; kb) = |k|$ PGCD $(a ; b)$ car le PGCD de ka et kb est aussi le PGCD de $|k|\,|a|$ et $|k|\,|b|$ (avec $|k| \in \mathbb{N}^*$).

Note
Ceci découle de la propriété précédente en écrivant : $a = k \times \frac{a}{k}$ et $b = k \times \frac{a}{k}$.

CONSÉQUENCE Si k est un nombre entier naturel non nul, diviseur commun à a et b, alors :

$$\textbf{PGCD}\left(\frac{a}{k} ; \frac{b}{k}\right) = \frac{1}{k}\ \textbf{PGCD}\ (a ; b)$$

2 Nombres premiers entre eux

DÉFINITION Dire que deux nombres entiers relatifs non nuls a et b sont premiers entre eux signifie que **PGCD $(a ; b) = 1$**.

PROPRIÉTÉ a et b désignent des nombres entiers relatifs non nuls.
Si d = PGCD $(a ; b)$, alors il existe des nombres entiers relatifs a' et b' premiers entre eux tels que :

$$a = da' \quad \text{et} \quad b = db'$$

DÉMONSTRATION

Par hypothèse, d = PGCD $(a ; b)$, donc d divise a et il existe un nombre entier relatif a' tel que $a = da'$.
De même, il existe un nombre entier relatif b' tel que $b = db'$. Donc :

$$d = \text{PGCD}\ (a ; b) = \text{PGCD}\ (da' ; db') = |d|\ \text{PGCD}\ (a' ; b')$$

Or $d \geqslant 1$, donc $|d| = d$ et $d \neq 0$, d'où PGCD $(a' ; b') = 1$.

32 Exercice résolu — Déterminer les diviseurs communs à deux nombres entiers

Si l'on divise 4 373 et 826 par un même nombre entier naturel non nul n, on obtient respectivement 8 et 7 pour restes. On se propose de déterminer ce nombre n.

a) Conjecturer à l'aide d'un tableur.

b) Justifier qu'il n'y a pas d'autres solutions pour n.

Solution

a) La feuille de calcul ci-contre permet de dire que $n = 9$ convient.

b) Il existe $q \in \mathbb{N}$ et $q' \in \mathbb{N}$ tels que $4\,373 = q \times n + 8$ avec $0 \leqslant 8 < n$ et $826 = q' \times n + 7$ avec $0 \leqslant 7 < n$.

Ainsi, $4\,365 = q \times n$ et $819 = q' \times n$ et $n > 8$.

n est donc un diviseur commun de 4 365 et 819, donc un diviseur de PGCD (4 365 ; 819) avec $n > 8$.

Avec la calculatrice, on obtient PGCD (4 365 ; 819) = 9.

n est un diviseur de 9 et $n > 8$, donc la seule réponse possible est $n = 9$.

	A	B	C
1	n	Reste de 4 373 par n	Reste de 826 par n
2	2	1	0
3	3	2	1
4	4	1	2
5	5	3	1
6	6	5	4
7	7	5	0
8	8	5	2
9	9	8	7

33 Exercice résolu — Reconnaître des nombres premiers entre eux

$a = 3n + 4$ et $b = 2n + 3$ où n désigne un nombre entier naturel.

Démontrer que a et b sont premiers entre eux.

Solution

$3b - 2a = 3(2n + 3) - 2(3n + 4) = 1$

On note $d = \text{PGCD}(a\,;b)$.

d divise a et b, donc d divise $3b - 2a$ c'est-à-dire 1. Or le seul diviseur de 1 est lui-même. Donc $d = 1$. Ainsi pour tout n, $\text{PGCD}(a\,;b) = 1$.

• Pour démontrer que a et b sont premiers entre eux, il suffit de déterminer une combinaison linéaire de a et b égale à 1.

Pour s'exercer

34 Un photographe doit réaliser une exposition en présentant ses œuvres sur des panneaux contenant chacun le même nombre de paysages et le même nombre de portraits. Il dispose de 224 paysages et de 288 portraits. Donner toutes les possibilités d'arrangements de l'exposition.

35 m et n désignent des nombres entiers naturels non nuls.
Quel est le PGCD de mn et $(2m + 1)n$?

36 Trouver les nombres entiers naturels non nuls n tels que $\text{PGCD}(n\,; 360) = 180$.

37 $a = 21n + 4$ et $b = 16n + 3$, avec n nombre entier naturel.

a) Conjecturer avec un tableur le PGCD $(a\,;b)$.

b) Justifier la conjecture.

38 Léa affirme : « Deux nombres entiers consécutifs non nuls sont premiers entre eux. »
Que penser de cette affirmation ?

39 $a = 5n + 3$ et $b = n - 2$ avec n nombre entier naturel, $n \geqslant 2$.

a) Montrer que $\text{PGCD}(a\,;b) = \text{PGCD}(b\,;13)$.

b) Déterminer n tel que $\text{PGCD}(a\,;b) = 13$ et $ab \leqslant 2\,000$.

40 a et b désignent des nombres entiers naturels non nuls tels que :

$$(\text{S}) \begin{cases} ab = 1\,452 \\ \text{PGCD}(a\,;b) = 11 \end{cases}$$

a) Pourquoi existe-il des nombres entiers a' et b', premiers entre eux tels que $a = 11a'$ et $b = 11b'$?

b) Expliquer pourquoi résoudre le système **(S)** équivaut à résoudre le système :

$$\begin{cases} a'b' = 12 \\ \text{PGCD}(a'\,;b') = 1 \end{cases}$$

c) Résoudre alors le système **(S)**.

Exercices d'application

Pour créer des automatismes

Divisibilité dans $\mathbb{Z}$

41 Dans les cas suivants, écrire la liste des diviseurs de n dans $\mathbb{Z}$.

a) $n = 60$ **b)** $n = -75$ **c)** $n = 34$

42 Dans les cas suivants, écrire la liste des multiples de n qui sont compris entre -50 et 50.

a) $n = 10$ **b)** $n = -12$ **c)** $n = 7$

43 Existe-t-il des nombres entiers relatifs a, b et c tels que a divise bc sans que a divise b et a divise c ?

44 Démontrer que la somme de trois nombres entiers relatifs consécutifs est divisible par 3.

45 a et b désignent deux nombres entiers relatifs non nuls.

a) Développer $(a + b)^3$.

b) Démontrer que 3 divise $a^3 + b^3$ si, et seulement si, 3 divise $(a + b)^3$.

46 n désigne un nombre entier relatif.

Démontrer que si un nombre entier relatif a divise $n - 3$ et $2n - 1$, alors a divise 5.

47 n désigne un nombre entier relatif.

a) Montrer que si a divise $3n - 5$ et a divise $2n + 3$, alors a divise 19.

b) La réciproque est-elle vraie ?

48 **a)** On appelle **diviseur strict** d'un nombre entier naturel tout diviseur autre que le nombre lui-même. Déterminer les nombres entiers naturels diviseurs stricts de 220.

b) On appelle **nombres amiables** deux nombres entiers naturels tels que chacun d'eux soit égal à la somme des diviseurs stricts de l'autre.

Vérifier que 220 et 284 sont amiables.

c) On appelle **nombre parfait** un nombre égal à la somme de ses diviseurs stricts (c'est-à-dire qu'il est amiable avec lui-même).

Déterminer deux nombres parfaits inférieurs à 30.

> **Info**
>
> *Aujourd'hui, on connait 2 185 621 paires de nombres amiables, mais on ne sait pas s'il en existe une infinité. De même, on ne sait pas s'il existe des nombres parfaits impairs.*

49 On souhaite déterminer les nombres entiers naturels x et y tels que $(2x + y)(3x - y) = 4$.

a) Montrer que si $(2x + y)(3x - y) = 4$, alors $2x + y$ et $3x - y$ sont des diviseurs de 4.

b) Conclure.

50 On souhaite déterminer tous les nombres entiers naturels non nuls x et y tels que $\frac{2}{x} + \frac{1}{y} = \frac{1}{2}$.

a) Démontrer que cela revient à déterminer x et y tels que $(x - 4)(y - 2) = 8$.

b) Conclure.

51 n désigne un nombre entier naturel.

a) Vérifier que $3n^2 + 7n = (n + 4)(3n - 5) + 20$.

b) En déduire les valeurs de n pour lesquelles la fraction $\frac{3n^2 + 7n}{n + 4}$ est un nombre entier relatif.

Pour les exercices 52 et 53, démontrer par récurrence la propriété énoncée.

52 Pour tout nombre entier $n \geqslant 1$, $22^n + 6n - 1$ est divisible par 9.

53 Pour tout nombre entier $n \geqslant 1$, $4^{4n+2} - 3^{n+3}$ est divisible par 11.

Division euclidienne

54 Utiliser la division euclidienne pour justifier chacun des affichages ci-dessous.

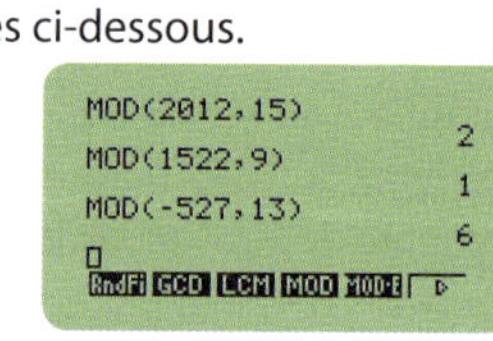

55 Effectuer la division euclidienne de a par b dans chacun des cas suivants :

a) $a = 224$; $b = 15$ **b)** $a = 1\,990$; $b = 37$

c) $a = -2\,013$; $b = 12$ **d)** $a = -237$; $b = 14$

56 **1.** Vérifier que $123\,658 = 256 \times 481 + 522$.

2. Sans utiliser la calculatrice, effectuer la division euclidienne de 123 658 :

a) par 256 **b)** par 481

57 Dans la division euclidienne de 524 par un nombre entier naturel non nul b, le quotient est 15 et le reste r. Déterminer toutes les valeurs possibles pour b et r.

58 Dans la cellule D2 de la feuille de calcul ci-contre, on a saisi la formule =MOD(B2;C2) .

	A	B	C	D
1	n	$(2n+2)^2$	$n+2$	Reste
2	0	4	2	0
3	1	16	3	1
4	2	36	4	0
5	3	64	5	4
6	4	100	6	4
7	5	144	7	4
8	6	196	8	4
9	7	256	9	4

a) Quelle conjecture peut-on émettre ?

b) Démontrer cette conjecture.

59 n désigne un nombre entier naturel.
Déterminer le reste de la division euclidienne.

a) de $4n-3$ par $n+3$ **b)** de $5n+21$ par $n+3$

60 Dans la division euclidienne de 527 par le nombre entier naturel non nul b, le quotient est 21. Déterminer toutes les valeurs possibles du diviseur et du reste.

61 ROC **1. Restitution organisée de connaissance**
a désigne un nombre entier relatif et b un nombre entier naturel non nul.
Prémisse : on sait qu'il existe un couple $(q\,;r)$ de nombres entiers relatifs tels que $a=bq+r$ et $0 \leqslant r < b$.
Démontrer que ce couple $(q\,;r)$ est unique.

2. Application
La division euclidienne de a par 13 a pour reste 2.
Quel est le reste de la division euclidienne de a^2 par 13 ?

62 **a)** Déterminer les restes possibles dans la division euclidienne d'un nombre entier naturel impair par 4.
b) Montrer que si n est un nombre entier naturel impair, alors n^2-1 est divisible par 8.

Congruences dans $\mathbb{Z}$

63 L'Ultra-trail du Mont-Blanc 2011, épreuve de course à pied de 170 km, a démarré le vendredi 26 août à 18 h 30.
Le dernier coureur est arrivé après 45 h 46 min de course.
À quelle heure est-il arrivé ?

64 Le pentagone régulier ABCDE ci-contre est inscrit dans le cercle $\mathscr{C}$. Les points de ce pentagone découpent le cercle $\mathscr{C}$ en cinq arcs identiques.
Un point mobile M décrit le cercle $\mathscr{C}$ en partant de A.

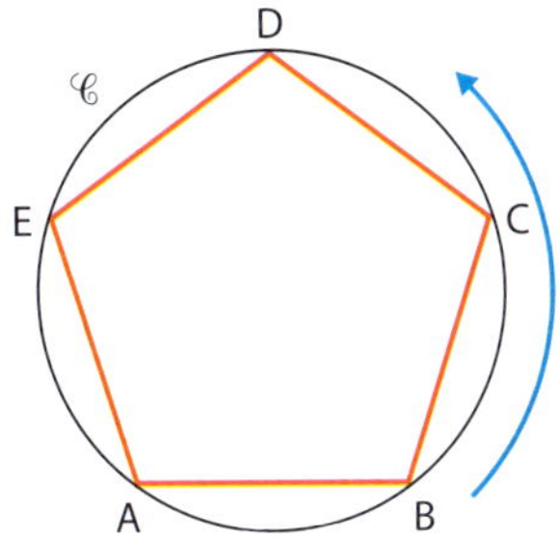

Trouver le point d'arrivée de M lorsque M franchit 15 123 arcs consécutifs dans le sens :

a) de la flèche ; **b)** inverse de la flèche.

65 Dans chaque cas, simplifier la congruence :

a) $a \equiv 2\,731\ [6]$ **b)** $b \equiv -237\ [4]$
c) $c \equiv 2\,013\ [11]$ **d)** $d \equiv -414\ [3]$

66 a et b désignent des nombres entiers relatifs.
m et n désignent des nombres entiers naturels non nuls.

1. Démontrer les implications ci-dessous :
a) si $a \equiv b\,[n]$, alors $a \times m \equiv b \times m\,[n]$
b) si $a \equiv b\,[n]$, alors $a \times m \equiv b \times m\,[n \times m]$

2. Étudier les réciproques.

67 ROC **1. Restitution organisée de connaissance**
a et b désignent des nombres entiers relatifs et n un entier naturel supérieur ou égal à 2.
Prémisse : on sait que $a \equiv b\,[n]$ si, et seulement si, il existe un nombre entier relatif k tel que $a=b+kn$.
a) Démonter que si $a \equiv b\,[9]$ et $c \equiv d\,[9]$, alors $ac \equiv bd\,[9]$.
b) En déduire que si $a \equiv b\,[9]$, alors pour tout nombre entier naturel n, $a^n \equiv b^n\,[9]$.

2. Application
a) Dans chaque cas, simplifier la congruence :
$a \equiv 30\,757\ [6]$; $b \equiv 15\,163\ [6]$; $c \equiv 12\,924\ [6]$.
b) En déduire à quel nombre entier naturel compris entre 0 et 5, chaque nombre est congru modulo 6.

- $a+b+c$
- $a-b+c$
- $a+b-c$
- $a \times b \times c$
- $ab+bc+ca$
- $a^2+b^2-c^2$

68 n désigne un nombre entier naturel non nul.
a) Montrer que si n est pair, alors $n^2 \equiv 0\ [4]$.
b) Montrer que si n est impair, alors $(n+1)^2 \equiv 0\ [4]$.
c) En déduire que, pour tout nombre entier naturel n, 4 divise le produit $n^2(n+1)^2$.

69 Dans le tableur ci-dessous, sont indiqués les restes de quelques puissances de 17 dans la division euclidienne par 13.

	A	B	C	D	E	F	G
1	n	1	2	3	4	5	6
2	17^n	17	289	4913	83521	1419857	24137569
3	Reste	4	3	12	9	10	1

En déduire le reste dans la division euclidienne :
a) de $17^{2\,013}$ par 13 **b)** de $17^{2\,014}$ par 13
c) de $17^{2\,013}+3 \times 17^{2\,014}$ par 13

70 Quel est le reste dans la division euclidienne :
a) de 14^{200} par 5 ? **b)** de 11^{101} par 3 ?

71 n désigne un nombre entier naturel. Quels sont les restes possibles dans la division euclidienne :
a) de n^2 par 5 ?
b) de n^3 par 7 ?

Aide
Raisonner par disjonction de cas en utilisant un tableau de congruences.

72 n désigne un nombre entier naturel.
Montrer que si n n'est pas divisible par 5, alors :
$$(n^2 - 1)(n^2 - 4)$$
est divisible par 5.

73 x et y désignent des nombres entiers naturels.
(E) est l'équation $7x^2 + 2y^3 = 3$.

a) Recopier et compléter ce tableau.

$y \equiv ... [7]$	0	1	2	3	4	5	6
$y^3 \equiv ... [7]$							
$2y^3 \equiv ... [7]$							

b) En déduire que l'équation **(E)** n'a pas de couple $(x\,;y)$ solution.

74 **a)** x désigne un nombre entier relatif, compléter le tableau suivant :

$x \equiv ... [9]$	0	1	2	3	4	5	6	7	8
$x^3 \equiv ... [9]$									

b) En déduire que, pour tout nombre entier relatif x :
- $x^3 \equiv 0$ [9] si, et seulement si, $x \equiv 0$ [3]
- $x^3 \equiv 1$ [9] si, et seulement si, $x \equiv 1$ [3]
- $x^3 \equiv -1$ [9] si, et seulement si, $x \equiv -1$ [3]

c) x, y et z désignent trois nombres entiers relatifs tels que $x^3 + y^3 + z^3$ est divisible par 9. Démontrer que l'un des nombres x, y ou z est divisible par 3.

75 n désigne un nombre entier naturel.
1. Déterminer, selon les valeurs de n, le reste de la division euclidienne de 2^n par 5.
2. Dans chaque cas, étudier, suivant les valeurs de n, la divisibilité par 5 :
a) de $2^{2n+1} - 2^{n+1} + 1$ **b)** de $2^{2n+1} + 2^{n+1} + 1$

PGCD de deux nombres entiers

76 ROC **1. Restitution organisée de connaissance**
a, b, q et r désignent des nombres entiers naturels non nuls tels que $a = bq + r$.
Démontrer qu'alors PGCD $(a\,;b)$ = PGCD $(b\,;r)$.
2. Utiliser l'algorithme d'Euclide pour déterminer le PGCD de : **a)** 324 et 111 **b)** 2 431 et 722 **c)** 4 135 et 272 **d)** 2 481 et 275

77 Justifier avec l'algorithme d'Euclide les résultats obtenus à l'écran de calculatrice ci-contre.

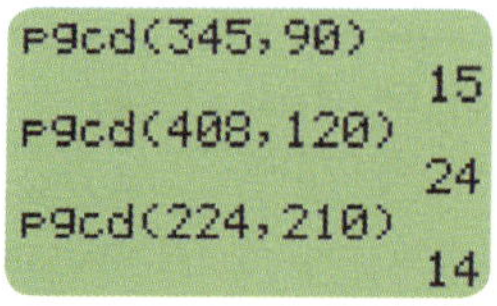

78 Dans le cadre d'un voyage humanitaire, Hélène a réuni 34 cahiers et 153 stylos. Elle constitue des lots ayant le même nombre de cahiers et le même nombre de stylos qu'elle donnera aux enfants d'une école.

a) Combien d'enfants recevront ces lots ?
b) Combien y aura-t-il de cahiers et de stylos dans chaque lot ?

79 **Algorithmique**

a) a et b désignent deux nombres entiers relatifs non nuls tels que $a \geqslant b$.
Démontrer que PGCD $(a\,;b)$ = PGCD $(b\,;a - b)$.
b) Quel est le rôle de l'algorithme suivant ?

```
Entrées
Saisir a, b
Traitement
A prend la valeur maximum entre a et b
B prend la valeur minimum entre a et b
D prend la valeur A – B
Tant que D ≠ 0
  | A prend la valeur maximum entre B et D
  | B prend la valeur minimum entre B et D
  | D prend la valeur A – B
FinTantque
Sortie
Afficher A
```

c) Utiliser cet algorithme avec $a = 235$ et $b = 155$.

80 Trouver tous les nombres entiers naturels non nuls b tels que :
a) $b < 224$ et PGCD $(224\,;b) = 28$
b) $b < 585$ et PGCD $(585\,;b) = 65$

81 a et b désignent deux nombres entiers naturels non nuls tels que PGCD $(a\,;b) = 7$.
La dernière division de reste nul étant écrite, les quotients successifs de l'algorithme d'Euclide sont respectivement 3 ; 1 ; 1 ; 3.
Quelles sont les valeurs de a et b ?

82 a et b désignent des nombres entiers naturels non nuls tels que PGCD $(a\,;b) = 1$.
La dernière division de reste nul étant écrite, les quotients successifs de l'algorithme d'Euclide sont respectivement 3 ; 2 ; 1 ; 3 ; 2.
Quelles sont les valeurs de a et b ?

83 n désigne un nombre entier naturel non nul.

a) Montrer que PGCD $(n\,;2n+5)$ = PGCD $(n\,;5)$.

b) Déterminer PGCD $(n\,;2n+5)$ lorsque n est un multiple de 5.

84 a et b désignent des nombres entiers naturels non nuls.

$$m=3a+4b \quad \text{et} \quad n=2a+3b$$

a) Démontrer que les diviseurs communs à a et b sont aussi diviseurs communs à m et n.

b) Calculer $3m-4n$ et $3n-2m$.

En déduire que les diviseurs communs à m et n sont aussi diviseurs communs à a et b.

c) Que peut-on dire de PGCD $(a\,;b)$ et PGCD $(m\,;n)$?

85 $a=5n^2+7$ et $b=n^2+2$ avec $n\in\mathbb{N}$.

a) Démontrer que PGCD $(a\,;b)$ est un diviseur de 3.

b) Montrer que si le reste de la division euclidienne de n par 3 est 2, alors PGCD $(a\,;b)=3$.

Aide

Trouver une combinaison linéaire éliminant n^2.

86 n désigne un nombre entier naturel.

$$a=7n^2+4 \quad \text{et} \quad b=n^2+1$$

1. Démontrer que tout diviseur commun à a et b est un diviseur de 3.

2. a) Expliquer pourquoi si PGCD $(a\,;b)=3$, alors il existe un nombre entier naturel k tel que $n^2+1=3k$.

b) Démontrer que cela est impossible par disjonction de cas.

3. En déduire PGCD $(a\,;b)$.

Nombres entiers premiers entre eux

Pour les exercices 87 à 90, déterminer les diviseurs communs positifs à a et b, puis indiquer si a et b sont premiers entre eux.

87 $a=1\,286$ $\quad b=1\,070$

88 $a=1\,237$ $\quad b=-120$

89 $a=-2\,197$ $\quad b=2\,140$

90 $a=-1\,234$ $\quad b=-567$

91 Dans les deux cas ci-dessous, le logiciel Xcas affiche les diviseurs de chacun des deux nombres.

```
1 idivis(950,467)
  ([1, 2, 5, 10, 25, 50, 19, 38, 95, 190, 475, 950 ], [1, 467 ] )
2 idivis(703,444)
  ([1, 19, 37, 703 ], [1, 2, 4, 3, 6, 12, 37, 74, 148, 111, 222, 444 ]
```

Sans effectuer de calcul, indiquer dans les deux cas, si les nombres proposés sont premiers entre eux.
Justifier.

92 n désigne un nombre entier naturel tel que $n\geqslant 2$.

$$a=n^2+2n-3 \quad \text{et} \quad b=n^2+4n+3$$

a) Factoriser a et b.

b) Déterminer PGCD $(n-1\,;n+1)$, en distinguant les cas n pair et n impair.

c) Déterminer PGCD $(a\,;b)$ en fonction de n.

Pour les exercices 93 à 97, déterminer les couples (x ; y) de nombres entiers naturels solutions du système.

93 $\begin{cases} x+y=1\,902 \\ \text{PGCD}\,(x\,;\,y)=317 \end{cases}$

94 $\begin{cases} -x+y=26 \\ \text{PGCD}\,(x\,;\,y)=13 \end{cases}$

95 $\begin{cases} 2x+3y=121 \\ \text{PGCD}\,(x\,;\,y)=11 \end{cases}$

96 $\begin{cases} x^2-y^2=5\,440 \\ \text{PGCD}(x\,;\,y)=8 \end{cases}$

97 $\begin{cases} xy=7\,776 \\ \text{PGCD}(x\,;\,y)=18 \end{cases}$

98 $a=21n+4$ et $b=16n+3$ avec $n\in\mathbb{N}$.

a) Déterminer des nombres entiers relatifs α et β tels que $\alpha a+\beta b=1$.

b) En déduire que a et b sont premiers entre eux.

99 a, b et c désignent des nombres entiers naturels non nuls.

a et b sont premiers entre eux et c divise $a+b$.

Démontrer que :

a) a et c sont premiers entre eux ;

b) b et c sont premiers entre eux.

100 n désigne un nombre entier naturel.

$$a=13n+3 \quad \text{et} \quad b=8n+2$$

La feuille de calcul ci-dessous indique, pour certaines valeurs de n, le PGCD $(a\,;b)$.

	A	B	C	D	E	F	G	H	I	J	K	L
1	*n*	0	1	2	3	4	5	6	7	8	9	10
2	*a*	3	16	29	42	55	68	81	94	107	120	133
3	*b*	2	10	18	26	34	42	50	58	66	74	82
4	PGCD(*a*;*b*)	1	2	1	2	1	2	1	2	1	2	1

a) Conjecturer une condition sur n pour que a et b soient premiers entre eux.

b) Démontrer la conjecture émise au **a)**.

c) En déduire les valeurs de n pour lesquelles la fraction $\dfrac{13n+3}{8n+2}$ est irréductible.

Objectif Bac

QCM

101 Pour chaque question, il y a une seule réponse correcte. Le candidat doit indiquer par **a)**, **b)** ou **c)** la réponse qu'il juge correcte. Aucune justification n'est demandée.

1. Pour tout nombre entier naturel n non nul, $5^{6n+1} + 2^{3n+1}$ est divisible :

a) par 5 **b)** par 4 **c)** par 7

2. a et b désignent deux nombres entiers relatifs non nuls tels que $a \equiv 2\ [5]$ et $b \equiv 4\ [5]$. Alors :

a) $a + b \equiv 6\ [10]$ **b)** $a + b \equiv 1\ [5]$ **c)** 5 divise $a + b$

3. a et b désignent deux nombres entiers relatifs et n un nombre entier naturel supérieur ou égal à 2.
Si $ab \equiv 0\ [n]$, alors :

a) $a \equiv 0\ [n]$ ou $b \equiv 0\ [n]$ **b)** $a \equiv 0\ [n]$ et $b \equiv 0\ [n]$ **c)** ab est un multiple de n

4. x désigne un nombre entier relatif. On considère l'équation $x^2 - x + 4 \equiv 0\ [6]$.

a) Les solutions de cette équation vérifient $x \equiv 2\ [6]$ ou $x \equiv 5\ [6]$. **b)** Les solutions de cette équation vérifient $x \equiv 2\ [6]$. **c)** Cette équation n'admet aucune solution.

5. Le reste de la division euclidienne de -256 par 11 est :

a) -3 **b)** 3 **c)** 8

6. n désigne un nombre entier naturel tel que $n \equiv 1\ [7]$.
Le PGCD de $3n + 4$ et $4n + 3$ est égal à :

a) 1 **b)** $n - 1$ **c)** 7

Aide

1. Dans un premier temps, utiliser les règles de calcul sur les puissances pour écrire ce nombre $15\,625^n \times 5 + 8^n \times 2$. Observer ensuite à quels nombres sont congrus 15 625 et 8 modulo 5, modulo 4, modulo 7.

4. Procéder par disjonction de cas en envisageant les cas $x \equiv 0\ [6]$, $x \equiv 1\ [6]$, …, $x \equiv 5\ [6]$.
Présenter les calculs dans un tableau.

6. Penser que $n \equiv 1\ [7]$ équivaut à « il existe $k \in \mathbb{Z}$ tel que $n = 1 + 7k$ ».

Vrai-Faux

102 Pour chacune des cinq affirmations, dire si elle est vraie ou fausse.
a et b désignent deux nombres entiers relatifs non nuls tels que $a \equiv b\ [6]$.

1. a et b sont de même parité.

2. a et b sont congrus modulo 3.

3. Si a et b sont pairs, alors ils sont congrus modulo 12.

4. $2a \equiv 2b\ [12]$.

5. Si a et b sont divisibles par 3, alors $\frac{a}{3} \equiv \frac{b}{3}\ [6]$.

Aide

1. On peut raisonner par l'absurde en supposant a pair et b impair.

3. 5. Envisager un contre-exemple.

4. On sait que $a - b = 6k$ (avec $k \in \mathbb{Z}$), donc…

103 Le candidat portera sur sa copie, en regard du numéro de l'affirmation, et avec le plus grand soin, la mention Vrai ou Faux. Justifier.

1. $1991^{2009} \equiv 2\ [7]$.

2. x désigne un nombre entier relatif.
$x^2 + x + 3 \equiv 0\ [5]$ si, et seulement si, $x \equiv 1\ [5]$.

3. N est un nombre entier naturel dont l'écriture décimale est $\overline{aba7}$.
Si N est divisible par 7, alors $a + b$ est divisible par 7.

4. Pour tout nombre entier naturel n non nul, n et $3n + 1$ sont premiers entre eux.

5. a et b désignent deux nombres entiers relatifs non nuls.

$$\text{PGCD}(a\,;b) = \text{PGCD}(3a + b\,;a)$$

Vérifier les réponses p. 156

104 Algorithmique

n désigne un nombre entier naturel non nul. On considère les nombres entiers suivants :

$$N = 9n + 1 \quad \text{et} \quad M = 9n - 1$$

On se propose de déterminer PGCD (M ; N) suivant les valeurs de n.

1. Conjecture

On considère l'algorithme suivant :

```
Pour n de 1 jusqu'à 20
    N prend la valeur 9n + 1
    M prend la valeur 9n – 1
    G prend la valeur PGCD (N ; M)
    Afficher G
Fin Pour
```

a) Quel est le rôle de cet algorithme ?

b) Voici les valeurs affichées pour G par un tableur.

	A	B	C	D	E	F	G	H	I	J	K	L	M	N	O	P	Q	R	S	T	U
1	*n*	1	2	3	4	5	6	7	8	9	10	11	12	13	14	15	16	17	18	19	20
2	G	2	1	2	1	2	1	2	1	2	1	2	1	2	1	2	1	2	1	2	1

Conjecturer, suivant les valeurs de n, le PGCD de M et de N.

2. On suppose que n est un nombre entier pair. On pose $n = 2p$ avec p nombre entier naturel non nul.

a) Montrer que M et N sont des nombres entiers impairs.

b) En remarquant que N = M + 2, déterminer le PGCD de M et N.

3. On suppose que n est un nombre entier impair. On pose $n = 2p + 1$, avec p nombre entier naturel.

a) Montrer que M et N sont des nombres entiers pairs.

b) Déterminer le PGCD de M et N.

4. Pour tout nombre entier naturel non nul n, on considère le nombre entier $81n^2 - 1$.

a) Exprimer le nombre entier $81n^2 - 1$ en fonction de M et N.

b) Démontrer que si n est pair, alors $81n^2 - 1$ est impair.

c) Démontrer que $81n^2 - 1$ est divisible par 4 si, et seulement si, n est impair.

D'après *Bac*

Aide

1. c. La conjecture émise sert à vérifier la cohérence des résultats obtenus par la suite.

2. b. Tout diviseur commun à M et N est un diviseur de N – M.

105 Raisonner par l'absurde

On considère deux nombres entiers naturels non nuls x et y premiers entre eux.

On pose $S = x + y$ et $P = xy$.

1. a) Démonter que x et S sont premiers entre eux, de même que y et S.

b) En raisonnant par l'absurde, démontrer que $S = x + y$ et $P = xy$ sont premiers entre eux.

c) Démontrer que les nombres S et P sont de parités différentes (l'un pair, l'autre impair).

2. Déterminer les diviseurs positifs de 84 et les ranger par ordre croissant.

3. Trouver les nombres premiers entre eux x et y tels que SP = 84.

4. Déterminer les deux nombres entiers naturels a et b vérifiant les conditions suivantes :

$$\begin{cases} a + b = 84 \\ ab = d^3 \end{cases} \quad \text{avec } d = \text{PGCD}(a\,;b)$$

D'après *Bac*

Aide

1. b) Si S et P ne sont pas premiers entre eux, il existe un diviseur $c > 1$ de S et P donc de Sx et P, donc de PGCD(Sx ; P)...

4. On peut poser $a = dx$ et $b = dy$ avec x et y premiers entre eux.

106 Exposants inconnus

On se propose de déterminer les couples $(n\,;m)$ de nombres entiers naturels non nuls vérifiant la relation :

$$7^n - 3 \times 2^m = 1 \quad \textbf{(F)}$$

1. On suppose $m \leqslant 4$.

Montrer qu'il y a exactement deux couples solutions.

2. On suppose maintenant que $m \geqslant 5$.

a. Montrer que si le couple $(n\,;m)$ vérifie la relation **(F)** alors :

$$7^n \equiv 1 \text{ (modulo 32)}$$

b. En étudiant les restes de la division par 32 des puissances de 7, montrer que si le couple $(n\,;m)$ vérifie la relation **(F)**, alors n est divisible par 4.

c. En déduire que si le couple $(n\,;m)$ vérifie la relation **(F)**, alors :

$$7^n \equiv 1 \text{ (modulo 5)}$$

d. Pour $m \geqslant 5$, existe-t-il des couples $(n\,;m)$ de nombres entiers naturels non nuls vérifiant la relation **(F)** ?

3. Conclure, c'est-à-dire déterminer l'ensemble des couples de nombres entiers naturels non nuls vérifiant la relation **(F)**.

D'après *Bac*

Aide

2. a) Poser $m = 5 + p$ avec $p \in \mathbb{N}$.

b) Déterminer une puissance de 7 congrue à 1 modulo 32.

Voir p. 156 et site compagnon

Exercices d'entraînement

Pour développer ses compétences

Résoudre des problèmes

107 Une équation sans solution

x et y désignent des nombres entiers relatifs et n un nombre entier naturel.

(**G**) est l'équation $3x^2 + 7y^2 = 10^{2n}$.

On se propose de montrer que l'équation (**G**) n'admet aucune solution.

a) Montrer que $100 \equiv 2\,[7]$. Démontrer que si $(x\,;y)$ est solution de (**G**), alors $3x^2 \equiv 2^n\,[7]$.

b) Reproduire et compléter le tableau suivant :

Reste de la division euclidienne de x par 7							
Reste de la division euclidienne de $3x^2$ par 7							

c) Démontrer que 2^n est congru à 1, 2 ou 4 modulo 7. En déduire que l'équation (**G**) n'admet pas de solution.

108 Affichage digital B2i

L'écran d'un ordinateur est découpé en pixels. Ces pixels sont modélisés, dans un repère orthonormé, par les points dont les coordonnées sont des nombres entiers naturels. On se propose de comprendre le choix des pixels à allumer pour afficher une diagonale à l'écran.

1. Illustration avec GeoGebra

L'écran d'ordinateur est schématisé par le rectangle OBAC ci-dessous. Pour choisir le pixel à allumer, on utilise le principe suivant : si un point de la diagonale a une abscisse entière et n'est pas un pixel (c'est-à-dire n'a pas une ordonnée entière), alors on allume le pixel de même abscisse et d'ordonnée entière inférieure.

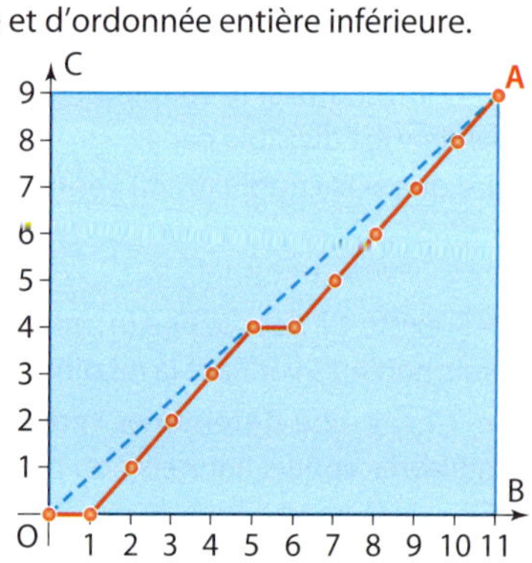

Pour tout nombre entier naturel $k \leqslant 11$, on note M_k le point d'abscisse k de la diagonale et P_k le pixel allumé correspondant.

a) Exprimer l'ordonnée y_k de M_k en fonction de k.

b) À l'aide d'un tableur, dresser la liste des coordonnées des pixels allumés.

2. Utilisation d'une suite modulaire

On se propose de trouver une relation simple permettant d'obtenir les coordonnées du pixel P_{k+1} à l'aide de celles de P_k.

u est la suite définie par $u_0 = 0$ et, pour tout nombre entier naturel n, u_{n+1} est le reste de la division euclidienne de $u_n + 9$ par 11.

a) Démontrer par récurrence que, pour tout k de $\mathbb{N}$:

$$u_k \equiv 9k\,[11]$$

b) Reproduire et compléter le tableau ci-dessous avec les restes possibles modulo 11.

u_k										
u_{k+1}										

c) Écrire une relation reliant y_{k+1} et y_k :

- lorsque $u_k < u_{k+1}$
- lorsque $u_k > u_{k+1}$

d) En déduire la liste des pixels allumés et comparer avec les résultats obtenus au **1. b)**.

109 BAC Raisonner par contraposition

On note **(E)** l'ensemble des nombres entiers naturels qui peuvent s'écrire sous la forme $9 + a^2$ où a est un nombre entier naturel non nul ; par exemple :

$$10 = 9 + 1^2\,;\ 13 = 9 + 2^2\,;\ \ldots$$

On se propose d'étudier l'existence d'éléments de **(E)** qui sont des puissances de 2, 3 ou 5.

1. Étude de l'équation d'inconnue a :

$$a^2 + 9 = 2^n,\ \text{où}\ a \in \mathbb{N},\ n \in \mathbb{N}\ \text{et}\ n \geqslant 2$$

a) Montrer que si a existe, alors a est impair.

b) En raisonnant modulo 4, montrer que l'équation proposée n'a pas de solution.

2. Étude de l'équation d'inconnue a :

$$a^2 + 9 = 3^n,\ \text{où}\ a \in \mathbb{N},\ n \in \mathbb{N}\ \text{et}\ n \geqslant 3$$

a) Montrer que si $n \geqslant 3$, alors 3^n est congru à 1 ou à 3 modulo 4.

b) Montrer que si a existe, alors il est pair et en déduire que nécessairement n est pair.

c) On pose $n = 2p$, où $p \in \mathbb{N}$, $p \geqslant 2$.
Déduire d'une factorisation de $3^n - a^2$ que l'équation proposée n'a pas de solution.

3. Étude de l'équation d'inconnue a :

$$a^2 + 9 = 5^n,\ \text{où}\ a \in \mathbb{N},\ n \in \mathbb{N}\ \text{et}\ n \geqslant 2$$

a) En raisonnant modulo 3, montrer que l'équation est impossible si n est impair.

b) On pose $n = 2p$. En s'inspirant de **2. c)**, démontrer qu'il existe un unique nombre entier naturel a tel que $a^2 + 9$ soit une puissance entière de 5.

110 Nombres entiers vérifiant une propriété

On se propose de déterminer tous les nombres entiers naturels n vérifiant la propriété P :

« $n^2 + 11$ est divisible par $n + 11$ »

1. Utiliser un tableur ou la calculatrice pour déterminer tous les nombres entiers naturels $n < 121$ qui vérifient la propriété P.

2. a) Simplifier l'expression $n^2 + 11 - (n + 11)(n - 11)$.

b) En déduire que tous les nombres entiers n qui vérifient la propriété P sont inférieurs ou égaux à 121.

c) Conclure.

111 BAC PGCD et puissances de 2

1. a) Déterminer le reste dans la division euclidienne de 2 009 par 11.

b) Déterminer le reste dans la division euclidienne de 2^{10} par 11.

c) Déterminer le reste dans la division euclidienne de $2^{2\,009} + 2\,009$ par 11.

2. On désigne par p un nombre entier naturel.

On considère, pour tout nombre entier naturel non nul n, le nombre $A_n = 2^n + p$. On note d_n le PGCD de A_n et A_{n+1}.

a) Montrer que d_n divise 2^n.

b) Déterminer la parité de A_n en fonction de celle de p. Justifier.

c) *Dans cette question, toute trace de recherche même incomplète ou d'initiative même non fructueuse, sera prise en compte dans l'évaluation.*

Déterminer la parité de d_n en fonction de celle de p.

En déduire le PGCD de $2^{2\,009} + 2\,009$ et $2^{2\,010} + 2\,009$.

112 BAC Carré et cube d'entiers

Dans cet exercice, on se propose d'étudier des couples $(a\,;b)$ de nombres entiers strictement positifs tels que :

$$a^2 = b^3$$

Soit $(d\,;b)$ un tel couple et $d = \text{PGCD}(a\,;b)$. On note u et v les nombres entiers strictement positifs, tels que :

$$a = du \quad \text{et} \quad b = dv$$

1. Montrer que $u^2 = dv^3$.

2. En déduire que v divise u, puis que $v = 1$.

3. Soit $(a\,;b)$ un couple de nombres entiers strictement positifs.

Démontrer que $a^2 = b^3$ si, et seulement si, a et b sont respectivement le cube et le carré du même nombre entier.

4. *Dans cette question, toute trace de recherche, même incomplète, ou d'initiative même non fructueuse, sera prise en compte dans l'évaluation.*

Montrer que si n est le carré d'un nombre entier naturel et le cube d'un autre nombre entier, alors :

$$n \equiv 0\,[7] \quad \text{ou} \quad n \equiv 1\,[7]$$

113 Que de un !

On se propose de montrer qu'il existe une infinité de nombres entiers naturels qui vérifient une certaine propriété.

1. Vérifier que 111 est divisible par 3.

2. n désigne un nombre entier naturel supérieur ou égal à 3.

u_n est le nombre dont l'écriture décimale est constituée uniquement de 1 :

$$u_n = \underbrace{11\ldots11}_{n \text{ chiffres } 1}$$

a) Démontrer que $\dfrac{10^n - 1}{9}$ est un nombre entier naturel.

b) Vérifier que pour tous nombres réels a et b :

$$a^3 - b^3 = (a - b)(a^2 + ab + b^2)$$

c) Démontrer que $10^{3n} - 1$ est divisible par $10^n - 1$.

d) En déduire que le nombre entier naturel u_{3n} est divisible par le nombre entier naturel u_n.

e) Démontrer que $10^{2n} + 10^n + 1$ est divisible par 3.

f) Démontrer que u_{3n} est divisible par $3\,u_n$.

3. Démontrer qu'il existe une infinité de nombres entiers naturels dont l'écriture décimale est constituée exactement de n chiffres 1 et qui sont divisibles par n.

Porter un regard critique

114 Un algorithme à explorer B2i

N désigne un nombre entier naturel de **trois chiffres** dont deux au moins sont distincts. On range ses chiffres dans l'ordre croissant, on obtient un nombre P. On range les chiffres de N dans l'ordre décroissant, on obtient un nombre G. On calcule les différences D = G – P.

Le nombre D devient le nombre initial et on recommence le calcul. L'algorithme s'arrête lorsqu'on obtient deux fois de suite le même nombre D.

Exemple sur les deux premières étapes : N = 878 donne P = 788 et G = 887 d'où D = 887 – 788 = 99. On remplace N par 99, soit N = 099 qui donne P = 99 et G = 990, d'où D = 891…

a) Entrer un nombre à trois chiffres dans la cellule A1 d'un tableur. Tester les formules :

=ENT(A1/100) et =MOD(ENT(A1/10);10).

Que retournent ces formules ? Expliquer.

b) Réaliser à l'aide du tableur le tableau suivant en utilisant les fonctions ENT, MOD, MIN, MAX, MEDIANE.

N	Centaines	Dizaines	Unités	P	G	D
878	8	7	8	788	887	99
99	0	9	9	99	990	891

c) Appliquer l'algorithme aux nombres 787, 877, 794, 425, puis à différents nombres de trois chiffres.

Qu'observe-t-on ? Émettre des conjectures sur la suite des nombres obtenus dans la colonne A.

d) Valider ou invalider les conjectures émises.

D'après *Épreuves pratiques*

115 Restes modulo *p* B2i

On se propose d'étudier les restes modulo p (p nombre entier naturel, $p > 1$) des suites (u_n) définies sur $\mathbb{N}$ par $u_n = an + b$ où a et b sont deux nombres entiers naturels donnés.

On note r_n le reste de la division euclidienne de u_n par p.

1. À l'aide d'un tableur, réaliser une feuille de calcul donnant les restes modulo 20 des 20 premiers termes de la suite (u_n) définie par $u_n = 12n + 5$.

2. Adapter la feuille de calcul de telle manière qu'on puisse modifier les valeurs de a, b et p.

Tester pour $p = 20$ et $u_n = 5n - 3$, puis pour $p = 7$ et $u_n = 5n - 3$.

3. Émettre une conjecture quant aux suites formées par ces restes. Faire éventuellement d'autres essais.

4. Démonstration de la conjecture

a) Montrer que, parmi les nombres $u_0, u_1, \dots, u_p$ il existe deux nombres ayant le même reste dans la division euclidienne par p.

b) Soit n_0 et $n_0 + \mathrm{T}$ les rangs de ces deux nombres ($\mathrm{T} \neq 0$). Montrer que $a\mathrm{T}$ est un multiple de p.

c) En déduire que pour tout nombre entier naturel k :

$$r_{\mathrm{T}+k} = r_k$$

d) Démontrer la conjecture.

D'après *Épreuves pratiques*

116 Accélérer l'algorithme d'Euclide

a et b désignent deux nombres entiers naturels tels que $a > b$. La division euclidienne de a par b donne l'existence d'un unique couple $(q\,;r)$ de nombres entiers naturels tels que $a = bq + r$ avec $0 \leqslant r < b$ et $r = a - bq$.

On se propose de construire un nouvel algorithme qui permet d'obtenir le PGCD $(a\,;\,b)$ plus rapidement que l'algorithme d'Euclide.

Dans la division de a par b, on nomme r le reste par défaut et $r' = b(q+1) - a$, le reste par excès.

Ainsi $r + r' = b$.

a) Démontrer que les diviseurs communs à a et b sont les mêmes que les diviseurs communs à a et r'.

b) En déduire un algorithme qui permet d'accélérer celui d'Euclide.

c) Avec ces deux algorithmes, déterminer :

$$\text{PGCD}(435\,;\,548)$$

d) Démontrer qu'avec ce nouvel algorithme, chaque reste est inférieur ou égal à la moitié du précédent.

e) k désigne l'exposant de la plus haute puissance de 2 inférieure ou égale à b. Démontrer que le nombre d'étapes de l'algorithme est inférieur ou égal à $k + 1$.

Communiquer à l'écrit, à l'oral

117 Math in english

1. Let x be an integer. Prove that :

a) $3x \equiv 8\,[10]$ if, and only if, $x \equiv 6\,[10]$;

b) $x^2 \equiv 6\,[10]$ if, and only if, $x \equiv 4\,[10]$ or $x \equiv 6\,[10]$.

2. Let n be a natural number. Prove that :

$n^2 + (n+1)^2 + (n+2)^2 \equiv 0\,[10]$ if and only if,

$$(n+1)^2 \equiv 6\,[10]$$

118 Équation à deux inconnues

Le professeur demande à ses élèves de résoudre l'équation $x^2 + y^2 = 3$, où x et y désignent deux nombres entiers.

Voici les commentaires de deux élèves :

Kassim : « Il y a une infinité de nombres entiers, on ne peut pas lister tous les couples $(x\,;\,y)$ ».

Nadia : « Il n'y a pas beaucoup de couples à lister ».

Expliquer le raisonnement de Nadia et répondre à la question du professeur.

119 Équation à trois inconnues

m, n et p désignent des nombres entiers relatifs.

$$a = 2n \qquad b = 3m + 9 \qquad c = 5p - 25$$

On se propose de résoudre l'équation $abc = 30$ d'inconnues m, n et p. Voici une copie d'élève et les remarques du correcteur. À votre tour de rédiger une solution.

• 1, 2, 3, 5, 6, 10, 15, 30 sont les diviseurs de 30 dans $\mathbb{N}$. *Observer a, b, c pour réduire le nombre de cas.*
Cela fait trop de cas.

• a = 2, b = 3, c = 5 donc n = 1, n = −2,
p = 6 est l'unique solution.
Non, on travaille dans $\mathbb{Z}$.

S'initier à la logique

120 Quantificateurs universel et existentiel

n désigne un nombre entier naturel.

Chacune des propositions suivantes est-elle vraie ou fausse ? Justifier la réponse.

a) Pour tout nombre entier naturel n, $n + 5$ divise $3n + 25$.

b) Tout nombre entier naturel a qui divise $5n + 4$ et $2n - 3$ divise 23.

c) Il existe un nombre entier naturel n pour lequel la fraction $\dfrac{n+1}{n+2}$ n'est pas irréductible.

d) Pour tout nombre entier naturel impair n :

$$3n^2 + 5 \equiv -4\,[12]$$

121 Démontrer par disjonction des cas

Déterminer une condition nécessaire et suffisante sur le nombre entier naturel n pour que $2^n - 1$ soit divisible par 9.

Exercices d'approfondissement

Pour aller plus loin

122 Avec un guide

$a = n^3 - 2n + 5$ et $b = n + 1$, avec $n \in \mathbb{N}$.

1. **a)** Vérifier que $n^3 + 1 = (n + 1)(n^2 - n + 1)$.

b) Vérifier que $a = n^3 + 1 - 2(n + 1) + 6$.

2. **a)** Démontrer que PGCD $(a\,;b)$ = PGCD $(b\,;6)$.

b) Pour quelles valeurs de n a-t-on PGCD $(a\,;b) = 3$?

3. Déterminer n pour que le nombre $\frac{a}{b}$ soit un nombre entier relatif.

Guide de résolution

2. **a)** Pour démontrer l'égalité de ces PGCD, on peut utiliser la méthode de la page 21 et les résultats obtenus à la question **1**.

b) Les valeurs de n telles que PGCD $(a\,;b) = 3$ sont telles que $n + 1$ est divisible par 3 sans être divisible par 2 (car sinon le PGCD serait égal à 6).

3. On déduira de la question **1** que :

$$\frac{a}{b} = n^2 - n - 1 + \frac{6}{n+1}$$

123 Une suite réputée

La suite de Syracuse est définie sur $\mathbb{N}^*$ de la manière suivante :

si $n = 1$, alors le processus s'arrête, sinon :

- si n est pair, alors on le remplace par $\frac{n}{2}$;
- si n est impair, alors on le remplace par $3n + 1$.

Puis on recommence le processus.

Ainsi, la liste des nombres entiers obtenus pour aller du n de départ au 1 qui stoppe le processus est appelée **suite de Syracuse**.

On note L (n) le nombre de termes de cette suite.

1. Des exemples

Dans les cas suivants, déterminer la suite de Syracuse de n, puis la valeur de L (n).

a) $n = 5$ **b)** $n = 12$

2. Un algorithme pour observer

Voici l'algorithme réalisé avec AlgoBox.

a) Saisir cet algorithme avec AlgoBox ou bien le traduire dans le langage d'une calculatrice. Le faire fonctionner pour différentes valeurs de n.

b) Que remarque-t-on ?

```
▼ VARIABLES
│ ├─n EST_DU_TYPE NOMBRE
│ └─L EST_DU_TYPE NOMBRE
▼ DEBUT_ALGORITHME
│ ├─AFFICHER "Donner la valeur de n"
│ ├─LIRE n
│ ├─L PREND_LA_VALEUR 1
│ ▼ TANT_QUE (n!=1) FAIRE
│ │ ├─DEBUT_TANT_QUE
│ │ ▼ SI (n%2==0) ALORS
│ │ │ ├─DEBUT_SI
│ │ │ ├─n PREND_LA_VALEUR n/2
│ │ │ ├─FIN_SI
│ │ │ ▼ SINON
│ │ │   ├─DEBUT_SINON
│ │ │   ├─n PREND_LA_VALEUR 3*n+1
│ │ │   └─FIN_SINON
│ │ ├─L PREND_LA_VALEUR L+1
│ │ ├─AFFICHER n
│ │ └─FIN_TANT_QUE
│ ├─AFFICHER "La longueur de la suite est"
│ └─AFFICHER L
└─FIN_ALGORITHME
```

3. Quelques résultats particuliers

p désigne un nombre entier naturel non nul.

a) Conjecturer la valeur de L (2^p), puis démontrer cette conjecture.

b) Quelle conjecture sur le lien entre L $(8p + 4)$ et L $(8p + 5)$ peut-on faire ? Démontrer cette conjecture.

c) Démontrer que, si le reste de la division euclidienne de n par 4 est 0, 1 ou 2, alors, au bout d'un certain nombre d'étapes, l'algorithme donne un nombre entier inférieur ou égal à n.

> **Info**
> *La conjecture de Syracuse affirme que pour tout nombre entier naturel non nul n, le processus aboutit à 1.*
> *La longueur de la suite quant à elle n'est pas, à l'heure actuelle prévisible, en toute généralité.*

124 Suite et carrés parfaits

u est la suite définie sur $\mathbb{N}^*$ par $u_n = 7n - 5$.

Déterminer le nombre de carrés parfaits parmi les 2 012 premiers termes de cette suite.

125 Problème ouvert

Dans une île, 45 caméléons peuvent prendre l'une des trois couleurs : jaune, vert ou bleu.

Un jour donné, il y a 17 caméléons jaunes, 15 verts et 13 bleus.

Lorsque deux caméléons se rencontrent, ils cherchent à avoir la même couleur. Ainsi, soit ils sont de la même couleur et ils la conservent ; soit ils ont des couleurs différentes et ils prennent alors tous les deux la troisième couleur.

Est-il possible, qu'après un certain nombre de rencontres, tous les caméléons soient de la même couleur ?

126 Défi

Quel est le plus petit nombre entier naturel n dont le reste dans la division euclidienne par 2 est 1, le reste dans la division euclidienne par 3 est 2, et ainsi de suite jusqu'à, le reste dans la division euclidienne par 9 est 8 ?

HISTOIRE DES MATHS

127 Différentes bases

1. Le résultat fondamental

b désigne un nombre entier naturel donné tel que $b \geqslant 2$.
N désigne un nombre entier naturel non nul.
On considère la succession de divisions euclidiennes :

$$\begin{array}{l|l} N & b \\ \hline r_0 & q_0 \end{array} \quad \begin{array}{l|l} q_0 & b \\ \hline r_1 & q_1 \end{array} \quad \begin{array}{l|l} q_1 & b \\ \hline r_2 & q_2 \ \ldots \end{array}$$

a) Expliquer pourquoi la suite (q_n) ainsi définie est strictement décroissante.

b) Expliquer pourquoi l'algorithme donnera au bout d'un certain nombre de divisions un quotient $q_n = 0$.

c) Montrer qu'alors :

$$N = r_n b^n + r_{n-1} b^{n-1} + \ldots + r_1 b + r_0 \quad \textbf{(1)}$$

avec pour tout i tel que $0 \leqslant i \leqslant n$, $0 \leqslant r_i < b$ et $r_n \neq 0$.

d) Réciproquement, montrer que si **(1)** est réalisé, alors les r_i sont calculés à l'aide de la succession de divisions euclidiennes précédente.

> **Info**
> *On dit que **(1)** est l'écriture du nombre entier naturel non nul* N ***en base b****, et on note :*
> $$N = \overline{r_n r_{n-1} \ldots r_1 r_0}^{\,b}$$

2. Des applications

a) Écrire en base huit les nombres entiers de 1 à 20.

b) N = 2 012.
Écrire ce nombre en base trois, puis en base cinq.

c) $N = \overline{2\,012}^{\,3}$
Écrire ce nombre dans notre système de numération.

d) En base douze, on utilise les chiffres 0, 1, 2, 3, 4, 5, 6, 7, 8, 9, α, β.
- Écrire N = 20 112 en base douze.
- Écrire $N = \overline{2\,012}^{\,12}$ dans notre système de numération.

> **Info**
> 
> • *Les Babyloniens (2 000 ans av. J.-C.) utilisaient une numération en base soixante (système sexagésimal). L'avantage de la base soixante réside dans le fait que 60 a de nombreux diviseurs.*
> *Le découpage des heures en minutes, secondes est issu de cette numération.*
> • *Les Mayas (1 600 à 1 500 av. J.-C.) utilisaient une numération en base vingt (système vigésimal) car ils comptaient avec les doigts des mains et des pieds.*
> • *De nos jours, les systèmes binaires (base deux) et héxadécimal (base seize) sont utilisés en électronique et en informatique.*

EXERCICES POST BAC

128 k désigne un nombre entier naturel non nul.
Démontrer chacune des affirmations ci-dessous.

a) Si un nombre entier est de la forme $6k - 3$, alors il est nécessairement de la forme $3k - 1$, alors que la réciproque est fausse.

b) Le carré d'un nombre entier de la forme $3k + 1$ est aussi de cette forme.

c) Le carré d'un nombre entier est de la forme $3k$ ou $3k + 1$, mais jamais de la forme $3k + 2$.

d) Le carré d'un nombre entier est de la forme $4k$ ou $4k + 1$, mais jamais de la forme $4k + 2$ ni de la forme $4k + 3$.

e) Le cube de tout nombre entier est de la forme $9k$, $9k + 1$ ou $9k + 8$.

f) Si un nombre entier est à la fois un carré et un cube, alors c'est une puissance sixième, et il est de la forme $7k$ ou $7k + 1$.

D'après *Licence 1 Math-Info*

129 Les questions ci-dessous sont indépendantes.
Pour chaque question, plusieurs réponses peuvent être vraies ou fausses.

1. Soit x et y deux nombres entiers vérifiant $x \equiv 2\ [7]$ et $y \equiv 3\ [7]$.

(A) $x + y \equiv 5\ [7]$

(B) $xy \equiv 6\ [7]$

(C) $x^y \equiv 1\ [7]$

2. Pour tout couple $(x\,;\,y)$ de nombres entiers relatifs non nuls, $x \wedge y$, désigne le PGCD de x et y.

(A) Si $x \wedge y = 1$, alors $(x + y) \wedge xy = 1$.

(B) Si $(x + y) \wedge xy = 1$, alors $x \wedge y = 1$.

(C) Si $x \wedge y = 3$, alors $(x + y) \wedge xy = 3$.

(D) Si $(x + y) \wedge xy = 3$, alors $x \wedge y = 3$.

(E) Si $(x + y) \wedge xy = 4$, alors $x \wedge y = 4$.

D'après *ESIEE*

Chapitre 2

Théorème de Bézout
Théorème de Gauss

Le principe de fonctionnement des certificats électroniques est basé sur le chiffrement d'informations et sur la confiance.
Les certificats sont très largement utilisés sur les sites de e-commerce, webmails et autres sites sensibles (banques, impôts...).

Énigme ★

Un couple partage une somme d'argent entre ses trois enfants Aurélien, Bérénice et Cédric. À Aurélien, il donne les $\frac{3}{7}$ de la somme. À Bérénice, il donne un certain nombre de cinquièmes de la somme, et à Cédric le reste, soit 60 euros.

➤ ***Quelle est la somme distribuée par ce couple, sachant que les trois parts sont des nombres entiers d'euros ?***

D'après *Rallye mathématiques, Poitou-Charentes*

Énigme ★★

L'historien grec, Polybe, cryptait des messages en utilisant la grille ci-contre.

Décrypter ce message.

51452 43224 44155 51415 44453
54313 23154 44111 43155 31533
41321 54543 35244 41451 34133
54515 15454 25111 45431 51415
32115 14543 15413 55143 13351
41543 32153 4

	1	2	3	4	5
1	a	b	c	d	e
2	f	g	h	i	j
3	k	l	m	n	o
4	p	q	r	s	t
5	u	v	x	y	z

D'après *Science et Vie, Hors Série*, n° 53

Résoudre des problèmes

Problème 1 Sabliers et arithmétique

Objectif
Introduire l'identité de Bézout.

On se propose d'étudier les durées que l'on peut mesurer avec un sablier de *a* minutes et un sablier de *b* minutes.

1 Un exemple

a) Lisa veut mesurer une durée de 2 minutes avec deux sabliers, l'un mesurant une durée de 11 minutes et l'autre une durée de 5 minutes.
Sa sœur affirme : « C'est facile, car $2 \times 11 - 4 \times 5 = 2$ ».
Expliquer comment Lise doit alors procéder.

b) Démontrer que Lisa peut mesurer ainsi toute durée entière de *d* minutes, c'est-à-dire trouver un couple $(x\,;y)$ de nombres entiers relatifs tels que $11x + 5y = d$.

2 Cas général

Lisa dispose maintenant de deux sabliers, l'un mesurant une durée entière de *a* minutes et l'autre une durée entière de *b* minutes.

a) Démontrer que pour qu'elle puisse mesurer une durée entière de *n* minutes, il faut que PGCD $(a\,;b)$ divise *n*.

b) Donner une condition nécessaire pour qu'il existe un couple $(x\,;y)$ de nombres entiers relatifs tels que $ax + by = n$.

Problème 2 Coefficients de Bézout et équation cartésienne B2i

Objectif
Interpréter graphiquement les coefficients de Bézout.

Note historique
Étienne Bézout (1730–1783) est un mathématicien français. Il a établi cette identité en étudiant l'intersection de courbes.

L'identité de Bézout affirme que si *a* et *b* sont deux nombres entiers relatifs non nuls, alors il existe *u* et *v* nombres entiers relatifs tels que $au + bv = \text{PGCD}\,(a\,;b)$.

On se propose sur un exemple d'interpréter graphiquement les coefficients de Bézout *u* et *v*.

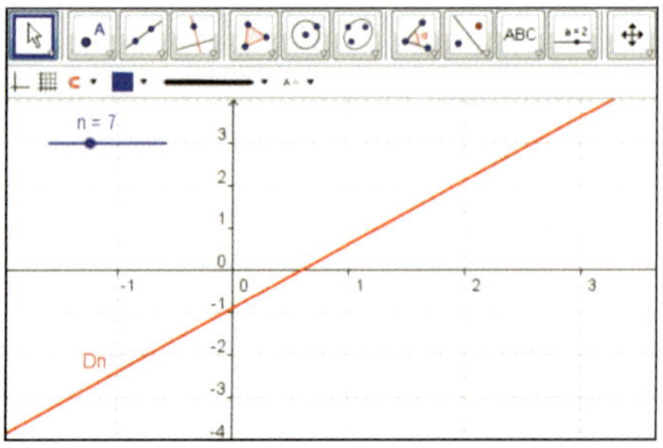

a) Avec GeoGebra, créer un curseur *n* de 0 à 20 avec un incrément de 1 et tracer la droite D_n d'équation $12x - 8y = n$.

b) Déterminer graphiquement un couple de coefficients de Bézout.
Ce couple est-il unique ?

c) Déterminer les valeurs du paramètre *n* pour lesquelles la droite D_n possède des points à coordonnées entières.

Problème 3 Coefficients de Bézout et algorithme

Objectif
Automatiser le calcul des coefficients de Bézout.

On se propose d'écrire un algorithme permettant de déterminer un couple $(u ; v)$ de nombres entiers relatifs tels que $au + bv = \text{PGCD}(a ; b)$ où a et b désignent des nombres entiers naturels non nuls.

1 Un premier exemple

Darius cherche les coefficients entiers u et v vérifiant $72u + 42v = \text{PGCD}(72 ; 42)$.

Il écrit l'algorithme d'Euclide :

a	*b*	Reste		
72	42	30	$72 = 42 \times 1 + 30$	**(1)**
42	30	12	$42 = 30 \times 1 + 12$	**(2)**
30	12	6	$30 = 12 \times 2 + 6$	**(3)**
12	6	0	$12 = 6 \times 2 + 1$	**(4)**

Conclusion : le PGCD de 72 et 42 est 6.

Il amorce alors le raisonnement suivant :

« En utilisant l'égalité **(1)**, je peux écrire le premier reste, 30, comme combinaison linéaire de 72 et 42.

Puis avec l'égalité **(2)**, je peux écrire le deuxième reste, 12, comme combinaison linéaire de 42 et du premier reste, donc je peux l'écrire comme combinaison linéaire de 72 et 42.

Enfin avec l'égalité **(3)**, j'écris le troisième reste, 6, à l'aide des deux restes précédents. Or ceux-ci s'écrivent comme combinaison linéaire de 72 et 42, donc je peux écrire le troisième reste comme combinaison linéaire de 72 et 42. »

Écrire les combinaisons linéaires proposées par Darius.

Quels coefficients u et v obtient-on ?

2 Un deuxième exemple

Reprendre la méthode précédente pour trouver les coefficients entiers u et v vérifiant :

$$345u + 75v = \text{PGCD}(345 ; 75)$$

3 « Descente » de l'algorithme d'Euclide

a et b désignent des nombres entiers naturels non nuls tels que $a < b$.

On met en place les différentes étapes de l'algorithme d'Euclide.

Étape 1 : $a = bq_1 + r_1 \quad 0 < r_1 < b$
Étape 2 : $b = r_1q_2 + r_2 \quad 0 < r_2 < r_1$
Étape 3 : $r_1 = r_2q_3 + r_3 \quad 0 < r_3 < r_2$
⋮

On pose $u_0 = 1$, $u_1 = 0$ et $v_0 = 0$, $v_1 = 1$.

a) Vérifier que $a = au_0 + bv_0$ et $b = au_1 + bv_1$.

b) Vérifier que $r_1 = au_2 + bv_2$ avec $u_2 = u_0 - q_1u_1$ et $v_2 = v_0 - q_1v_1$.

c) Vérifier que $r_2 = au_3 + bv_3$ avec $u_3 = u_1 - q_2u_2$ et $v_3 = v_1 - q_2v_2$.

d) Déterminer u_4 et v_4 en fonction de u_2, u_3, v_2 et v_3 tels que $r_3 = au_4 + bv_4$.

Info

On peut continuer ainsi de proche en proche jusqu'au dernier reste non nul r_n.
On peut démontrer par récurrence qu'il existe des nombres entiers relatifs u_n et v_n tels que $au_n + bv_n = r_n$ où $r_n = \text{PGCD}(a ; b)$.
On peut calculer les coefficients de Bézout u_n et v_n à l'aide des suites :

- $u_0 = 1$, $u_1 = 0$ et pour $1 \leqslant k \leqslant n-1$: $u_{k+1} = u_{k-1} - q_ku_k$
- $v_0 = 0$, $v_1 = 1$ et pour $1 \leqslant k \leqslant n-1$: $v_{k+1} = v_{k-1} - q_kv_k$

4 Automatisation des calculs

a) À la main

On considère $a = 212$ et $b = 87$.
Ce tableau donne en particulier les restes et les quotients dans l'algorithme d'Euclide.

- Recopier et compléter ce tableau comme nous avons commencé à le faire.
- Vérifier que :

$$au_5 + bv_5 = \text{PGCD}(a\,;b)$$

			$u_0 = 1$	$v_0 = 0$
	Reste	**Quotient**	$u_1 = 0$	$v_1 = 1$
Étape 1	$r_1 = 38$	$q_1 = 2$	$u_2 = 1$	$v_2 = -2$
Étape 2	$r_2 = 11$	$q_2 = 2$	$u_3 =$	$v_3 =$
Étape 3	$r_3 = 5$	$q_3 = 3$	$u_4 =$	$v_4 =$
Étape 4	$r_4 = 1$	$q_4 = 2$	$u_5 =$	$v_5 =$
	$r_5 = 0$			

b) Avec un tableur

On considère $a = 2\,264$ et $b = 342$.
Réaliser la feuille de calcul ci-contre et à l'aide des fonctions MOD (donne le reste) et QUOTIENT (donne le quotient), calculer le PGCD de a et b, puis u et v tels que :

$$au + bv = \text{PGCD}(a\,;b)$$

	A	B	C	D	E	F
1	a	2264		n	u_n	v_n
2	b	342		0		
3	Étape	Reste	Quotient	1		
4	1			2		
5	2			3		
6	3			4		
7	4			5		
8	5			6		
9	6			7		
10	7			8		
11	8			9		

c) Avec une calculatrice

Voici le programme réalisé par Isabelle sur sa calculatrice TI (resp. par Anna sur sa calculatrice Casio).

Isabelle (TI)

```
PROGRAM:COEFBEZO
:Input "A=",A
:Input "B=",B
:1→C
:0→D
:0→E
:1→F
:0→T
:0→I
:While T=0
:I+1→I
:partEnt(A/B)→Q
:A-B*Q→R
:Disp "ETAPE",I
:Disp "AB",A,B
:Pause
:Disp "QR",Q,R
:Pause
:If R=0
:Then
:1→T
:Else
:C-Q*E→G
:D-Q*F→H
:Disp "UV",G,H
:Pause
:E→C
:F→D
:G→E
:H→F
:B→A
:R→B
:End
:End
:Disp "FINI,PGCD
,U,V"
:Disp B,E,F
```

Anna (Casio)

```
======COEFBEZO======
"A=":?→A↵
"B=":?→B↵
1→C↵
0→D↵
0→E↵
1→F↵
0→T↵
0→I↵
While T=0↵
I+1→I↵
Intg (A÷B)→Q↵
A-B×Q→R↵
"ETAPE":I◢
"A":A◢
"B":B◢
"Q":Q◢
"R":R◢
If R=0↵
Then ↵
1→T↵
Else ↵
C-Q×E→G↵
D-Q×F→H↵
"U":G◢
"V":H◢
E→C↵
F→D↵
G→E↵
H→F↵
B→A↵
R→B↵
IfEnd↵
WhileEnd↵
"FIN PGCD=":B◢
"U=":E◢
"V=":F◢
```

- Analyser l'un des programmes en donnant les différents affichages pour A = 72 et B = 42.
- Entrer ce programme dans la calculatrice et l'exécuter.

Contrôler les réponses précédentes.

Problème 4 Points à coordonnées entières B2i

Objectif
Approcher le théorème de Bézout.

Dans un repère, $\mathscr{D}$ est la droite d'équation $ax + by = 1$ où a et b désignent des nombres entiers relatifs non nuls.

On se propose de savoir dans quel cas la droite $\mathscr{D}$ passe par des points à coordonnées entières.

1 Avec GeoGebra

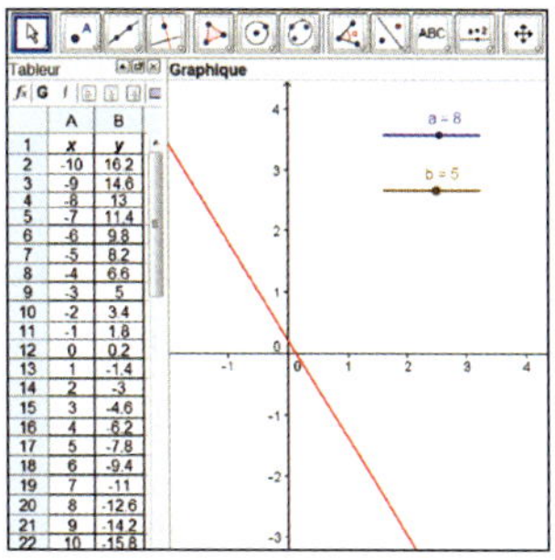

a) Réaliser la figure à l'aide du logiciel.
On utilisera deux curseurs a et b compris entre –50 et 50 avec pour incrément 1.
b) Ouvrir le tableur du logiciel, rentrer les valeurs entières de x entre –10 et 10, puis calculer les valeurs correspondantes de $y = \dfrac{1-ax}{b}$.
À l'aide des curseurs, choisir comme couples $(a\,;b)$:

$$(8\,;5),\ (47\,;35),\ (2\,;4),\ (5\,;4),\ (5\,;-4),\ (9\,;4),\ (12\,;16)\ldots$$

c) Conjecturer une réponse au problème posé.

2 Justification de quelques conjectures

a) Cas où $a = 47$ et $b = 35$

- Déterminer le PGCD de 47 et 35 avec l'algorithme d'Euclide et en déduire, comme au **problème 2**, des coefficients u et v tels que $47u + 35v = 1$.
- Donner alors un point à coordonnées entières de la droite d'équation $47x + 35y = 1$.

b) Cas où $a = 8$ et $b = 5$

Réitérer la méthode précédente pour trouver un point à coordonnées entières appartenant à la droite d'équation $8x + 5y = 1$.

c) Cas où $a = 2$ et $b = 4$

Démontrer qu'il n'existe pas de couple solution pour l'équation $2x + 4y = 1$.

3 Cas général

a) Démontrer que si a et b sont premiers entre eux, alors la droite d'équation $ax + by = 1$ admet des points à coordonnées entières.
b) Démontrer réciproquement, que si la droite d'équation $ax + by = 1$ admet des points à coordonnées entières, alors a et b sont premiers entre eux.

Info

Le théorème de Bézout affirme que l'équation $ax + by = 1$ admet des couples de solutions entières ***si, et seulement si****, a et b sont premiers entre eux.*
*En fait, ce théorème est dû à Bachet de Méziriac (*Problèmes plaisants et délectables qui se font par les nombres*, 1624). Mais, par un accident de l'histoire mathématique, c'est le nom de Bézout qui a été attribué à ce théorème. En fait, Étienne Bézout généralisa ce théorème au cas des polynômes.*

Le théorème de Bézout

1 Identité de Bézout

IDENTITÉ DE BÉZOUT a et b désignent deux nombres entiers relatifs non nuls.
Si $\boldsymbol{d = \text{PGCD}(a\,;b)}$, alors il existe des nombres entiers relatifs u et v tels que $\boldsymbol{au + bv = d}$.

DÉMONSTRATION

E désigne l'ensemble des nombres entiers naturels de la forme $au + bv$ avec $u \in \mathbb{Z}$, $v \in \mathbb{Z}$.

- $E \neq \varnothing$ car $|a|$ appartient à E. En effet, si $a > 0$, $|a| = a = 1a + 0b$ et si $a < 0$, $|a| = -a = -1a + 0b$, donc E admet un plus petit élément. On le note c. Et on note $d = \text{PGCD}(a\,;b)$.
- On sait que d divise a et b, donc d divise toute combinaison linéaire de a et b, donc d divise c.
- En effectuant la division euclidienne de a par c, on obtient l'existence d'un unique couple de nombres entiers $(q\,;r)$ tel que $a = c \times q + r$ avec $0 \leqslant r < c$.

Comme $r = a - c \times q$, r est combinaison linéaire de a et c. Or c est combinaison linéaire de a et b, donc r est combinaison linéaire de a et b.
On raisonne par l'absurde et on suppose que $r > 0$. Alors r serait une combinaison linéaire strictement positive de a et b telle que $r < c$, ce qui est absurde car c est le plus petit élément de E. On en déduit que $r = 0$ et ainsi c divise a.
On démontre de même que c divise b. Ainsi, c est un diviseur commun de a et b, donc c divise d.
c divise d et d divise c, donc $c = d$ et donc le PGCD de a et b est de la forme $au + bv$.

EXEMPLE

On sait que PGCD $(55\,;35) = 5$, donc d'après l'identité de Bézout, il existe des nombres entiers relatifs u et v tels que $55u + 35v = 5$.
Par exemple, $u = 2$ et $v = -3$. En effet, $55 \times 2 + 35 \times (-3) = 5$.

Remarques : • Le couple $(u\,;v)$ n'est pas unique ! Si $a = 3$ et $b = 2$, PGCD $(a\,;b) = 1$ et $1 \times 3 - 1 \times 2 = 1$, mais aussi $-1 \times 3 + 2 \times 2 = 1$.
• La réciproque de l'identité de Bézout est fausse. Par exemple, $3 \times 2 - 2 \times 2 = 2$ et pourtant 2 n'est pas le PGCD de 2 et 3.

2 Théorème de Bézout

THÉORÈME DE BÉZOUT a et b désignent deux nombres entiers non nuls.
***a* et *b* sont premiers entre eux** si, et seulement si, il existe des nombres entiers relatifs u et v tels que $\boldsymbol{au + bv = 1}$.

DÉMONSTRATION

- Si a et b sont premiers entre eux, alors PGCD $(a\,;b) = 1$.

L'identité de Bézout permet alors de dire qu'il existe des nombres entiers relatifs u et v tels que $au + bv = 1$.

- Réciproquement, s'il existe des nombres entiers relatifs u et v tels que $au + bv = 1$, tout diviseur commun à a et b divise $au + bv$, donc 1. Donc PGCD $(a\,;b) = 1$ et donc a et b sont premiers entre eux.

EXEMPLE

Pour tout nombre entier naturel n non nul, $3 \times (5n + 7) - 5 \times (3n + 4) = 1$, donc d'après le théorème de Bézout, $5n + 7$ et $3n + 4$ sont premiers entre eux.

1 Exercice résolu — Calculer les coefficients de Bézout

On considère $a = 145$ et $b = 55$.

a) Déterminer PGCD $(a\,;b)$ avec l'algorithme d'Euclide.

b) En exprimant de proche en proche chaque reste en fonction de a et b, déterminer un couple $(u\,;v)$ de nombres entiers relatifs tels que $au + bv = \text{PGCD}(a\,;b)$.

Solution

a) Étape 1 : $145 = 55 \times 2 + 35$

Étape 2 : $55 = 35 \times 1 + 20$

Étape 3 : $35 = 20 \times 1 + 15$

Étape 4 : $20 = 15 \times 1 + 5$

Étape 5 : $15 = 5 \times 3$

a	*b*	Reste
145	55	35
55	35	20
35	20	15
20	15	**5**
15	5	5

• Pour calculer PGCD $(a\,;b)$ avec l'algorithme d'Euclide, les quotients ne sont pas utiles. Par contre, pour calculer u et v ils sont indispensables.

Donc PGCD $(a\,;b) = \mathbf{5}$.

b) On remonte l'algorithme d'Euclide à partir de l'étape 4 en isolant les restes dans un membre.

Étape 4	Étape 3	Étape 2	Étape 1
$5 = 20 - 15 \times 1$	$15 = 35 - 20 \times 1$	$20 = 55 - 35 \times 1$	$35 = 145 - 55 \times 2$
	$5 = 20 - (35 - 20 \times 1) \times 1$ $5 = -35 + 20 \times 2$	$5 = -35 + (55 - 35 \times 1) \times 2$ $5 = 55 \times 2 - 35 \times 3$	$5 = 55 \times 2 - (145 - 55 \times 2) \times 3$ $5 = 55 \times 8 - 145 \times 3$

Donc $\mathbf{5} = 145 \times (-3) + 55 \times 8$, on en déduit que $5 = au + bv$ avec $u = -3$ et $v = 8$.

2 Exercice résolu — Démontrer que deux nombres sont premiers entre eux

n désigne un nombre entier naturel non nul.

Démontrer que $a = 2n + 1$ et $b = 3n + 2$ sont premiers entre eux.

Solution

$$\begin{aligned} -3a + 2b &= -3(2n+1) + 2(3n+2) \\ &= -6n - 3 + 6n + 4 \\ &= 1 \end{aligned}$$

• L'idée consiste à fabriquer une combinaison linéaire de a et b indépendante de n, c'est-à-dire dans laquelle les n sont « éliminés ».

Il existe donc des nombres entiers relatifs $u = -3$ et $v = 2$ tels que $au + bv = 1$.

Donc, d'après le théorème de Bézout, $2n + 1$ et $3n + 2$ sont premiers entre eux.

Pour s'exercer

3 $a = 257$ et $b = 45$.

a) Déterminer PGCD $(a\,;b)$ avec l'algorithme d'Euclide.

b) Déterminer un couple $(u\,;v)$ de nombres entiers relatifs tels que $au + bv = \text{PGCD}(a\,;b)$.

4 $a = 325$ et $b = 559$.

a) Déterminer PGCD $(a\,;b)$ avec l'algorithme d'Euclide.

b) Déterminer un couple $(u\,;v)$ de nombres entiers relatifs tels que $au + bv = 13$.

5 Écrire l'algorithme d'Euclide pour déterminer PGCD (726 ; 137), puis en déduire un couple $(x\,;y)$ de nombres entiers relatifs solution de l'équation :

$$726x + 137y = 1$$

6 n désigne un nombre entier naturel.

a) Simplifier $2(5n + 3) - 5(2n + 1)$.

b) Que peut-on en déduire pour $5n + 3$ et $2n + 1$?

7 Dans chaque cas, démontrer à l'aide du théorème de Bézout que, pour tout n de $\mathbb{N}$, a et b sont premiers entre eux.

a) $a = n$ et $b = 3n + 1$.

b) $a = 2n + 3$ et $b = 3n + 5$.

c) $a = 2n^2 + 4n + 1$ et $b = n + 2$.

8 Dans chaque cas, démontrer à l'aide du théorème de Bézout que, pour tout nombre entier naturel n :

a) n et $n + 1$ sont premiers entre eux ;

b) $2n + 1$ et $9n + 4$ sont premiers entre eux ;

c) $3n - 2$ et $5n - 3$ sont premiers entre eux.

Résoudre des problèmes

Problème 5 En route vers le cryptage

Objectif
Introduire la notion de cryptage arithmétique.

On considère les six lettres A, B, C, D, E et F. On appelle message tout mot ayant un sens ou non, formé avec ces lettres.
À chacune de ces lettres A, B, C, D, E et F, on associe respectivement 1, 2, 3, 4, 5 et 6.
On note $\Omega = \{1 ; 2 ; 3 ; 4 ; 5 ; 6\}$.

On se propose d'étudier comment crypter des messages en utilisant la division euclidienne par 7.

1 Puissances de 3, puissances de 4

n désigne un nombre entier naturel.
Étudier les restes dans la division euclidienne de 3^n par 7, puis de 4^n par 7.
Expliquer pourquoi pour tout nombre entier naturel n, 3^n et 4^n ne sont pas divisibles par 7.

2 Un exemple de cryptage

On désigne par f la fonction définie sur Ω par « $f(n)$ est le reste de la division euclidienne de 3^n par 7 ».
On code chacune des lettres A, B, C, D, E, F par la lettre qui correspond au nombre $f(n)$.

a) Recopier et compléter la grille de chiffrement ci-contre.
b) Coder le message « BAC ».
Décoder le message « DEF ».
c) Peut-on déchiffrer avec certitude tout message codé ?

Lettre avant cryptage	A	B	C	D	E	F
n	1	2	3	4	5	6
$f(n)$	3					
Lettre après cryptage	C					

3 Un autre exemple

On désigne par g la fonction définie sur Ω par « $g(n)$ est le reste de la division euclidienne de 4^n par 7 ».
a) Étudier, sur le modèle précédent, la grille de chiffrement de g.
b) Permet-elle le déchiffrement avec certitude de tout message codé à l'aide de g ?

Problème 6 Un outil important : le théorème de Gauss

Objectif
Mettre en place le théorème de Gauss.

a, b et c désignent des nombres entiers relatifs tels que a et b sont premiers entre eux et a divise le produit bc.

On se propose de démontrer qu'alors a divise c.

a) Pourquoi sait-on qu'il existe un couple $(u ; v)$ de nombres entiers relatifs tels que $auc + bvc = c$?
b) En déduire qu'alors a divise c.

Info
La propriété ainsi démontrée est appelée théorème de Gauss. Le mathématicien allemand Carl Friedrich Gauss (1777–1855) l'a énoncée dans son ouvrage Recherches arithmétiques *en 1801.*

Problème 7 Résoudre une équation diophantienne B2i

Objectif

Proposer une application du théorème de Gauss.

Info

Une équation diophantienne est une équation dont les coefficients sont des nombres entiers et dont les solutions recherchées sont aussi des nombres entiers.
Ce type d'équation doit son nom au mathématicien grec Diophante d'Alexandrie (autour du IIIe siècle) qui a traité des questions de cette nature.

On se propose de résoudre l'équation diophantienne $8x + 5y = 100$ dont les inconnues sont les nombres entiers relatifs x et y.

1 Avec un tableur

a) Réaliser une feuille de calcul telle que celle ci-dessous.

	A	B	C	D	E	F	G	H	I	J	K	L	M	N	O	P	Q	R	S	T	U	V
1	*a* =	8		*b* =	5																	
2																						
3	y \ x	-10	-9	-8	-7	-6	-5	-4	-3	-2	-1	0	1	2	3	4	5	6	7	8	9	10
4	-10																					
5	-9																					
6	-8																					
7	-7																					
8	-6																					
9	-5																					
10	-4																					
11	-3																					
12	-2																					
13	-1																					
14	0																					
15	1																					
16	2																					
17	3																					
18	4																					
19	5																					
20	6																					
21	7																					
22	8																					
23	9																					
24	10																					

Pour cela, considérer les valeurs de x et de y comprises entre –10 et 25.
Taper dans la cellule B4 la formule =SI(B1*B$3+$E$1*$A4=100;"OUI";"")
Étendre ensuite cette formule.

b) Conjecturer les couples de solutions entières de cette équation.

2 Une preuve

On considère $(x_0\,;\,y_0)$ une solution de l'équation $8x + 5y = 100$, obtenue à l'aide du tableur.

a) Démontrer que $(x\,;\,y)$ est une solution de l'équation si, et seulement si :

$$-8(x - x_0) = 5(y - y_0)$$

b) Utiliser le théorème de Gauss pour expliquer pourquoi 5 divise $x - x_0$.

c) Démontrer qu'il existe un nombre entier relatif k tel que $x = x_0 + 5k$ et $y = y_0 - 8k$.

d) Conclure sur l'ensemble des couples de nombres entiers solutions de l'équation :

$$8x + 5y = 100$$

3 Un autre problème

Au VIIIe siècle, un groupe composé d'hommes et de femmes a dépensé 100 pièces de monnaie dans une auberge.
Les hommes ont dépensé 8 pièces chacun et les femmes 5 pièces chacune.
Combien pouvait-il y avoir d'hommes et de femmes dans le groupe ?

Problème 8 Le chiffrement affine B2i

Objectif
Initier aux problèmes de chiffrement.

1 Un message codé

On se propose d'utiliser le procédé décrit ci-dessous pour coder et décoder des messages.

• À chaque lettre à coder de l'alphabet français, on fait correspondre son rang compris entre 0 et 25.

A	B	C	D	E	F	G	H	I	J	K	L	M	N	O	P	Q	R	S	T	U	V	W	X	Y	Z
0	1	2	3	4	5	6	7	8	9	10	11	12	13	14	15	16	17	18	19	20	21	22	23	24	25

• On choisit deux nombres entiers a et b compris entre 0 et 25 tel que a soit premier avec 26.

• On calcule le reste y de la division euclidienne de $ax + b$ par 26.

• On note la lettre de l'alphabet qui correspond au reste y qu'on vient d'obtenir.

a) Alice choisit $a = 17$ et $b = 16$. Elle utilise donc le cryptage affine défini par $y \equiv 17x + 16\ [26]$ avec $0 \leqslant y \leqslant 25$.
On dit que (17 ; 16) est la clé de ce cryptage affine. Coder ainsi le mot VIE.

b) Alice vient de coder un mot et elle a obtenu YTILBQOG.
Retrouver le mot codé par Alice. Pour cela, on peut préparer auparavant une table donnant les restes dans la division euclidienne de $17x$ par 26 avec $0 \leqslant x \leqslant 25$.

Info
Pendant la guerre des Gaules, Jules César utilisait un tel procédé ($y \equiv x + 3\ [26]$) pour envoyer des messages chiffrés à Cicéron qui était resté en poste au Sénat à Rome. Avec un tel système de cryptage, la clé (a ; b) doit être tenue secrète par l'émetteur et le récepteur.

2 Automatisation du chiffrement affine

a) De façon générale, prouver que :

$$y \equiv 17x + 16\ [26] \text{ équivaut à } x \equiv 23y - 4\ [26]$$

b) À l'aide du tableur ci-contre, réaliser la feuille de calcul suivante qui permet d'automatiser un codage et un décodage affine pour diverses valeurs de a et de b, nombres entiers compris entre 0 et 25.
Pour cela dans la cellule B5, taper la formule :

=CODE(B4)–65

et dans la cellule B7, taper la formule :

=CAR(B6+65).

Info
Dans un tableur, on obtient le code ASCII d'un caractère en tapant :
= CODE(…)
Par exemple : CODE (A) = 65.
Pour obtenir le rang associé aux 26 lettres de l'alphabet en majuscule, on tape :
= CODE(…) – 65
Pour retrouver la lettre à partir du rang, on tape = CAR(… + 65).

	A	B	C	D	E	F	G	H	I	J	K	L	M	N
1	**Codage affine**													
2		*a* =	17	*b* =	16									
3														
4	Lettre en clair	M	A	T	H	E	M	A	T	I	Q	U	E	S
5	x	12	0	19	7	4	12	0	19	8	16	20	4	18
6	y=reste dans la division de $ax+b$ par 26	12	16	1	5	6	12	16	1	22	2	18	6	10
7	Lettre codée	M	Q	B	F	G	M	Q	B	W	C	S	G	K
8														
9	**Décodage affine**													
10		*c* =	23	*d* =	-4									
11	Lettre codée	M	Q	B	F	G	M	Q	B	W	C	S	G	K
12	y	12	16	1	5	6	12	16	1	22	2	18	6	10
13	x =reste de la division de $cy+d$ par 26	12	0	19	7	4	12	0	19	8	16	20	4	18
14	Lettre décodée	M	A	T	H	E	M	A	T	I	Q	U	E	S

c) Coder les expressions BONJOUR et RENDEZ VOUS SUR LA PLACE.
Décoder YUPQOG et HUDQLLGBWB.
d) Coder par exemple BONJOUR avec la clé (3 ; 5), avec la clé (17 ; 16), avec (2 ; 17), avec (2 ; 7), avec (15 ; 5)…
Que remarque-t-on ?

3 Quelle est la clé ?

Bob a utilisé un cryptage affine dans lequel deux lettres distinctes sont codées par deux lettres distinctes.

I	N	T	A	B	O	K	D	N
H	A	N	G	N	D	G	I	N
H	R	O	G	N	O	J	K	J
L	N	D	D	B	T	N	Z	I
N	D	G	A	N	L	U	I	B
H	N	U	B	A	J	O	U	N
G	Z	G	D	N	H	A	N	G
X	J	Z	N	D	G	I	B	H
I	N	Q	K	N	K	N	H	W
Z	Q	Q	A	N	L	N	O	G

a) Quelles sont les trois lettres les plus fréquentes dans la langue française (voir sur Internet si utile) ?
Quelles sont les trois lettres les plus fréquentes dans le texte de Bob ?
b) Darius pense que la lettre E est codée par N et S par G.
Démontrer que le choix de Darius n'est pas possible.
c) Louise pense que la lettre E est codée par N et S par D.
Démontrer que cette hypothèse conduit à $y \equiv 3x + 1$ [26].
d) Prouver que $y \equiv 3x + 1$ [26] équivaut à $x \equiv 9y + 17$ [26].
e) Décoder le texte de Bob en se partageant le travail dans la classe.

Problème 9 Analyse des cryptages affines

Objectif
Comprendre l'importance du choix de la clé dans un cryptage affine.

On considère le cryptage affine défini par $y \equiv ax + b$ [26] et $0 \leqslant x \leqslant 25$, où a et b sont des nombres entiers donnés.

On se propose de démontrer que « deux lettres distinctes sont cryptées par deux lettres distinctes si, et seulement si, *a* est premier avec 26 ».

a) On suppose que a est premier avec 26.
Déduire de $ax + b \equiv ax' + b$ [26] que 26 divise $x' - x$ et donc que $x = x'$.
Donner la contraposée de cette proposition.
b) Réciproquement, on souhaite démontrer que si deux lettres distinctes se codent toujours par deux lettres distinctes, alors a est premier avec 26. En fait, on va démontrer la contraposée « Si a n'est pas premier avec 26, alors il existe deux lettres distinctes qui se codent de la même façon ».
On suppose que a n'est pas premier avec 26 et on note $d = \text{PGCD}(a\,; 26)$. On note k le nombre entier naturel tel que $26 = kd$ et X la lettre dont l'équivalent numérique est k.
Démontrer que les lettres A et X sont codées de la même façon.
Conclure.

Le théorème de Gauss

1 Le théorème de Gauss

THÉORÈME DE GAUSS a, b et c désignent trois nombres entiers relatifs non nuls.
Si **a divise le produit bc** et si **a et b sont premiers entre eux**, alors **a divise c**.

DÉMONSTRATION

a et b sont premiers entre eux donc, d'après le théorème de Bézout, il existe des nombres entiers relatifs u et v tels que $au + bv = 1$.
En multipliant chaque membre de l'égalité par c, on obtient $auc + bvc = c$.
a divise auc et par hypothèse, a divise bc donc bvc, donc a divise $auc + bvc$, c'est-à-dire a divise c.

Remarque : Il est essentiel de vérifier que a est premier avec b, car a peut diviser bc en ne divisant ni b ni c. Par exemple, $300 = 15 \times 20$, or 6 divise 300 sans diviser ni 15, ni 20.

EXEMPLE : Résolution de l'équation $7x = 11y$ avec $x \in \mathbb{Z}$ et $y \in \mathbb{Z}$.

- Si $7x = 11y$, alors 11 divise $7x$. Or 7 et 11 sont premiers entre eux, donc d'après le théorème de Gauss, 11 divise x.

Par conséquent, il existe un nombre entier relatif k tel que $x = 11k$.
Alors de $7x = 11y$, on déduit que $7 \times 11k = 11y$, soit $y = 7k$.

- Réciproquement, tous les couples $(11k\,;7k)$ sont solutions de l'équation $7x = 11y$.

En effet, $7 \times 11k = 11 \times 7k$.

- Conclusion

Les solutions de l'équation $7x = 11y$ sont les couples $(11k\,;7k)$ avec $k \in \mathbb{Z}$.

2 Conséquence

PROPRIÉTÉ a, b et c désignent des nombres entiers relatifs non nuls.
Si **b et c sont premiers entre eux** et **divisent a**, alors **bc divise a**.

DÉMONSTRATION

- b divise a donc il existe un nombre entier relatif k tel que $a = kb$.
- c divise a donc il existe un nombre entier relatif k' tel que $a = k'c$.

Ainsi $kb = k'c$.
On en déduit alors que b divise $k'c$.
b et c étant premiers entre eux, on déduit d'après le théorème de Gauss, que b divise k' c'est-à-dire qu'il existe un nombre entier relatif k'' tel que $k' = k''b$.
De $a = k'c$, on déduit alors $a = k''bc$ donc bc divise a.

EXEMPLE 1

Le nombre 1 573 875 est divisible par 5 (car le chiffre des unités est 5) et il est divisible par 9 (car la somme de ses chiffres est divisible par 9).
Or 9 et 5 sont premiers entre eux, donc 1 573 875 est divisible par 5×9, soit 45.

EXEMPLE 2

Le produit $n(n+1)(n+2)$ de trois nombres entiers naturels consécutifs est divisible par 2 et par 3.
Ce produit est donc divisible par 6 puisque 2 et 3 sont premiers entre eux.

9 Exercice résolu — Établir une divisibilité

n désigne un nombre entier naturel et $a = n(2n+1)(7n+1)$.
Démontrer que a est divisible par 6.

Solution

• On démontre que a est divisible par 2.
On fait un tableau de congruences modulo 2 :

$n \equiv \ldots [2]$	0	1
$2n+1 \equiv \ldots [2]$	1	1
$7n+1 \equiv \ldots [2]$	1	0
$a \equiv \ldots [2]$	0	0

• Pour démontrer qu'un nombre est divisible par 6, il suffit de démontrer qu'il est divisible par 2 et par 3. En effet, $6 = 2 \times 3$ et 2 est premier avec 3.

Donc pour tout n de $\mathbb{N}$, $a \equiv 0 [2]$, c'est-à-dire 2 divise a.
• On démontre que a est divisible par 3.
On fait un tableau de congruences modulo 3 :

$n \equiv \ldots [3]$	0	1	2
$2n+1 \equiv \ldots [3]$	1	0	2
$7n+1 \equiv \ldots [3]$	1	2	0
$a \equiv \ldots [3]$	0	0	0

Donc pour tout n de $\mathbb{N}$, $a \equiv 0 [3]$, c'est-à-dire 3 divise a.
2 et 3 sont premiers entre eux, donc d'après une conséquence du théorème de Gauss, le produit 2×3 c'est-à-dire 6, divise a.

10 Exercice résolu — Résoudre une équation diophantienne

(E) est l'équation $7x - 11y = 3$ où x et y sont des nombres entiers naturels.

a) Vérifier que le couple $(x_0 ; y_0) = (13 ; 8)$ est solution de l'équation **(E)**.

b) En déduire la résolution de l'équation **(E)**.

Solution

a) $7x_0 - 11y_0 = 7 \times 13 - 11 \times 8 = 3$, donc $(x_0 ; y_0)$ est une solution de **(E)**.

b) Un couple $(x ; y)$ est solution de **(E)** si, et seulement si, $7x - 11y = 3$, ce qui équivaut à :
$7x - 11y - (7x_0 - 11y_0) = 3 - 3$ (on retranche 3 à chaque membre de **(E)**), c'est-à-dire $7(x - x_0) = 11(y - y_0)$.
Or, d'après l'exemple du paragraphe 1 page ci-contre, les solutions de cette équation sont les couples $(x - x_0 ; y - y_0) = (11k ; 7k)$ avec $k \in \mathbb{Z}$.
Ainsi, les solutions de l'équation **(E)** sont les couples $(x ; y)$ tels que :

$$x = x_0 + 11k = 13 + 11k \quad \text{et} \quad y = y_0 + 7k = 8 + 7k \ \text{avec}\ k \in \mathbb{Z}.$$

Pour s'exercer

11 n désigne un nombre entier naturel.
Démontrer que $a = n(5n^2 + 1)$ est divisible par 6.

12 n désigne un nombre entier naturel.
Démontrer que $a = 5(n^2 + n)^2$ est divisible par 20.

13 Déterminer les nombres entiers relatifs x et y tels que $11x = 6y$.

14 Déterminer les nombres entiers naturels x et y tels que $3x = 7y$ avec $0 \leqslant x < 15$.

15 x et y désignent des nombres entiers relatifs.
(E) est l'équation $4x - 3y = 5$.

a) Déterminer un couple $(x_0 ; y_0)$ solution « évidente » de l'équation **(E)**.

b) Démontrer qu'un couple $(x ; y)$ est solution de **(E)** si, et seulement si, $4(x - x_0) = 3(y - y_0)$.

c) En déduire la résolution de **(E)**.

Résoudre des problèmes

Problème 10 Le chiffrement de Vigenère

Objectif

Montrer une évolution du chiffrement.

Note historique

Blaise de Vigenère (1523–1596) est un diplomate français. Il est né à Saint-Pourçain sur Sioule en Auvergne. Il a publié le « *Traité des chiffres* », manuel de cryptographie diplomatique.

On se propose d'étudier le chiffrement de Vigenère qui constitue une amélioration du code César. Voici son principe.

- À chaque lettre à coder de l'alphabet français, on fait correspondre son rang x compris entre 0 et 25.
- On choisit une clé sous forme d'un mot (ici PLANETE). On écrit cette clé sous le mot à coder en répétant éventuellement la clé (ou une partie).
- Pour chaque lettre du mot à coder, on calcule le reste y de la division euclidienne de $x + z$ (où z est le rang dans l'alphabet de la lettre de la clé) par 26.
- On note la lettre de l'alphabet qui correspond au reste y que l'on vient d'obtenir.

Exemple

Le texte à coder : J E S E R A I B A C H E L I E R

La clé répétée : P L A N E T E P L A N E T E P L

Pour la 1re lettre : J est associée à 9 ; P est associée à 15.

Ainsi $y \equiv 9 + 15\ [26]$, donc $y = 24$ et J est codé par Y.

1 Coder avec le chiffrement de Vigenère

Reproduire et compléter le tableau suivant pour crypter : JESERAIBACHELIER

Lettre en clair	J	E	…
Lettre de la clé	P	L	…
Calcul de y	24	15	…
Lettre codée	Y	P	…

2 Crypter avec le carré de Vigenère

Pour éviter un travail de cryptage trop fastidieux, Blaise de Vigenère propose d'utiliser la table ci-contre.

Expliquer comment utiliser cette table pour crypter un message. Vérifier avec le message de la question 1.

Lettre en clair (en haut) ; Clé utilisée (à gauche) ; Lettre chiffrée (à droite)

	A	B	C	D	E	F	G	H	I	J	K	L	M	N	O	P	Q	R	S	T	U	V	W	X	Y	Z
A	A	B	C	D	E	F	G	H	I	J	K	L	M	N	O	P	Q	R	S	T	U	V	W	X	Y	Z
B	B	C	D	E	F	G	H	I	J	K	L	M	N	O	P	Q	R	S	T	U	V	W	X	Y	Z	A
C	C	D	E	F	G	H	I	J	K	L	M	N	O	P	Q	R	S	T	U	V	W	X	Y	Z	A	B
D	D	E	F	G	H	I	J	K	L	M	N	O	P	Q	R	S	T	U	V	W	X	Y	Z	A	B	C
E	E	F	G	H	I	J	K	L	M	N	O	P	Q	R	S	T	U	V	W	X	Y	Z	A	B	C	D
F	F	G	H	I	J	K	L	M	N	O	P	Q	R	S	T	U	V	W	X	Y	Z	A	B	C	D	E
G	G	H	I	J	K	L	M	N	O	P	Q	R	S	T	U	V	W	X	Y	Z	A	B	C	D	E	F
H	H	I	J	K	L	M	N	O	P	Q	R	S	T	U	V	W	X	Y	Z	A	B	C	D	E	F	G
I	I	J	K	L	M	N	O	P	Q	R	S	T	U	V	W	X	Y	Z	A	B	C	D	E	F	G	H
J	J	K	L	M	N	O	P	Q	R	S	T	U	V	W	X	Y	Z	A	B	C	D	E	F	G	H	I
K	K	L	M	N	O	P	Q	R	S	T	U	V	W	X	Y	Z	A	B	C	D	E	F	G	H	I	J
L	L	M	N	O	P	Q	R	S	T	U	V	W	X	Y	Z	A	B	C	D	E	F	G	H	I	J	K
M	M	N	O	P	Q	R	S	T	U	V	W	X	Y	Z	A	B	C	D	E	F	G	H	I	J	K	L
N	N	O	P	Q	R	S	T	U	V	W	X	Y	Z	A	B	C	D	E	F	G	H	I	J	K	L	M
O	O	P	Q	R	S	T	U	V	W	X	Y	Z	A	B	C	D	E	F	G	H	I	J	K	L	M	N
P	P	Q	R	S	T	U	V	W	X	Y	Z	A	B	C	D	E	F	G	H	I	J	K	L	M	N	O
Q	Q	R	S	T	U	V	W	X	Y	Z	A	B	C	D	E	F	G	H	I	J	K	L	M	N	O	P
R	R	S	T	U	V	W	X	Y	Z	A	B	C	D	E	F	G	H	I	J	K	L	M	N	O	P	Q
S	S	T	U	V	W	X	Y	Z	A	B	C	D	E	F	G	H	I	J	K	L	M	N	O	P	Q	R
T	T	U	V	W	X	Y	Z	A	B	C	D	E	F	G	H	I	J	K	L	M	N	O	P	Q	R	S
U	U	V	W	X	Y	Z	A	B	C	D	E	F	G	H	I	J	K	L	M	N	O	P	Q	R	S	T
V	V	W	X	Y	Z	A	B	C	D	E	F	G	H	I	J	K	L	M	N	O	P	Q	R	S	T	U
W	W	X	Y	Z	A	B	C	D	E	F	G	H	I	J	K	L	M	N	O	P	Q	R	S	T	U	V
X	X	Y	Z	A	B	C	D	E	F	G	H	I	J	K	L	M	N	O	P	Q	R	S	T	U	V	W
Y	Y	Z	A	B	C	D	E	F	G	H	I	J	K	L	M	N	O	P	Q	R	S	T	U	V	W	X
Z	Z	A	B	C	D	E	F	G	H	I	J	K	L	M	N	O	P	Q	R	S	T	U	V	W	X	Y

3 Décrypter un message

Décoder le message KTGRRXVTPSGENZTCGAEM qui a été crypté, selon le chiffrement de Vigenère, avec la clé PLANETE.
On pourra utiliser le carré de Vigenère ou un tableur.

> **Info**
> *Ce chiffrement a résisté trois siècles aux cryptanalistes. En effet, on ne peut pas utiliser la fréquence des lettres (tant que l'on ne connaît pas la longueur du mot clé). Mais Babagge et Kasiski ont réussi à le casser au milieu du XIXe siècle.*

Problème 11 Le chiffrement de Hill B2i

Objectif
Montrer une autre évolution du chiffrement.

On se propose d'étudier un système de codage polygraphique (ou par blocs). Il s'agit en particulier du chiffrement publié par Lester S. Hill en 1929.

1 Coder avec le chiffrement de Hill

Voici son principe.

- On groupe les lettres du message en clair par bloc de deux, et on remplace chaque bloc par leurs rangs x_1 et x_2 dans l'alphabet.

Exemple : Pour coder MATHEMATIQUE, on scinde en bloc : MA TH EM AT IQ UE que l'on remplace par 12.0 / 19.7 / 4.12 / …

- On chiffre chaque couple $(x_1 ; x_2)$ à l'aide de la clé $\begin{cases} y_1 \equiv ax_1 + bx_2 \,[26] \\ y_2 \equiv cx_1 + dx_2 \,[26] \end{cases}$
- On obtient le bloc codé en remplaçant y_1 et y_2 par les lettres associées.

a) En choisissant $a = 3$, $b = 5$ et $c = 1$, $d = 2$, coder les deux premières lettres de MATHEMATIQUE.

b) Réaliser une feuille de calcul telle que celle ci-dessous avec un tableur.
Dans la plage D4:E4, taper =CODE(D2)–65 et dans D8:E8, taper =CAR(D6+65).

	A B C	D	E	F	G	H	I
1	Message initial	M	A	T	H	E	M
2	Message initial par bloc de	M		T		E	
3	deux	A		H		M	
4	x	12					
5	y	0					
6	Reste modulo 26 de $3x+5y$	10					
7	Reste modulo 26 de $x+2y$	12					
8	Message codé par bloc de	K					
9	deux	M					
10	Message codé	K	M				

c) Automatiser la feuille de calcul du tableur afin de pouvoir choisir d'autres valeurs pour a, b, c et d.

2 Décoder un message crypté selon le chiffrement de Hill

a) Prouver que :

$$\begin{cases} 3x_1 + 5x_2 \equiv u \,[26] \\ x_1 + 2x_2 \equiv v \,[26] \end{cases} \text{ équivaut à } \begin{cases} 2u - 5v \equiv x_1 \,[26] \\ -u + 3v \equiv x_2 \,[26] \end{cases}$$

b) Décoder « EUOCEMXY » qui a été codé avec $a = 3$, $b = 5$, $c = 1$ et $d = 2$.

Remarque : Pour coder le mot « BONJOUR », « BO/NJ/OU/RX », « X » est ajouté pour un message ayant un nombre impair de lettres.

Note
Malheureusement, les particularités statistiques de la langue française vont permettre aux cryptanalistes de « casser » ce chiffrement (les couples de lettres n'apparaissent pas avec la même fréquence).

Exercices d'application

Pour créer des automatismes

Le théorème de Bézout

16 Lire l'énoncé ci-dessous, puis la solution d'un élève.

Énoncé : Vérifier $85 \times 26 - 23 \times 96 = 2$ et déterminer PGCD (85 ; 23).

Copie de l'élève

Je calcule $85 \times 26 - 23 \times 96$.
$85 \times 26 - 23 \times 96 = 2210 - 2208 = 2$ donc il existe deux entiers relatifs u et v tels que $85u + 23v = 2$, donc d'après l'identité de Bézout, PGCD(85 ; 23) = 2.

a) PGCD (85 ; 23) peut-il être égal à 2 ? Justifier.
b) Expliquer, puis corriger l'erreur commise par l'élève.
c) Que peut-on dire des nombres 85 et 23 ?

Pour les exercices 17 et 18 :
a) Écrire l'algorithme d'Euclide pour déterminer PGCD (a ; b).
b) En déduire, en utilisant cet algorithme, des nombres entiers relatifs u et v tels que :
$$au + bv = \text{PGCD}(a\,;b)$$

17 **a)** $a = 1\,050$; $b = 735$ **b)** $a = 564$; $b = 235$

18 **a)** $a = 364$; $b = 119$ **b)** $a = 956$; $b = 231$

19 $a = 438$ et $b = 128$.
a) Déterminer PGCD (438 ; 128) et déterminer des nombres entiers relatifs u et v tels que $438u + 128v = 2$.
b) En déduire un couple $(u' ; v')$ de nombres entiers relatifs tel que $438u' + 128v' = 6$.

20 **Algorithmique**

a) Quel est le rôle de cet algorithme ?

```
Initialisation
i prend la valeur 0
Traitement
Tant que i ⩽ 100
    d prend la valeur PGCD (4i – 7 ; –3i + 6)
    Afficher d
    i prend la valeur i + 1
FinTantque
```

b) Faire fonctionner cet algorithme afin d'émettre une conjecture, puis la démontrer.
c) Donner des nombres entiers relatifs u et v tels que, pour tout n de $\mathbb{N}$, $(4n - 7)u + (-3n + 6)v = 3$.

21 Interpréter les deux lignes de la feuille de calcul Xcas ci-dessous.

```
1 bezout_entiers(478,124)
  [55, -212, 2]                M
```

22 **a)** Calculer $83 \times 167 - 84 \times 165$.
b) Que peut-on dire pour les nombres 83 et 165 ?
c) Peut-on déduire de cette égalité que les nombres 167 et −165 sont premiers entre eux ?

23 n désigne un nombre entier naturel non nul.
a) Factoriser $n(2n + 1) - 1$.
b) Trouver le PGCD de $n + 1$ et $2n + 1$ en utilisant le théorème de Bézout.

24 n désigne un nombre entier naturel.
On souhaite déterminer PGCD $(7n + 4 ; 5n + 3)$.
a) Reproduire et compléter la feuille de calcul ci-dessous.

	A	B	C	D
1	n	$7n+4$	$5n+3$	PGCD($7n+4$;$5n+3$)
2	0	4	3	1
3	1			
4	2			
5	3			
6	4			
7	5			
8	6			
9	7			
10	8			
11	9			
12	10			

b) Que peut-on conjecturer pour les nombres $7n + 4$ et $5n + 3$?
c) Démontrer cette conjecture.

25 n désigne un nombre entier naturel.
Dans chaque cas, utiliser le théorème de Bézout pour démontrer que a et b sont premiers entre eux.
a) $a = 7n + 2$ et $b = 11n + 3$ **b)** $a = 4n + 5$ et $b = 5n + 6$
c) $a = n^2 + 1$ et $b = n$ **d)** $a = (n + 1)^2$ et $b = n + 2$

26 n désigne un nombre entier naturel non nul.
a) Vérifier que $(n^3 + 1)^2 = n^2(n^4 + 2n) + 1$.
b) En déduire que les nombres entiers naturels $n^3 + 1$ et $n^4 + 2n$ sont premiers entre eux.

27 On considère l'équation $89x + 37y = 1$, où x et y sont des nombres entiers relatifs.
a) Utiliser l'algorithme d'Euclide pour déterminer un couple de nombres entiers relatifs solutions de l'équation.
b) Ce couple est-il unique ?

28 Dans chacun des cas ci-dessous, utiliser l'algorithme d'Euclide pour trouver un couple de nombres entiers relatifs solution de l'équation proposée.

a) $135x + 29y = 1$ **b)** $27x + 11y = 1$

c) $48x + 21y = 3$ **d)** $135x + 75y = 15$

29 x désigne un nombre entier relatif.
Dans chaque cas, déterminer une solution de l'équation.

a) $7x \equiv 1\ [12]$ **b)** $4x \equiv 1\ [17]$

c) $5x \equiv 1\ [4]$ **d)** $12x \equiv 2\ [14]$

30 ROC **1. Prérequis :** a et b désignent des nombres entiers relatifs non nuls.
D'après l'identité de Bézout, il existe des nombres entiers relatifs u et v tels que $au + bv = \text{PGCD}(a\,;b)$.
Démontrer le théorème de Bézout : « a et b sont premiers entre eux si, et seulement si, il existe des nombres entiers relatifs u et v tels que $au + bv = 1$.

2. a, b et c désignent des nombres entiers naturels non nuls tels que : d'une part a et b sont premiers entre eux et d'autre part, a et c sont premiers entre eux.
Démontrer, à l'aide du théorème de Bézout, que a et bc sont premiers entre eux.

31 a et b désignent des nombres entiers naturels premiers entre eux.

1. Vérifier que, pour tout u et tout v de $\mathbb{Z}$:

$$(a + b)u + b(v - u) = au + bv$$

2. Que peut-on alors dire des nombres suivants :

a) $a + b$ et b ? **b)** $a + 2b$ et b ?

c) $a + nb$ et b où $n \in \mathbb{N}$?

32 n désigne un nombre entier naturel avec $n \geqslant 2$.
La fraction $\dfrac{n^2 - 1}{n}$ est-elle irréductible, c'est-à-dire $n^2 - 1$ et n sont-ils premiers entre eux ?

33 n désigne un nombre entier naturel non nul.
Dans chaque cas, dire si la fraction est irréductible.

a) $\dfrac{n}{n^2 + 1}$ **b)** $\dfrac{5n + 2}{7n + 3}$ **c)** $\dfrac{2n + 1}{8n + 5}$

34 n désigne un nombre entier naturel et $a = \dfrac{n + 7}{2n + 1}$.

a) Déterminer n tel que a soit un nombre entier naturel.

b) Déterminer n tel que a soit une fraction irréductible.

35 Algorithmique

u est la suite définie sur $\mathbb{N}$ par $u_0 = 1$ et, pour tout nombre entier naturel n, $u_{n+1} = 3u_n + 4$.
On affecte à chaque lettre son rang n dans l'alphabet ; n est compris entre 0 et 25, puis on définit un chiffrement de la manière suivante : à n, on associe y le reste de la division euclidienne de $n + u_n$ par 26.

a) Écrire un algorithme qui permet de coder les 26 lettres de l'alphabet.

b) Coder le mot CAMION.
Que pensez-vous de ce chiffrement ?

36 a et b désignent des nombres entiers naturels non nuls premiers entre eux. a et b sont les longueurs des côtés de l'angle droit d'un triangle rectangle.

a) Démontrer que $a^2 + b^2$ et a sont premiers entre eux.

b) On démontre de même que $a^2 + b^2$ et b sont premiers entre eux.
En déduire que le produit ab et le carré de l'hypoténuse du triangle rectangle sont premiers entre eux.

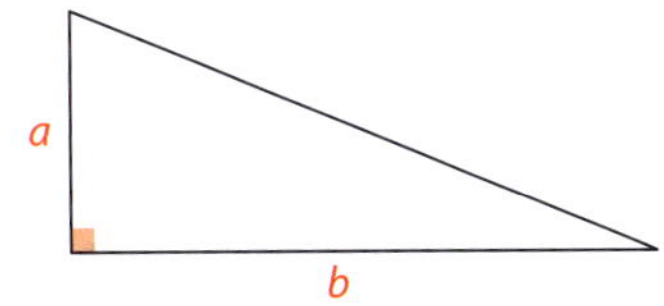

Le théorème de Gauss

37 ROC **1.** a, b et c désignent des nombres entiers naturels non nuls. À l'aide du théorème de Bézout, démontrer le théorème de Gauss : « Si a divise bc et si a et b sont premiers entre eux, alors a divise c ».

2. Application

On cherche les nombres entiers naturels n tels que $7n + 2$ divise $2(11n + 3)$.

a) Montrer que, pour tout n de $\mathbb{N}$, $7n + 2$ et $11n + 3$ sont permiers entre eux.

b) En déduire la (ou les) valeur(s) de n cherchée(s).

38 ROC **1.** a, b et c désignent des nombres entiers naturels non nuls. À l'aide du théorème de Gauss, démontrer que si b et c sont premiers entre eux et divisent a, alors le produit bc divise a.

2. n désigne un nombre entier naturel non nul et $a = n^3 + 3n^2 + 2n$.

a) Démontrer que a est divisible par 2, puis par 3.

b) En déduire que a est divisible par 6.

39 n désigne un nombre entier naturel strictement supérieur à 2 et $a = n(n^2 - 1)(n^2 - 4)$.

1. À l'aide d'un tableur, conjecturer un diviseur de a.

2. a) Écrire a sous forme d'un produit de cinq entiers naturels consécutifs.

b) Démontrer que a est divisible par 2, 3, 4 et 5.

c) Démontrer que a est divisible par 120.

40 n désigne un nombre entier naturel non nul et $a = n(n^2 + 5)$.

a) Reproduire et compléter les tableaux de congruence.

$n \equiv \ldots[2]$	0	1
$n^2 + 5 \equiv \ldots[2]$		
$a \equiv \ldots[2]$		

$n \equiv \ldots[3]$	0	1	2
$n^2 + 5 \equiv \ldots[3]$			
$a \equiv \ldots[3]$			

b) En déduire que a est divisible par 6.

41 n désigne un nombre entier naturel non nul. Démontrer que le produit $(n^2 - n)(2n - 1)$ est divisible par 6.

42 On affecte à chaque lettre son rang x dans l'alphabet ; x est compris entre 0 et 25, puis on définit le chiffrement affine de la manière suivante : à x, on associe y le reste de la division euclidienne de $9x$ par 26.

a) Coder le mot MAGIE.

b) Déterminer une solution de l'équation $9x \equiv 1\ [26]$.

c) Montrer que pour tout nombre entier y de l'ensemble $\{0 ; 1 ; \dots ; 25\}$ il existe un seul nombre entier x de l'ensemble $\{0 ; 1 ; \dots ; 25\}$ tel que $9x \equiv y\ [26]$.

43 Déterminer les nombres entiers naturels a et b tels que $3a = 2b$.

Pour les exercices 44 et 45, résoudre dans $\mathbb{Z}^2$ l'équation proposée.

44 **a)** $7x = 5y$ **b)** $22x = 26y$

45 **a)** $5(x - 4) = 3(y + 1)$ **b)** $55(x - 2) = 10(y - 3)$

Info

$\mathbb{Z}^2$ désigne l'ensemble de tous les couples $(x ; y)$ avec $x \in \mathbb{Z}$ et $y \in \mathbb{Z}$.

46 Les équations diophantiennes suivantes ont-elles ou non des solutions dans $\mathbb{Z}^2$?

a) $3x - 2y = 7$ **b)** $4x + 7y = 5$

Aide

Une équation diophantienne $ax + by = c$ admet des solutions dans $\mathbb{Z}^2$ si, et seulement si, PGCD$(a ; b)$ divise c.

47 On souhaite résoudre l'équation diophantienne :

$$17x - 11y = 5$$

a) À l'aide de l'algorithme d'Euclide, déterminer PGCD(17 ; 11), puis un couple $(u ; v)$ tel que :

$$17u - 11v = \text{PGCD}(17 ; 11)$$

b) En déduire un couple $(x_0 ; y_0)$ solution de $17x - 11y = 5$.

c) On note $(x ; y)$ un couple solution de l'équation $17x - 11y = 5$. Démontrer que $17(x - x_0) = 11(y - y_0)$.

d) En déduire que les couples solutions sont les couples $(10 + 11k ; 15 + 17k)$ avec $k \in \mathbb{Z}$.

Aide

c) Utiliser $17x_0 - 11y_0 = 5$.

d) Résoudre l'équation $17(x - 10) = 11(y - 15)$ en utilisant le théorème de Gauss.

48 x et y désignent des nombres entiers relatifs. On souhaite résoudre l'équation diophantienne **(E)** :

$$4x - 3y = 5$$

a) Déterminer un couple $(x_0 ; y_0)$ solution « évidente » de l'équation **(E)**.

b) Démontrer qu'un couple $(x ; y)$ est solution de **(E)** si, et seulement si, $4(x - x_0) = 3(y - y_0)$.

c) En déduire les couples de $\mathbb{Z}^2$ solutions de **(E)**.

49 x et y désignent des nombres entiers relatifs. On souhaite résoudre l'équation diophantienne **(E)** : $17x + 3y = 30$.

a) Déterminer un couple $(u ; v)$ tel que $17u + 3v = 1$ et en déduire un couple $(x_0 ; y_0)$ solution de **(E)**.

b) Déterminer les couples solutions de **(E)**.

50 Un bijoutier achète pour réassortir sa vitrine des pendentifs et des bracelets. Il paie chaque pendentif 35 € et chaque bracelet 37 €. Il a payé 10 € de plus pour tous les pendentifs que pour tous les bracelets et la vitrine ne peut contenir que 100 bijoux.

x désigne le nombre de pendentifs et y le nombre de bracelets.

a) Montrer que $35x - 37y = 10$.

b) Résoudre l'équation dans $\mathbb{N}^2$. Conclure.

51 On associe à chaque lettre un nombre entier naturel compris entre 0 et 25. La lettre A est associée à 0, la lettre B à 1, …, la lettre Z à 25. On définit le chiffrement affine suivant : au nombre x associé à la lettre à chiffrer, on fait correspondre le nombre y défini par : y est le reste dans la division euclidienne de $11x + 8$ par 26.

a) Coder le mot MATHS.

b) Déterminer les solutions de l'équation $11x \equiv 1\ [26]$.

c) En déduire que $x \equiv 19y + 4\ [26]$.

d) Montrer que deux lettres différentes sont codées par deux lettres différentes.

e) Décoder le mot TAXGUJAJSAVVA.

Aide

b) Résoudre l'équation $11x - 26k = 1$.

52 **a)** Vérifier que le couple $(x_0 ; y_0) = (17 ; 7)$ est solution de l'équation $13x + 4y = 249$ **(E)**.
b) Résoudre dans $\mathbb{N}^2$ l'équation **(E)**.
c) Résoudre dans $\mathbb{N}^3$ le système :

$$\begin{cases} x + y + z = 28 \\ 26x + 17y + 13z = 613 \end{cases}$$

53 n désigne un nombre entier naturel supérieur ou égal à 3.

$$A = \frac{(2n-5)(3n^2+13n+13)}{n+3}$$

a) Vérifier que $3n^2 + 13n + 13 = (3n + 4)(n + 3) + 1$.
b) Démontrer que les nombres entiers naturels $n + 3$ et $3n^2 + 13n + 13$ sont premiers entre eux.
c) Démontrer que A est un nombre entier naturel si, et seulement si, $n + 3$ divise $2n - 5$.
d) Déterminer n pour que A soit un nombre entier naturel.

Pour les exercices 54 à 57, on crypte un message avec un chiffrement affine défini par $y \equiv ax + b\ [26]$ où a, b, x et y désignent des nombres entiers naturels compris entre 0 et 25.
Dans chaque cas, déterminer les nombres entiers c et d tels que $x \equiv cy + d\ [26]$.

54 $a = 3$ et $b = 6$

55 $a = 5$ et $b = 7$

56 $a = 11$ et $b = 25$

57 $a = 19$ et $b = 10$

Pour les exercices 58 à 61, on crypte un message avec un chiffrement affine défini par $y \equiv ax + b\ [26]$ où a, b, x et y sont des nombres entiers naturels compris entre 0 et 25.
Dans chaque cas, déterminer a et b si possible.

58 E est codée par W et P par D.

59 E est codée par M et P par P.

60 E est codée par U et S par O.

61 E est codée par Q et S par S.

Pour les exercices 62 à 66, x désigne un nombre entier relatif. Résoudre, lorsque cela est possible, l'équation proposée.

62 $11x \equiv 7\ [26]$

63 $13x \equiv 8\ [26]$

64 $7x \equiv 9\ [26]$

65 $8x \equiv 16\ [26]$

66 $8x \equiv 11\ [26]$

Pour les exercices 67 à 69, x désigne un nombre entier relatif. Résoudre l'équation, lorsque cela est possible, après avoir conjecturé avec un tableau de congruences.

$x \equiv \dots\ [26]$	0	1	2
$x^2 \equiv \dots\ [26]$	0	1	4
…			

67 $11x^2 \equiv 7\ [26]$

68 $13x^2 \equiv 8\ [26]$

69 $7x^2 \equiv 9\ [26]$

70 m désigne un nombre entier naturel supérieur ou égal à 2.
a désigne un nombre entier naturel compris entre 0 et $m - 1$.
On considère la suite u définie sur $\mathbb{N}$ par u_k est le reste dans la division euclidienne de ak par m.
On se propose de chercher les conditions nécessaires et suffisantes portant sur a et m pour que la suite u prenne toutes les valeurs comprises entre 0 et $m - 1$.
a) Reproduire et compléter le tableur ci-dessous.

	A	B	C	D	E
1	$a =$	6	$m =$	13	
2	k	0	1	2	3
3	u_k	0	6	12	5

b) En modifiant les valeurs de a et m, établir une conjecture concernant le problème posé.
c) Démontrer ou infirmer la conjecture ainsi émise.

71 Au moment de payer un achat, Tessa réalise qu'elle dispose uniquement de pièces de 2 € et de billets de 5 € pour un montant total de 60 €.
Combien peut-elle avoir de pièces et de billets ?

72 u est une suite arithmétique de nombres entiers naturels, de premier terme u_0 et de raison r telle que u_0 est premier avec r.
a) Déterminer la valeur de r sachant que :

$$\begin{cases} u_4 - u_1 \text{ divise } u_0 \\ u_0 \text{ divise } 3(u_5 - u_0) \end{cases}$$

b) En déduire le premier terme et la raison des suites u possibles sachant que $0 \leqslant r \leqslant 10$.

73 v est une suite géométrique de nombres entiers naturels non nuls, de premier terme v_0 et de raison q telle que $q \geqslant 1$ et v_0 est premier avec q.
Déterminer le premier terme et la raison des suites v possibles sachant que $v_3 - v_1 = 15v_0^2$.

Objectif Bac

QCM

74 Pour chaque question, il y a une seule réponse correcte. Le candidat doit indiquer par **a)**, **b)** ou **c)** la réponse qu'il juge correcte. Aucune justification n'est demandée.

1. L'égalité suivante $198 \times 74 - 161 \times 91 = 1$ permet d'affirmer que :

a) 91 divise 198 **b)** 91 divise 161 **c)** 198 et 91 sont premiers entre eux

2. a, b et c désignent trois nombres entiers relatifs non nuls tels que a divise bc. Alors :

a) a divise b et a divise c

b) si b et c sont premiers entre eux, alors a divise c

c) si a et b sont premiers entre eux, alors a divise c

3. L'équation $5x - 4y = 1$ d'inconnues les nombres relatifs x et y :

a) a pour unique solution $(1\,;1)$

b) a pour solution les couples $(4k+1\,;5k'+1)$, avec $k \in \mathbb{Z}$ et $k' \in \mathbb{Z}$

c) a pour solution les couples $(4k+1\,;5k+1)$, avec $k \in \mathbb{Z}$

4. Les couples $(x\,;y)$ de nombres relatifs, solutions de l'équation $24x + 34y = 2$, sont de la forme :

a) $\begin{cases} x = 34k - 7 \\ y = 5 - 24k \end{cases}, k \in \mathbb{Z}$ **b)** $\begin{cases} x = 17k - 7 \\ y = 5 - 12k \end{cases}, k \in \mathbb{Z}$ **c)** $\begin{cases} x = 7k - 17 \\ y = 5k + 12 \end{cases}, k \in \mathbb{Z}$

5. L'équation $12x + 18y = 4$ d'inconnues les nombres relatifs x et y :

a) admet une infinité de solutions **b)** n'admet pas de solution **c)** admet un seul couple solution

D'après *Bac*

Aide

2. Penser au théorème de Gauss.

3. En s'aidant du couple donné en **a)**, on peut montrer que $(x\,;y)$ est solution de $5x - 4y = 1$ si, et seulement si, $5(x-1) = 4(y-1)$.

4. Remarquer que l'on peut simplifier chaque membre de l'équation par 2.

Vrai-Faux

75 Dans chacun des cas suivants, indiquer si l'affirmation proposée est vraie ou fausse. Justifier la réponse.

1. Pour tout nombre entier naturel n non nul, n et $2n + 1$ sont premiers entre eux.

2. a et b désignent deux nombres entiers relatifs. S'il existe u et v nombres entiers relatifs tels que $au + bv = 4$, alors a et b ne sont pas premiers entre eux.

3. Si a est un nombre entier divisible par 4 et par 6, alors a est divisible par 24.

4. Si a et b désignent deux nombres entiers premiers entre eux, alors $2a + b$ et $3a + 2b$ sont premiers entre eux.

D'après *Bac*

Aide

Revoir et comprendre le théorème de Bézout et la notion de nombres entiers premiers entre eux.

76 Le candidat portera sur sa copie, en regard du numéro de l'affirmation, et avec le plus grand soin, la mention Vrai ou Faux.

1. Si x désigne un nombre entier relatif tel que $7x \equiv 0\ [6]$, alors x est un multiple de 6.

2. n désigne un nombre entier naturel. Le nombre $2n(2n+2)(2n+4)$ est divisible par 48.

3. L'équation $3x - 2 = 5y + 3$ d'inconnues les nombres relatifs x et y, n'admet aucune solution.

4. Les couples $(x\,;y)$ de nombres entiers relatifs, solutions de l'équation $3x - 5y = 2$ vérifient $x = 5k - 1$ et $y = 3k - 1$ avec $k \in \mathbb{Z}$.

5. Si deux nombres entiers a et b sont premiers entre eux, alors les nombres entiers $a + b$ et $a - b$ sont premiers entre eux.

6. Si un nombre entier naturel est divisible par 2 et par 6, alors il est divisible par 12.

D'après *Bac*

Vérifier les réponses p. 156

77 Système de congruences

Partie A - Restitution organisée de connaissances

1. Prérequis : le théorème de Bézout

Utiliser le théorème de Bézout pour démontrer le théorème de Gauss.

2. p et q sont deux nombres entiers naturels premiers entre eux.

Déduire du théorème de Gauss que, si a est un nombre entier relatif tel que $a \equiv 0\ [p]$ et $a \equiv 0\ [q]$, alors $a \equiv 0\ [pq]$.

Partie B

On se propose de déterminer l'ensemble S des nombres entiers relatifs n vérifiant le système $\begin{cases} n \equiv 9\ [17] \\ n \equiv 3\ [5] \end{cases}$.

1. Recherche d'un élément de S

On désigne par $(u\,;v)$ un couple de nombres entiers relatifs tel que $17u + 5v = 1$.

a) Justifier l'existence d'un tel couple $(u\,;v)$.

b) On pose $n_0 = 3 \times 17u + 9 \times 5v$.

Démontrer que n_0 appartient à S.

c) Donner un exemple de nombre entier n_0 appartenant à S.

2. Caractérisation des éléments de S

a) n désigne un nombre entier relatif appartenant à S.

Démontrer que $n - n_0 \equiv 0\ [85]$.

b) En déduire que n appartient à S si, et seulement si, il peut s'écrire sous la forme $n = 43 + 85k$ où $k \in \mathbb{Z}$.

3. Application

Zoé sait qu'elle a entre 300 et 400 jetons.

Si elle fait des tas de 17 jetons, il lui en reste 9.

Si elle fait des tas de 5 jetons, il lui en reste 3.

Combien a-t-elle de jetons ?

Extrait *Bac*

Aide

B 1. a) Justifier l'existence en utilisant un théorème ou en exhibant un couple particulier.

2. a) Montrer que $n - n_0 \equiv 0\ [17]$ et $n - n_0 \equiv 0\ [5]$ et noter que 17 et 5 sont premiers entre eux.

78 Identité de Bézout et PGCD

1. Montrer que pour tous nombres entiers naturels k et x, avec $k \geqslant 1$, on a $(x-1)(1 + x + x^2 + \ldots + x^{k-1}) = x^k - 1$.

Dans toute la suite de l'exercice, a désigne un nombre entier naturel, $a \geqslant 2$.

2. a) n désigne un nombre entier naturel non nul et d un diviseur positif de n : $n = dk$.

Montrer que $a^d - 1$ est un diviseur de $a^n - 1$.

b) Déduire de la question précédente que $2^{2004} - 1$ est divisible par 7, par 63 puis par 9.

3. m et n sont deux nombres entiers naturels non nuls et d leur PGCD.

a) On définit m' et n' par $m = dm'$ et $n = dn'$. En appliquant le théorème de Bézout à m' et n', montrer qu'il existe des nombres entiers relatifs u et v tels que :

$$mu - nv = d$$

b) On suppose u et v strictement positifs. Montrer que :

$$(a^{mu} - 1) - (a^{nv} - 1)a^d = a^d - 1$$

Montrer ensuite que $a^d - 1$ est le PGCD de $a^{mu} - 1$ et de $a^{nv} - 1$.

c) Calculer, en utilisant le résultat précédent, le PGCD de $2^{63} - 1$ et de $2^{60} - 1$.

Extrait *Bac*

Aide

1. Penser à une somme de termes consécutifs d'une suite géométrique lorsque $x \neq 1$.

2. On utilisera la question **1.** avec $x = a^d$.

79 Un sujet de 2009

Le but de l'exercice est de montrer qu'il existe un nombre entier naturel n dont l'écriture décimale du cube se termine par 2009, c'est-à-dire tel que $n^3 \equiv 2\,009 \bmod 10\,000$.

Partir A

1. Déterminer le reste de la division euclidienne de $2\,009^2$ par 16.

2. En déduire que $2\,009^{8\,001} \equiv 2\,009 \bmod 16$.

Partir B

On considère la suite (u_n) définie sur $\mathbb{N}$ par $u_0 = 2\,009^2 - 1$ et, pour tout nombre entier naturel n :

$$u_{n+1} = (u_n + 1)^5 - 1$$

1. a) Démontrer que u_0 est divisible par 5.

b) On admet que pour tous nombres réels a et b :

$$(a+b)^5 = a^5 + 5a^4b + 10a^3b^2 + 10a^2b^3 + 5ab^4 + b^5$$

Démontrer à l'aide de cette formule que pour tout nombre entier naturel n :

$$u_{n+1} = u_n[u_n^4 + 5(u_n^3 + 2u_n^2 + 2u_n + 1)]$$

c) Démontrer par récurrence que, pour tout nombre entier naturel n, u_n est divisible par 5^{n+1}.

2. a) Vérifier que :

$$u_3 = 2\,009^{250} - 1$$

puis en déduire que :

$$2\,009^{250} \equiv 1 \bmod 625$$

b) Démontrer alors que $2\,009^{8\,001} \equiv 2\,009 \bmod 625$.

Partie C

1. En utilisant le théorème de Gauss et les résultats établis dans les questions précédentes, montrer que $2\,009^{8\,001} - 2\,009$ est divisible par 10 000.

2. Conclure, c'est-à-dire déterminer un entier naturel dont l'écriture décimale du cube se termine par 2 009.

D'après *Bac*

Aide

B. 2. a) Utiliser la question **1. c)** pour expliquer que u_3 est divisible par 5^4.

Voir p. 156 et site compagnon

Exercices d'entraînement

Pour développer ses compétences

Résoudre des problèmes

80 BAC Système de congruences

1. On se propose, dans cette question, de déterminer tous les nombres entiers relatifs N tels que $\begin{cases} N \equiv 5\ [13] \\ N \equiv 1\ [17] \end{cases}$

a) Vérifier que 239 est solution de ce système.

b) Soit N un nombre entier relatif solution de ce système. Démontrer que N peut s'écrire sous la forme :

$$N = 1 + 17x = 5 + 13y$$

où x et y sont deux nombres entiers relatifs vérifiant la relation $17x - 13y = 4$.

c) Résoudre l'équation $17x - 13y = 4$ où x et y sont des nombres entiers relatifs.

d) En déduire qu'il existe un nombre entier relatif k tel que $N = 18 + 221k$.

e) Démontrer l'équivalence entre :

$$N \equiv 18\ [221] \quad \text{et} \quad \begin{cases} N \equiv 5\ [13] \\ N \equiv 1\ [17] \end{cases}$$

2. *Dans cette question, toute trace de recherche, même incomplète, ou d'initiative, même infructueuse, sera prise en compte dans l'évaluation.*

a) Existe-t-il un nombre entier naturel k tel que $10^k \equiv 1[17]$?

b) Existe-t-il un nombre entier naturel ℓ tel que $10^\ell \equiv 18\ [221]$?

81 Le chiffrement de Vigenère

Le chiffrement de Vigenère est un cryptosystème symétrique, ce qui signifie qu'il utilise la même clé pour le chiffrement et le déchiffrement. Le principe est le suivant :

• associer à chaque lettre un nombre entier x compris entre 0 et 25 ;

• choisir une clé sous forme d'un mot (ici BONJOUR) ;

• déterminer y défini par $y \equiv x + z\ [26]$ où x (resp. z) est le nombre associé à la lettre correspondante au message (resp. à la clé) ;

• associer à y la lettre codée.

Pour la 1re lettre (R) du message ci-dessous : $x = 17$ et pour la clé (B), $z = 1$, donc $y = 18$ et la lettre codée est S.

Texte à coder	R	E	N	D	E	Z	V	O	U	S
Clé	B	O	N	J	O	U	R	B	O	N
y	18									
Texte codé	S									

a) Compléter les trois premières colonnes du tableau.

b) À l'aide de l'algorithme suivant, écrit sous AlgoBox, déterminer l'intégralité du texte codé.

```
VARIABLES
  message EST_DU_TYPE CHAINE
  clef EST_DU_TYPE CHAINE
  i EST_DU_TYPE NOMBRE
  C EST_DU_TYPE NOMBRE
  D EST_DU_TYPE NOMBRE
  longm EST_DU_TYPE NOMBRE
  longc EST_DU_TYPE NOMBRE
  LETT EST_DU_TYPE CHAINE
DEBUT_ALGORITHME
  LIRE message
  LIRE clef
  longm PREND_LA_VALEUR message.length
  longc PREND_LA_VALEUR clef.length
  POUR i ALLANT_DE 1 A longm
    DEBUT_POUR
    C PREND_LA_VALEUR message.charCodeAt(i-1)-65
    D PREND_LA_VALEUR clef.charCodeAt((i-1)%longc)-65
    LETT PREND_LA_VALEUR String.fromCharCode(65+(C+D)%26)
    AFFICHER LETT
    FIN_POUR
FIN ALGORITHME
```

c) Décoder le message : TCHBZYTISAN.

82 BAC Réseaux de points

a et b sont deux nombres entiers naturels non nuls. On appelle réseau associé à a et b l'ensemble des points du plan, muni d'un repère orthonormé, dont les coordonnées $(x\ ;y)$ sont des nombres entiers vérifiant les conditions : $0 \leqslant x \leqslant a$ et $0 \leqslant y \leqslant b$. On note $R_{a,b}$ ce réseau.

On se propose de relier certaines propriétés arithmétiques des nombres entiers x et y à des propriétés géométriques des points correspondant du réseau.

1. Représentation graphique de quelques ensembles

Dans chacun des cas, représenter les points $M(x\ ;y)$ du réseau $R_{8,8}$ qui vérifient :

a) $x \equiv 2\ [3]$ et $y \equiv 1\ [3]$

b) $x + y \equiv 1\ [3]$

c) $x \equiv y\ [3]$

2. Résolution d'une équation

On considère l'équation **(E)** : $7x - 4y = 1$, où les inconnues x et y sont des nombres entiers relatifs.

a) Déterminer un couple $(x_0\ ;y_0)$ solution de l'équation **(E)**.

b) Déterminer l'ensemble des couples solutions de l'équation **(E)**.

c) Démontrer que l'équation **(E)** admet une unique solution $(x\ ;y)$ pour laquelle le point $M(x\ ;y)$ correspondant appartient au réseau $R_{4,7}$.

3. Une propriété des points situés sur la diagonale du réseau

Si a et b sont deux nombres naturels non nuls, on considère la diagonale [OA] du réseau $R_{a,b}$ avec O(0 ; 0) et A(a ; b).

a) Démontrer que les points du segment [OA] sont caractérisés par les conditions :

$$0 \leqslant x \leqslant a, \quad 0 \leqslant y \leqslant b, \quad ay = bx$$

b) Démontrer que si a et b sont premiers entre eux, alors les points O et A sont les seuls points du segment [OA] appartenant au réseau $R_{a,b}$.

c) Démontrer que si a et b ne sont pas premiers entre eux, alors le segment [OA] contient au moins un autre point du réseau.

(On pourra considérer le PGCD d des nombres a et b et poser $a = da'$ et $b = db'$.)

83 BAC Un chiffrement affine

Partie A

On considère l'équation **(E)** : $11x - 26y = 1$, où x et y désignent deux nombres entiers relatifs.

1. Vérifier que le couple (–7 ; –3) est solution de **(E)**.

2. Résoudre alors l'équation **(E)**.

3. En déduire le couple de nombres entiers relatifs (u ; v) solution de **(E)** tel que $0 \leqslant u \leqslant 25$.

Partie B

On assimile chaque lettre de l'alphabet à un nombre entier comme l'indique le tableau ci-dessous.

A	B	C	D	E	F	G	H	I	J	K	L	M
0	1	2	3	4	5	6	7	8	9	10	11	12

N	O	P	Q	R	S	T	U	V	W	X	Y	Z
13	14	15	16	17	18	19	20	21	22	23	24	25

On « code » tout nombre entier x compris entre 0 et 25 de la façon suivante :

- on calcule $11x + 10$;
- on calcule le reste de la division euclidienne de $11x + 10$ par 26, que l'on appelle y.

x est alors « codé » par y.

Ainsi, par exemple, la lettre L est assimilée au nombre 11 ; $11 \times 11 + 10 = 131$ et $131 \equiv 1$ (modulo 26) ; 1 est le reste de la division euclidienne de 131 par 26. Au nombre 1 correspond la lettre B.

1. Coder la lettre W.

2. Le but de cette question est de déterminer la fonction de décodage.

a) Montrer que pour tous nombres entiers relatifs x et j, on a :

$11x \equiv j$ (modulo 26) équivaut à $x \equiv 19j$ (modulo 26)

b) En déduire un procédé de décodage.

c) Décoder la lettre W.

84 Chiffrement affine et analyse fréquentielle

On suppose qu'un message a été chiffré dans l'alphabet de 26 lettres où la lettre A est associée à 0, B à 1, C à 2, ..., Z à 25, avec un système de chiffrement affine.

Un chiffrement affine est défini par la donnée de deux nombres entiers a et b, et il transforme une lettre du message en clair correspondant à x en la lettre correspondant à $y \equiv ax + b[26]$.

1. On suppose que $a = 3$ et $b = 4$.

Coder ce message : TOPSECRET.

2. On intercepte le message suivant :

« MRHHZHKRPRHORLADUUERPRSKPVSVFMYFIRKDBN RHYRNQRSKRKERLFHHRHXEFLRFMFSFMZHRORHUERB NRSLRH »

On sait que ce message a été chiffré avec un système de chiffrement affine. On sait aussi que dans la langue française, la fréquence d'apparition du « e » dans un texte est de 17 % et celles du « a » et du « s » de 8 % environ. Dans le texte ci-dessus, la fréquence de « R » est de 22 %, celle du « H » de 13 % et celle du « F » de 8 %. Les autres lettres du message chiffré ont toutes une fréquence plus petite.

a) En supposant que E soit crypté par R et A par F, déterminer les valeurs de a et de b utilisées dans ce chiffrement.

b) Démontrer que $x \equiv 9y + 7[26]$ et déchiffrer les 10 premières lettres du message.

85 Arithmétique et astronomie

Un astronome a observé un jour J_0 le corps céleste A, qui apparaît périodiquement tous les 105 jours. Six jours plus tard ($J_0 + 6$), il observe le corps B, dont la période d'apparition est de 81 jours. On appelle J_1 le jour de la prochaine apparition simultanée des deux objets aux yeux de l'astronome.

Le but de cet exercice est de déterminer la date du jour J_1.

1. Soit u et v le nombre de périodes effectuées respectivement par A et B entre J_0 et J_1.

Montrer que le couple (u ; v) est solution de l'équation :

$$(E_1) : 35x - 27y = 2$$

2. a) Déterminer un couple de nombres entiers relatifs (x_0 ; y_0) solution particulière de **(E_2)** : $35x - 27y = 1$.

b) En déduire une solution particulière $(u_0\,;v_0)$ de l'équation **(E_1)**.

c) Déterminer toutes les solutions de l'équation **(E_1)**.

d) Déterminer la solution $(u\,;v)$ permettant de déterminer J_1.

3. a) Combien de jours s'écouleront entre J_0 et J_1 ?

b) Le jour J_0 était le mardi 7 décembre 1999, quelle est la date exacte du jour J_1 (l'année 2000 était bissextile) ?

c) Si l'astronome manque ce futur rendez-vous, combien de jours devra-t-il attendre jusqu'à la prochaine conjonction des deux astres ?

86 Équations diophantiennes et chiffrement affine

1. a) Déterminer deux nombres entiers relatifs u et v tels que $7u - 13v = 1$.

b) En déduire deux nombres entiers relatifs u_0 et v_0 tels que $14u_0 - 26y_0 = 4$.

c) Déterminer tous les couples $(a\,;k)$ de nombres entiers relatifs tels que $14a - 26k = 4$.

2. a et b sont deux nombres entiers naturels.

Pour tout nombre entier naturel n, on note $\Phi(n)$ le reste de la division euclidienne de $an + b$ par 26.

On décide de coder un message, en procédant comme suit.

À chaque lettre de l'alphabet, on associe un nombre entier compris entre 0 et 25, selon le tableau :

Lettre	A	B	C	D	E	F	G	H	I	J	K	L	M
Nombre	0	1	2	3	4	5	6	7	8	9	10	11	12

Lettre	N	O	P	Q	R	S	T	U	V	W	X	Y	Z
Nombre	13	14	15	16	17	18	19	20	21	22	23	24	25

Pour chaque lettre A du message, on détermine le nombre entier n associé, puis on calcule $\Phi(n)$. La lettre A est alors codée par la lettre associée à $\Phi(n)$.

On ne connaît pas les nombres entiers a et b mais on sait que la lettre F est codée par la lettre K et la lettre T est codée par la lettre O.

a) Montrer que les nombres entiers a et b sont tels que :

$$\begin{cases} 5a + b \equiv 10\,[26] \\ 19a + b \equiv 14\,[26] \end{cases}$$

b) En déduire qu'il existe un nombre entier k tel que :

$$14a - 26k = 4$$

c) Déterminer tous les couples de nombres entiers $(a\,;b)$, avec $0 \leqslant a \leqslant 25$ et $0 \leqslant b \leqslant 25$ tels que :

$$\begin{cases} 5a + b \equiv 10\,[26] \\ 19a + b \equiv 14\,[26] \end{cases}$$

3. On suppose que $a = 17$ et $b = 3$.

a) Coder le message « GAUSS ».

b) Soit n et p deux nombres entiers naturels quelconques. Montrer que, si $\Phi(n) = \Phi(p)$, alors :

$$17(n - p) \equiv 0\,[26]$$

En déduire que deux lettres distinctes de l'alphabet sont codées par deux lettres distinctes.

4. On suppose que $a = 17$ et $b = 3$.

a) n est un nombre entier naturel. Calculer le reste de la division euclidienne de $23\Phi(n) + 9 - n$ par 26.

b) En déduire un procédé de décodage.

c) En déduire le décodage du message « KTGZDO ».

87 Équation diophantienne et application

1. On considère l'équation **(E)** : $17x - 24y = 9$, où $(x\,;y)$ est un couple de nombres entiers relatifs.

a) Vérifier que le couple (9 ; 6) est solution de l'équation.

b) Résoudre l'équation **(E)**.

2. Dans une fête foraine, Jean s'installe dans un manège circulaire représenté par le schéma ci-dessous. Il peut s'installer sur l'un des huit points indiqués sur le cercle.

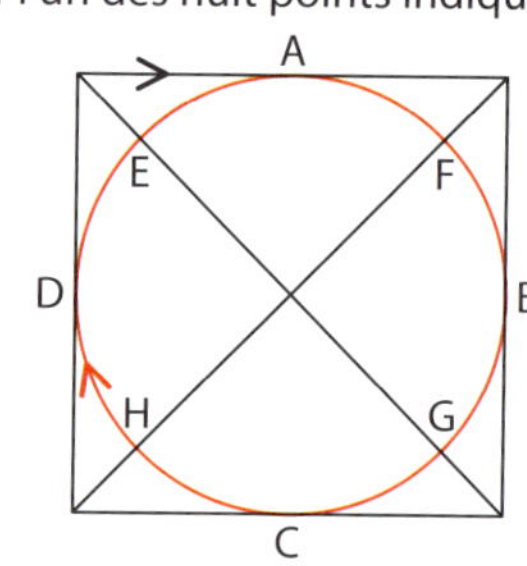

Le manège comporte un jeu qui consiste à attraper un pompon qui se déplace sur un câble formant un carré dans lequel est inscrit le cercle. Le manège tourne dans le sens des aiguilles d'une montre, à vitesse constante. Il fait un tour en 24 secondes. Le pompon se déplace dans le même sens à vitesse constante. Il fait un tour en 17 secondes.

Pour gagner, Jean doit attraper le pompon, et il ne peut le faire qu'aux points de contact qui sont notés A, B, C et D sur le dessin. À l'instant $t = 0$, Jean part du point H en même temps que le pompon part du point A.

a) On suppose qu'à un instant t Jean attrape le pompon en A. Jean a déjà pu passer un certain nombre de fois en A sans y trouver le pompon. À l'instant t, on note y le nombre de tours effectués depuis son premier passage en A, et le nombre de tours effectués par le pompon.

Montrer que $(x\,;y)$ est solution de l'équation de la question **1**.

b) Jean a payé pour 2 minutes. Aura-t-il le temps d'attraper le pompon ?

c) Montrer qu'en fait, il n'est possible d'attraper le pompon qu'au point A.

d) Jean part maintenant du point E. Aura-t-il le temps d'attraper le pompon en A avant les deux minutes ?

88 Congruences et équations

a) n, m et c désignent trois nombres entiers naturels tels que PGCD $(n\,;m) = 1$. Démontrer que l'équation $nx \equiv c\,[m]$ admet une unique solution x comprise entre 0 et $m - 1$.

b) n, m, a et b désignent quatre nombres entiers naturels tels que PGCD $(n\,;m) = 1$.

Démontrer que le système d'équations d'inconnue x :

$$\begin{cases} x \equiv a[n] \\ x \equiv b[m] \end{cases}$$

admet une unique solution comprise entre 0 et $nm - 1$.

Porter un regard critique

89 Pour rédiger

Lire ci-dessous l'énoncé, puis la solution d'un élève.
Rédiger cette solution en tenant compte des remarques du correcteur.

Énoncé : x et y désignent des nombres entiers relatifs.
Résoudre l'équation diophantienne suivante :

$$3x - 13y = 15$$

Copie de l'élève

$(-60\,;-15)$ est une solution particulière de l'équation. Ensuite, je considère $(x\,;y)$ un couple solution. On a alors :

$$3x - 13y = 3 \times (-60) - 13 \times (-15)$$

soit $3(x + 60) = 13(15 + y)$.

De cette équation, 3 divise $13(15 + y)$
donc $15 + y = 3k$,
soit $y = -15 + 3k$, $k \in \mathbb{Z}$. À justifier
De la même façon, 13 divise $3(x + 60)$
donc $x + 60 = 13k'$, soit $x = -60 + 13k'$, $k' \in \mathbb{Z}$. Il ne faut pas procéder ainsi.
Les couples solutions sont $(-60 + 13k'\,; -15 + 3k)$ avec k et k' dans $\mathbb{Z}$. Parmi ces couples, certains ne sont pas solutions.

Communiquer à l'écrit, à l'oral

90 Math in english

For each of the following diophantine equations, either find all solutions or explain why there are no integers solution.

a) $12x + 18y = 50$ **b)** $30x + 47y = -11$

91

Jean et Jacques se proposent de résoudre l'équation :

$$3x^2 - 4y = 2\,012$$

où x et y désignent des nombres relatifs.

a) Jean utilise un tableur pour conjecturer le nombre se solutions avec x et y compris entre 0 et 1 000.
Expliquer oralement les étapes qui ont permis à Jean de réaliser cette feuille de calcul.

	A	B	C	D	E
1	**y \ x**	**0**	**1**	**2**	**3**
2	**0**	0	3	12	27
3	**1**	-4	-1	8	23
4	**2**	-8	-5	4	19
5	**3**	-12	-9	0	15
6	**4**	-16	-13	-4	11
7	**5**	-20	-17	-8	7
8	**6**	-24	-21	-12	3

b) Jacques s'engage dans une résolution algébrique.
Il résout d'abord $3X - 4y = 2\,012$.
Résoudre cette équation et terminer la résolution du problème.

S'initier à la logique

92 Quantificateurs universel, existentiel

Pour chacune des affirmations ci-dessous, dire si elle est vraie ou fausse.

a) a et b désignent deux nombres entiers relatifs premiers entre eux.
Il existe un couple $(u\,;v)$ de nombres entiers relatifs tels que $au + bv = 2$.

b) Pour tout nombre entier naturel n, les nombres :

$$2n^2 + 4n + 1 \quad \text{et} \quad n + 2$$

sont premiers entre eux.

c) a et b désignent deux nombres entiers relatifs non nuls. S'il existe un couple $(u\,;v)$ de nombres entiers relatifs tels que $au + bv = d$, alors PGCD $(a\,;b) = d$.

d) Pour tout nombre entier naturel n non nul, la fraction $\dfrac{n^4 + 2n}{n^3 + 1}$ est irréductible.

93 Vrai ou faux

x et y sont des nombres entiers relatifs tels que :

$$x \equiv 2\,[7] \quad \text{et} \quad y \equiv 3\,[7]$$

Pour chaque proposition, dire si elle est vraie ou fausse.

(A) $x + y \equiv 5\,[7]$

(B) $xy \equiv 6\,[7]$

(C) $x^y \equiv 1\,[7]$

(D) Il existe $(u\,;v) \in \mathbb{Z}^2$ tel que $xu + 7v = 1$

(E) Il existe $(u\,;v) \in \mathbb{Z}^2$ tel que $yu + 7v = 1$

Exercices d'approfondissement

Pour aller plus loin

94 BAC Avec un guide

On considère l'équation **(E)** : $11x - 7y = 5$ où x et y sont des nombres entiers relatifs.

1. a) Résoudre cette équation.

b) Dans le plan rapporté à un repère orthonormé $(O\,;\vec{i},\vec{j})$, on considère la droite (D) d'équation cartésienne $11x - 7y - 5 = 0$. On note C l'ensemble des points $M(x\,;y)$ du plan tels que $0 \leqslant x \leqslant 50$ et $0 \leqslant y \leqslant 50$.

Déterminer le nombre de points de la droite (D) appartenant à l'ensemble C et dont les coordonnées sont des nombres entiers.

2. On considère l'équation **(F)** : $11x^2 - 7y^2 = 5$ où x et y sont des nombres entiers relatifs.

a) Démontrer que si le couple $(x\,;y)$ est solution de **(F)**, alors $x^2 \equiv 2y^2\,[5]$.

b) Reproduire et compléter le tableau ci-dessous.

Modulo 5, x est congru à	0	1	2	3	4
Modulo 5, x^2 est congru à					
Modulo 5, $2y^2$ est congru à					

c) En déduire que si le couple $(x\,;y)$ est solution de **(F)**, alors x et y sont des multiples de 5.

3. Démontrer que si x et y sont des multiples de 5, alors le couple $(x\,;y)$ n'est pas solution de **(F)**.

Que peut-on en déduire pour l'équation **(F)** ?

Guide de résolution

1. a) Se ramener à l'équation **(E)** sans oublier les conditions sur x et y.

2. b) Utiliser la propriété du chapitre 1 :
si $a \equiv r\,[n]$ et si $0 \leqslant r < n$, alors r est le reste de la division euclidienne de a par n.

95 Arithmétique et codage

Le but de cet exercice est le cryptage et décryptage d'un message utilisant le « chiffrement à clé secrète ». On utilisera le codage informatique des lettres avec le code ASCII. Le message choisi est une citation de Mignon Mc Laughlin (journaliste et écrivain américaine, 1913-1983).

Partie A – Expérimentation

Préliminaire : En informatique, le code ASCII consiste à associer à chaque caractère (lettre de l'alphabet, chiffre, signe de ponctuation…) un code numérique que l'on appelle son code ASCII. Par exemple, le code de A est 65, celui de B est 66, celui de *a* est 97, celui de l'espace est 32… Le code utilisé est un nombre entier *n* tel que $0 \leqslant n \leqslant 255$.

Syntaxe : Dans la plupart des tableurs, la fonction « CODE » renvoie le code ASCII. La fonction réciproque est notée « CAR ». On entre « = CODE(« A ») » pour obtenir le nombre 65 et on entre « =CAR(65) » pour obtenir la lettre A.

1. Cryptage

a) En utilisant le code ASCII, coder le message suivant :

Dans l'arithmétique de l'amour, un plus un égale…

Dans la zone de saisie du message, on ne mettra qu'une seule lettre par cellule et on n'oubliera pas de taper un espace pour séparer les mots. La zone de saisie du message est la ligne 1 à partir de la cellule B1. Le message codé avec le code ASCII apparaîtra sur la ligne 2 à partir de la cellule B2.

b) Le code ASCII ne constituant pas un codage bien secret, la ligne 3 consiste à crypter le code ASCII en utilisant le cryptage suivant.

On note C la fonction de cryptage qui, à tout nombre entier *n* appartenant à [0 ; 255] associe le reste de la division de 7*n* par 256. Soit *C*(*n*) ce reste.

Compléter le tableau réalisé en **1. a)**, en y ajoutant à la ligne 3, les restes *C*(*n*) correspondant à chaque code *n* de la ligne 2.

La feuille de calcul ci-dessous donne le début de la phrase et du codage à obtenir.

	A	B	C	D	E	F	G	H	I	J	K	L	M	N
1	Message	D	a	n	s		l		a	r	i	t	h	m
2	Codage ASCII	68	97	110	115	32	108	32	97	114	105	116	104	109
3	Message codé	220	167	2	37	224	244	224	167	30	223	44	216	251

2. Décryptage à l'aide de la clé secrète

La fin de la citation de Mignon McLaughlin est cryptée par :

244 224 223 2 202 223 2 223 224 195 44 224 188 195
51 72 224 251 9 223 2 37 224 51 2 224 95 209 167 244
224 86 95 30 9

Pour décrypter la fin de cette citation, on note D la fonction de décryptage qui, à tout nombre entier *k* appartenant à [0 ; 255], associe le reste de la division de 183*k* par 256.

Entrer en ligne les nombres cryptés ci-dessus, puis sur une nouvelle ligne, utiliser la fonction D pour lire la fin de la citation de Mignon McLaughlin.

Partie B – Justifications

1. Justification du codage

Pour le codage ASCII, deux lettres de l'alphabet sont codées par deux nombres distincts.

Il faut s'assurer que le cryptage choisi au **A 1. b)** code deux nombres *n* et *p* distincts, compris entre 0 et 255, par deux nombres distincts.

a) Montrer que, si $C(n) = C(p)$ alors $7(n-p) \equiv 0\ [256]$.

b) En déduire que $n = p$. Justifier alors que le codage est valide.

2. Explication du décodage

a) Vérifier que $183 \times 7 \equiv 1\ [256]$ et en déduire que :

$$183 \times (7n) \equiv n\ [256]$$

b) Expliquer pourquoi la fonction D, qui associe à k le reste de la division de $183k$ par 256, assure le décryptage attendu.

D'après *Épreuve expérimentale*

96 Vigenère et la calculatrice

On se propose d'établir un algorithme permettant de remplir le tableau de cryptage du mot SPECIALITEMATHS à l'aide du mot clé INFOS par la méthode de Vigenère (se reporter au **Problème 10** p. 48).

On entre dans une liste L de la calculatrice, les équivalents numériques des lettres du mot clé :

Lettre clé	I	N	F	O	S
Équivalent	8	12	5	14	18

On considère l'algorithme suivant :

Entrées
Saisir l'équivalent numérique X de la lettre dans le mot
Saisir le rang R de la lettre dans le mot à coder
Traitement
Calculer le reste de la division euclidienne de R par 5
Stocker le résultat dans T
Calculer le reste de la division euclidienne de X+L[T] par 26
Stocker le résultat dans Y
Sortie
Afficher Y

1. Rédiger un programme sur votre calculatrice permettant de faire fonctionner cet algorithme.

2. Vérifier le résultat obtenu en utilisant la table de Vigenère.

3. Xavier modifie l'algorithme et propose le programme ci-dessous.

TI

```
PROGRAM:VIGENERE
:0→R
:While 1=1
:Prompt X
:R+1→R
:R-partEnt(R/dim
(L₁))*dim(L₁)→R
:If R=0
:Then
:dim(L₁)→R
:End
:X+L₁(R)→N
:N-partEnt(N/26)
*26→Y
:Disp Y
```

Casio

```
======VIGENERE======
0→R↵
While 1=1↵
"X="?→X↵
R+1→R↵
R-Intg (R÷Dim List 1)
×Dim List 1→R↵
If R=0↵
Then Dim List 1→R↵
IfEnd↵
X+List 1[R]→N↵
N-Intg (N÷26)×26→Y↵
Y◢
WhileEnd↵
```

Avant de tester le programme, entrer les nombres de la clé dans la liste 1.

a) Que lui permet de faire ce programme ?

b) Quel est le rôle de la boucle **While 1=1** ?

c) Quel est le rôle de la condition **If R=0** ?

97 Déchiffrer un message

Igor a chiffré un mot à l'aide d'un chiffrement de Hill (se reporter au **Problème 11** p. 49).

Pour chiffrer, il utilise les coefficients $a = 11$, $b = 3$, $c = 14$ et $d = 1$. Le message chiffré obtenu est « CKNNZOCKS ».

Pouvez-vous déchiffrer ce message ?

98 Simultanéité de signaux

Un phare émet un signal jaune toutes les 15 secondes et un signal rouge toutes les 28 secondes. On aperçoit le signal jaune 2 secondes après minuit et le rouge 8 secondes après minuit. À quelle heure verra-t-on pour la première fois les deux signaux émis en même temps ?

99 Avec des plans dans l'espace

Dans un repère orthonormé $(O\,;\vec{i}, \vec{j}, \vec{k})$ de l'espace, $\mathcal{P}$ est le plan passant par le point A (20 ; 2 ; 1) et de vecteur normal $\vec{n}\,(2\,;1\,;1)$.

$\mathcal{Q}$ est le plan passant par le point B (5 ; 131 ; 10) et de vecteur normal $\vec{n}'\,(9\,;1\,;-3)$.

a) Justifier que ces deux plans ne sont pas parallèles.

b) Existe-t-il des points à coordonnées entières situés sur la droite d'intersection de ces deux plans ? Si oui, préciser leurs coordonnées.

100 Problème ouvert

m désigne un nombre entier naturel supérieur à 2.

a, b et c désignent trois nombres entiers naturels compris entre 0 et $m-1$.

On considère la suite u définie sur $\mathbb{N}$ par u_k et le reste dans la division euclidienne de $ak^2 + bk + c$ par m.

On se propose de chercher les conditions nécessaires suffisantes portant sur a, b, c et m pour que la suite u prenne toutes les valeurs comprises entre 0 et $m-1$.

a) Conjecturer à l'aide d'un tableur.

b) Démontrer ou infirmer la conjecture ainsi émise.

101 Défi

Une bande de dix-sept enfants peut utiliser des gommettes pour décorer leur dessin.

Ils doivent partager équitablement les gommettes entre eux et donner le reste à la maîtresse.

Celle-ci recevrait alors 3 gommettes. Mais 6 d'entre eux ne prendront pas de gommettes.

La maîtresse recevrait alors, après partage 4 gommettes.

Finalement, seuls six enfants décident d'utiliser des gommettes, la maîtresse reçoit alors 5 gommettes.

Quel nombre minimal de gommettes chaque enfant pouvait-il espérer utiliser au départ ?

Exercices

HISTOIRE DES MATHS

102 Code détecteur d'erreur

Info

Au milieu des années 1940, Richard Hamming travaille sur un modèle de calculateur à carte perforée peu fiable.

Durant la semaine, des ingénieurs peuvent corriger les erreurs, mais en fin de semaine, les machines s'arrêtent sur des bugs. C'est alors que Richard Hamming (1915–1998) a mis au point le premier code correcteur vraiment efficace. C'est à cette période que Claude Shannon formalise la théorie de l'information comme une branche des mathématiques. Hamming développe, lui, la théorie des codes. L'une des méthodes de fabrication d'un code correcteur porte son nom.

On considère les nombres de 10 chiffres $\overline{a_1\, a_2 \dots \dots a_{10}}$ où les a_i peuvent prendre les valeurs 0, 1, …, 9.

On rajoute une clé constituée de deux chiffres a_{11} et a_{12} où a_{11} et a_{12} peuvent prendre les valeurs de 0, 1, …, 9 et aussi la valeur X représentant le nombre 10.

Le calcul de la clé se fait ainsi :

(*) a_{11} est le reste de la division euclidienne par 11 de $a_1 + a_2 + \dots + a_{10}$.

(**) a_{12} est le reste de la division euclidienne par 11 de $1a_1 + 2a_2 + \dots + 10a_{10}$.

1. Calculer la clé pour le numéro 0491413940.

2. On part d'un numéro muni de sa clé $\overline{a_1\, a_2 \dots \dots a_{12}}$.
On se propose de démontrer que si en communiquant ce numéro on fait une erreur sur un seul des chiffres on peut détecter et corriger l'erreur.

a) Démontrer que si l'erreur est commise sur un a_i avec $1 \leqslant i \leqslant 10$, alors aucune des relations (*) et (**) n'est vérifiée.

b) Démontrer que si l'erreur est commise sur a_{11}, alors (*) n'est pas vérifiée mais (**) l'est.

c) Démontrer que si l'erreur est commise sur a_{12}, alors (*) est vérifiée mais (**) ne l'est pas.

d) 049132900000 est incorrect.
Réparer l'erreur commise.

D'après *IREM* de Marseille

EXERCICES POST BAC

103 La suite de Fibonacci est définie par $u_0 = 1$, $u_1 = 2$ et, pour tout n de $\mathbb{N}$: $u_{n+2} = u_{n+1} + u_n$.

a) Démontrer que pour tout nombre entier naturel n non nul, $u_{n+1}\, u_{n-1} - u_n^2 = (-1)^n$.

b) En déduire que pour tout nombre entier naturel n non nul, PGCD $(u_n\,;u_{n+1}) = 1$.

c) Démontrer que pour tous nombres m et n entiers naturels non nuls, $u_{n+m} = u_m u_{n+1} + u_{m-1} u_n$.

d) En déduire que pour tous nombres m et n entiers naturels non nuls, PGCD $(u_n\,;u_{n+m})$ = PGCD $(u_n\,;u_m)$, puis que PGCD $(u_n\,;u_m)$ = PGCD $(u_n\,;u_r)$ où r est le reste de la division euclidienne de m par n.

e) Conclure que PGCD $(u_m\,;u_n) = u_{\text{PGCD}(m\,;\,n)}$.

D'après *Licence 1, Mathématiques*

104 Résoudre l'équation $x^4 + 4x^3 + 6x^2 + 4x + 16 = y^2$ d'inconnue $(x\,;y) \in \mathbb{N}^2$.

D'après *Licence 1, Mathématiques*

105 a désigne un nombre entier naturel non nul et strictement inférieur à 13.

On désigne par A l'ensemble $\{a\,;2a\,;3a\,;\dots;12a\}$.

a) On effectue la division euclidienne des éléments de A par 13.
Démontrer que l'on obtient 12 restes distincts et tous non nuls.

b) Déduire de la question précédente l'existence d'un seul nombre entier naturel $a' < 13$ tel que $aa' \equiv 1\ [13]$.
Expliciter les cinq paires $\{a\,;a'\}$ obtenues lorsque a varie de 2 à 11.
Que se passe-t-il pour $a = 1$ et pour $a = 12$?

c) En multipliant membre à membre les cinq congruences précédentes, démontrer que :

$$1 \times 2 \times 3 \times \dots \times 10 \times 11 \equiv 1\ [13].$$

106 n désigne un nombre entier naturel non nul fixe.
On note A_n l'ensemble des restes possibles dans la division euclidienne par n.
On note a' (resp. b') le reste de a (resp. de b) dans la division euclidienne par n.
Un élément a' de A_n est dit inversible lorsqu'il existe b' dans A_n tel que $a' \times b' \equiv 1[n]$.

1. Montrer que a' est inversible dans A_n si, et seulement si, a et n sont premiers entre eux.

2. Pour les algorithmes demandés, on utilisera uniquement les opérations ×, + et PGCD.

a) Écrire une procédure Test(,) ayant comme arguments deux nombres entiers naturels a et n, $n > 1$, qui affiche « 1 » si a est inversible dans A_n et « 0 » si non.

b) Écrire une procédure Card( ) ayant comme argument un nombre entier $n > 1$, qui affiche le nombre d'éléments inversibles de A_n.

Chapitre

3 Nombres premiers

Les nombres premiers apparaissent apparemment de manière chaotique, mais il est impossible de les ignorer. Dans cette image tirée du film *Le secret des nombres premiers* de Hideki Uematsu (2009), c'est Leonhard Euler qui parcourt la suite des nombres entiers naturels.

Énigme ★

On considère 100 lampes numérotées de 1 à 100 qui peuvent être allumées ou éteintes.
Au départ, toutes les lampes sont éteintes.

On effectue l'une après l'autre 100 manipulations selon la règle suivante :

(1) Seules les lampes dont le numéro est multiple de 1 changent d'état.

(2) Seules les lampes dont le numéro est multiple de 2 changent d'état.

(3) Seules les lampes dont le numéro est multiple de 3 changent d'état.

...

(100) Seules les lampes dont le numéro est multiple de 100 changent d'état.

➤ ***À la fin, la lampe numéro 86 est-elle allumée ? et la lampe numéro 25 ?***

Énigme ★★★

Le capitaine dit à son fils : « La cabine n° 1 abrite M. Dupont et ses deux filles. Le produit de leurs trois âges est 2 450 et la somme de leurs trois âges est égale à quatre fois le tien. Peux-tu trouver les âges des trois passagers ? »
Après un instant, le fils répond : « Non, il me manque une donnée. »
Le capitaine ajoute alors : « Je suis plus âgé que M. Dupont. »
Le fils en déduit aussitôt les trois réponses.

➤ ***Quel est l'âge du capitaine ? de son fils ? de M. Dupont ? Quels sont les âges des deux filles ?***

D'après *Rallye de Bourgogne, 1998*

Résoudre des problèmes

Problème 1 La parabole de Matiyasevich

Objectif
Découvrir les nombres premiers.

Note
Yuri Matiyasevich est aujourd'hui directeur du laboratoire de logique mathématique de l'Institut mathématique de Saint-Pétersbourg.

On se propose de découvrir dans ce problème la multiplication de Yuri Matiyasevich et d'observer la nature des nombres qu'il met en évidence dans son crible géométrique.

1 Conjectures

a) À l'aide du logiciel GeoGebra, tracer la représentation graphique de la fonction carré. Créer un curseur *m* de 2 à 20 avec pour incrément 1.
Dans la zone de saisie, taper Séquence[(i,i^2),i,2,m] et Séquence[($-i$,i^2),i,2,m] pour obtenir les points à coordonnées entières de la parabole.

b) Pour relier deux à deux les points des Liste 1 et Liste 2, taper :

Séquence [Séquence[Segment[(i,i^2),($-j$,j^2)],i,2,m],j,2,m].

Déplacer le curseur *m*.

c) Conjecturer l'ordonnée du point d'intersection du segment reliant les points de coordonnées (i ; i^2) et ($-j$; j^2) avec l'axe des ordonnées.

d) Par certains points de coordonnées (0 ; k), avec k le nombre entier naturel, ne passe aucun de ces segments. Conjecturer une propriété de ces nombres k.

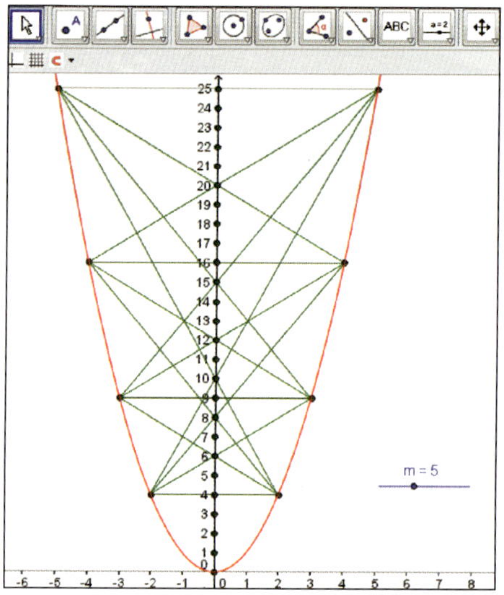

2 Quelques justifications

On se place dans un repère du plan.
Sur la parabole d'équation $y = x^2$, on considère les points M et N d'abscisses respectives les nombres entiers naturels m et $-n$ (avec $m \geqslant 2$, $n \geqslant 2$).

a) Déterminer une équation de la droite (MN). En déduire les coordonnées du point K intersection de la droite (MN) et de l'axe des ordonnées.

b) Justifier les conjectures précédentes.

Info
*Dire qu'un nombre entier naturel est **premier** signifie qu'il admet exactement deux diviseurs dans $\mathbb{N}$: 1 et lui-même.*
*Si un nombre entier naturel est supérieur à 2 et n'est pas premier, il est dit **composé**.*

Problème 2 À la recherche d'un algorithme performant

Objectif
Approcher une propriété permettant de déterminer « assez rapidement » la primalité d'un nombre entier naturel.

On se propose d'étudier un algorithme permettant de déterminer la primalité d'un nombre entier naturel, et de voir comment accélérer cette détermination.

1 Étude d'un algorithme

On considère l'algorithme suivant :

```
Entrées
Saisir n nombre entier naturel non nul
Initialisations
P prend la valeur 0
L, liste, prend la valeur vide
Traitement
Pour k de 1 jusqu'à n
    | Si k divise n alors
    |     | Ajouter k dans la liste L
    |     | P prend la valeur P+1
    | FinSi
FinPour
Affichages
Afficher L
Afficher P
```

a) Après avoir fait fonctionner cet algorithme à l'aide d'un outil au choix sur les trente premiers nombres entiers naturels, décrire son rôle.

b) Assen déclare : « On peut améliorer l'algorithme car les diviseurs vont toujours par deux, il y a donc toujours un nombre pair de diviseurs ».
Valider ou invalider la conjecture de Assen.

2 Amélioration de l'algorithme

a) Expliquer en quoi l'algorithme suivant peut être considéré comme une amélioration de l'algorithme du 1.

```
Entrée
Saisir n nombre entier naturel non nul
Initialisations
P prend la valeur 0
L prend la valeur vide
Traitement
Pour k de 1 jusqu'à E(√n) − 1
    | Si k divise n alors
    |     | Ajouter k et n/k dans la liste L
    |     | P prend la valeur P+2
    | FinSi
FinPour
    | Si E(√n) = √n alors
    |     | Ajouter √n à la liste L
    |     | P prend la valeur P+1
    | FinSi
Affichages
Afficher L
Afficher P
```

b) Énoncer une méthode pour déterminer si un nombre entier naturel est premier.

3 Justification

n désigne un nombre entier naturel tel que $n \geqslant 2$.

a) Démontrer que « Tout nombre entier naturel n, supérieur ou égal à 2, admet au moins un diviseur premier, son plus petit diviseur d dans $\mathbb{N}$ autre que 1 » en envisageant les deux cas suivants :

- n est premier ;
- n n'est pas premier : noter alors d le plus petit des diviseurs de n strictement supérieur à 1, puis raisonner par l'absurde, en supposant que d n'est pas premier.

b) Démontrer de plus que, si n n'est pas premier, alors $2 \leqslant d \leqslant \sqrt{n}$.
Pour cela, poser $n = d \times q$ avec $1 < d \leqslant q$ et en déduire que $d^2 \leqslant dq$.

Logique

c) Déduire des questions précédentes que, si n n'est divisible par aucun des nombres entiers premiers d tels que $2 \leqslant d \leqslant \sqrt{n}$, alors n est premier. On utilisera un raisonnement par contraposée.

4 Avec la calculatrice

Lucile a trouvé sur Internet les programmes suivants :

CASIO

```
======A        ======
"N="?→N↵
If Frac (N÷2)×2=0 Or
N=1 Or Frac (N÷3)×3=0
↵
Then 0→P↵
Else 1→P↵
IfEnd↵
If N=2 Or N=3↵
Then 1→P↵
IfEnd↵
5→I↵
Int (√N)→J↵
While I≤J And P=1↵
If Frac (N÷I)=0 Or Fr
ac (N÷(I+2))=0↵
Then 0→P↵
Else I+6→I↵
IfEnd↵
WhileEnd↵
P◢
```

TI

```
PROGRAM:ESTPREM
:Prompt N
:partEnt(√(N))→J
:If N=1 ou partD
éc(N/2)=0 ou par
tDéc(N/3)=0
:Then
:0→P
:Else
:1→P
:End
:If N=2 ou N=3
:Then
:1→P
:End
:5→I
:While P=1 et I≤
J
:If partDéc(N/(I
+2))=0 ou partDé
c(N/I)=0
:Then
:0→P
:Else
:I+6→I
:End
:End
:Disp P
```

a) Faire fonctionner ces programmes pour les 10 premiers nombres entiers naturels. Expliquer leur rôle.

b) Démontrer que le reste dans la division euclidienne par 6 d'un nombre premier supérieur à 5 ne peut être que 1 ou 5.

c) En déduire pourquoi « I » est incrémenté de 6 dans la boucle While des programmes précédents.

d) Modifier le programme afin d'afficher « Premier » ou « Non premier ».

e) Avec la calculatrice, dire si chacun des nombres entiers naturels suivants est premier :

- 147
- 12 347
- 1 524 323 579

Problème 3 Le crible d'Ératosthène

Objectif
Découvrir le crible d'Ératosthène.

Note
Ératosthène de Cyrène (273 av. J.-C.–194 av. J.-C.) mathématicien, astronome, géographe grec, était directeur de la Bibliothèque d'Alexandrie.

On considère l'algorithme suivant :

- se donner un nombre entier naturel n supérieur ou égal à 2 ;
- écrire les nombres entiers compris entre 2 et n ;
- entourer 2 et barrer les multiples de 2 ;
- entourer le plus petit des nombres non barrés et barrer tous ses multiples ;
- recommencer jusqu'à ce que le plus petit nombre non barré soit supérieur à $\sqrt{n}$.

On se propose d'étudier la première méthode, connue sous le nom de crible d'Ératosthène, pour trouver tous les nombres premiers inférieurs à un nombre donné.

1 À la main

a) Dresser un tableau avec les nombres entiers naturels de 1 à 100 (10 lignes, 10 colonnes), puis faire fonctionner manuellement l'algorithme précédent.

1	2	3	4	5	6	7	8	9	10
11	12	13	14	15	16	17	18	19	20
		23	24	25	26	27	28	29	30

b) Expliquer pourquoi les nombres non barrés sont les nombres premiers inférieurs à 100.

2 Avec la calculatrice

Voici, ci-dessous, deux versions « machine » de cet algorithme. Entrer l'un des programmes dans la calculatrice, le faire fonctionner pour :

- $n = 200$
- $n = 500$
- $n = 800$

CASIO

```
======CRIBLE  ======
"N="?→N↵
N→Dim List 1↵
N→Dim List 2↵
Seq(I,I,1,N,1)→List 1
↵
0→List 1[1]↵
2→P↵
While P×P≤N↵
For P→I To Int (N÷P)↵
0→List 1[I×P]↵
Next↵
P+1→P↵
While P×P≤N And List
1[P]=0↵
P+1→P↵
WhileEnd↵
WhileEnd↵
0→P↵
For 2→I To N↵
If List 1[I]≠0↵
Then ↵
P+1→P↵
I→List 2[P]↵
IfEnd↵
Next↵
P◢
List 2◢
```

TI

```
PROGRAM:CRIBLE
:Prompt N
:suite(I,I,1,N)→
L1
:0→L1(1)
:2→P
:While P*P≤N
:For(I,P,partEnt
(N/P))
:0→L1(I*P)
:End
:P+1→P
:While (P*P)≤N e
t L1(P)=0
:P+1→P
:End
:End
:0→P
:For(I,2,N)
:If L1(I)≠0
:Then
:P+1→P
:I→L2(P)
:End
:End
:P→dim(L2)
:Disp P
:Disp L2
```

Problème 4 Infinitude des nombres premiers

Objectif
S'interroger sur le nombre de nombres premiers.

Note
Ce problème fut résolu par Euclide (IVe-IIIe siècle av. J.-C.).
Sa démonstration repose sur la remarque toute simple abordée à la question **1**.

On se propose de démontrer qu'il y a une infinité de nombres premiers.
Ce problème fut résolu par Euclide d'Alexandrie entre 323 et 280 avant J.-C.

1 Expérimentation

a) Choisir une liste L de trois nombres premiers deux à deux distincts.

- Multiplier ces trois nombres entre eux et ajouter 1 au résultat.
- Le nombre N ainsi obtenu peut-il être divisible par un nombre premier de la liste ?
- Grouchka affirme : « Le plus petit des diviseurs supérieurs à 2 de N n'est pas dans la liste initiale ».

Démontrer que la proposition de Grouchka est vraie.

b) Faire d'autres essais.

2 Justification

On met en place un raisonnement par l'absurde et on suppose donc qu'il existe un nombre fini de nombre premiers $p_1, p_2, \ldots p_n$.
Considérer alors le nombre $a = p_1 p_2 \ldots p_n + 1$ et mettre en évidence une contradiction en s'inspirant de la question **1**.

Problème 5 Raréfaction des nombres premiers

Objectif
S'interroger sur la répartition des nombres premiers.

La première chose qui a attiré l'attention des mathématiciens de l'Antiquité était l'absence de règles quant à l'apparition des nombres premiers dans la liste des nombres entiers naturels. Ils peuvent être relativement proches ou, au contraire, très éloignés les uns des autres.

On se propose d'étudier la présence de grands intervalles sans nombres premiers.

1 Exploration grâce au crible d'Ératosthène

a) Combien y a-t-il de nombres premiers entre 1 et 20 ? entre 1 et 100 ?

b) Utiliser le programme réalisé dans le **Problème 3** pour observer le nombre de nombres premiers :

- compris entre 100 et 200,
- entre 500 et 600,
- entre 800 et 1 000.

2 Étude plus algébrique

Pour répondre au problème, on peut s'interroger sur la possibilité de trouver n nombres entiers non premiers consécutifs, où n est un nombre entier naturel choisi.

a) Louis remarque que « $4! + 2$, $4! + 3$ et $4! + 4$ sont trois nombres non premiers consécutifs ».

Vérifier que la proposition de Louis est vraie.

b) Capucine a trouvé quatre nombres non premiers consécutifs, puis 100 nombres non premiers consécutifs et enfin 5 000 milliards de nombres non premiers consécutifs.

Comment a-t-elle procédé ?

c) Que peut-on dire sur le problème posé ?

Info
« Factorielle n » est le nombre, noté n !, défini par :
- *si $n \in \mathbb{N}^*$, $n! = 1 \times 2 \times 3 \times \ldots \times (n-1) \times n$*
- *$0! = 1$, par convention.*

Problème 6 Le message de Gauss B2i

Objectif
Conjecturer un des grands théorèmes de l'histoire des Mathématiques, celui appelé « théorème des nombres premiers ».

Sur le cahier de notes que Carl Friedrich Gauss (1777–1855) utilisait à l'âge de 14 ans, on trouve l'inscription suivante :

Nombres premiers plus petits que a(= ∞) a/la

On se propose de décrypter ce que voulait dire Gauss.

1 Observation sur les nombres premiers plus petits que x ($x \in \mathbb{N}^*$)

x désigne un nombre entier naturel non nul.
On note $\pi(x)$ le nombre de nombres premiers inférieurs à x.

a) En modifiant le programme exprimant le crible d'Ératosthène écrit dans le **Problème 3**, donner les 100 premières valeurs de π.
Conjecturer la limite de π en $+\infty$.

b) Capucine conjecture que puisque « Les nombres premiers sont de plus en plus rares lorsque x devient grand » cela signifie que la proportion de nombres premiers entre 1 et x tend vers zéro.
Tester cette conjecture à l'aide du tableur du logiciel Xcas, en réalisant la feuille de calcul suivante :

D2:D15 =(C15)/(A15)
Sheet config: * Spreadsheet <> R40C10 auto down f

	A	B	C	D
0	x	estpremier	pi(x)	(pi(x))/x
1	1	faux	0	0
2	2	vrai	1	1/2
3	3	vrai	2	2/3
4	4	faux	2	1/2
5	5	vrai	3	3/5
6	6	faux	3	1/2

En cellule B1, taper =isprime(A1).

2 Recherche de l'ordre de grandeur de $\pi(x)$

On admet que la proportion de nombres premiers tend vers zéro.
Gauss a cherché l'ordre de grandeur de l'inverse de cette proportion, c'est-à-dire $\frac{x}{\pi(x)}$ pour de grandes valeurs de x.

a) À l'aide du programme réalisé sur la calculatrice, calculer $\frac{100}{\pi(100)}$.

b) Avec Xcas, ajouter une colonne pour calculer $\frac{x}{\pi(x)}$.

c) Rechercher le « théorème des nombres premiers » sur Internet, afin de compléter le tableau ci-contre.
Ce tableau indique par exemple que parmi les nombres entiers entre 1 et 100, un nombre sur 4 est premier.

x	$\pi(x)$	$\frac{x}{\pi(x)}$
10	4	2,5
100	25	4
1 000		
10 000		
100 000		
⋮		
10 000 000 000		

Gauss remarqua que les nombres de la troisième colonne du tableau forment une suite presque arithmétique de raison 2, tandis que ceux de la première colonne suivent une suite géométrique.
D'où l'idée de comparer $\frac{x}{\pi(x)}$ avec $\ln x$. Ajouter une colonne au tableau précédent pour effectuer cette comparaison.

d) Sachant que $\ln x$ était notée $\mathrm{l}x$, décrypter le message de Gauss situé en introduction.
C'est dans une lettre publiée en 1883 que Gauss affirme ce résultat qui sera démontré en 1896 par Hadamard et De la Vallée Poussin.

Problème 7 Nombres premiers et « motifs décoratifs » B2i

Objectif
Relier nombres premiers et PGCD.

On se propose de créer un tableau à l'aide de l'arithmétique et d'y observer un certain nombre de motifs.

a et *b* désignent deux nombres entiers naturels strictement positifs.

1 Création du tableau

À l'aide d'un tableur, créer un tableau à double entrée donnant PGCD (a ; b) pour a et b nombres entiers compris entre 1 et 30.
Éclairer les cellules contenant un PGCD égal à 1.

	A	B	C	D	E	F	G	H	I	J	K
1	**a \ b**	**1**	**2**	**3**	**4**	**5**	**6**	**7**	**8**	**9**	**10**
2	**1**	1	1	1	1	1	1	1	1	1	1
3	**2**	1	2	1	2	1	2	1	2	1	2
4	**3**	1	1	3	1	1	3	1	1	3	1
5	**4**	1	2	1	4	1	2	1	4	1	2
6	**5**	1	1	1	1	5	1	1	1	1	5
7	**6**	1	2	3	2	1	6	1	2	3	2
8	**7**	1	1	1	1	1	1	7	1	1	1
9	**8**	1	2	1	4	1	2	1	8	1	2
10	**9**	1	1	3	1	1	3	1	1	9	1
11	**10**	1	2	1	2	5	2	1	2	1	10

2 Observations et justifications

a) Que vaut PGCD (a ; a) pour tout nombre entier a strictement positif ?
À quel endroit du tableau observe-t-on ce résultat ?

b) Observer les colonnes où b est un nombre premier.
Que constate-t-on ? Le démontrer.

c) Certaines diagonales ne comportent que des 1. Lesquelles ? Justifier.

Aide
Calculer PGCD (a ; $a + 1$) pour tout a nombre entier strictement positif, puis PGCD ($a - n$; n) où a est un nombre premier et n un nombre entier non nul strictement inférieur à a.

d) Autour des nombres premiers situés sur la diagonale non éclairée, il semble que l'on trouve le motif suivant :

16	1	2
1	17	1
2	1	18

Est-ce toujours vrai ? Ce motif se trouve-t-il uniquement autour des nombres premiers de cette diagonale ?

3 Pour aller plus loin

Quels autres motifs peut-on observer ?

Problème 8 Puissances d'un nombre entier naturel

Objectif
Introduire des programmes pour calculer la division euclidienne de a^n par p.

a et n désignent des nombres entiers naturels non nuls.
p désigne un nombre premier.

On se propose d'étudier différentes méthodes pour obtenir le reste de a^n dans la division euclidienne par p.

1 Des essais

Choisir des valeurs de a, n, p avec quatre chiffres dans leur écriture décimale. Vérifier que p est premier avec le programme du **Problème 2**. Avec la calculatrice, essayer de déterminer le reste de a^n dans la division euclidienne par p.

2 Un premier algorithme

a) Saisir ce programme avec une calculatrice.

Casio

```
======PUISSANC======
"A="?→A↵
"N="?→N↵
"P="?→P↵
1→R↵
For 1→K To N↵
R×A-Intg (R×A÷P)×P→R↵
1→R↵
For 1→K To N↵
R×A-Intg (R×A÷P)×P→R↵
Next↵
R◢
```

TI

```
PROGRAM:PUISSANC
:Prompt A,N,P
:1→R
:For(K,1,N)
:R*A-partEnt(R*A
/P)*P→R
:End
:Disp R
```

b) Utiliser ces programmes avec :

- $a = 16$, $n = 16$ et $p = 17$
- $a = 2\,569$, $n = 6\,532$ et $p = 3\,527$

3 Un deuxième algorithme

a) Saisir ce programme avec une calculatrice.

Casio

```
======PUISSAN2======
"A="?→A↵
"N="?→N↵
"P="?→P↵
A→X↵
1→Y↵
N→Q↵
While Q≠1↵
If Frac (Q÷2)=1↵
Then ↵
Y×X→Y↵
IfEnd↵
X²-Intg (X²÷P)×P→X↵
Intg (Q÷2)→Q↵
WhileEnd↵
X×Y◢
```

TI

```
PROGRAM:PUISSAN2
:Prompt A,N,P
:A→X
:1→Y
:N→Q
:While Q≠1
:If partDéc(Q/2)
≠0
:Then
:X*Y-partEnt(X*Y
/P)*P→Y
:End
:X²-partEnt(X²/P
)*P→X
:partEnt(Q/2)→Q
:End
:X*Y-partEnt(X*Y
/P)*P→R
:Disp R
```

b) Tester ces programmes avec $a = 2\,569$, $n = 6\,532$ et $p = 3\,527$. L'un des deux n'affiche pas le résultat attendu. Le modifier pour qu'il fonctionne.

4 Une vérification

Le petit théorème de Fermat affirme que « Si p est un nombre premier, alors pour tout nombre entier naturel a non divisible par p, $a^{p-1} \equiv 1\,[p]$ ».
Vérifier cette propriété sur quelques exemples à l'aide des programmes précédents.

Nombres premiers

1 Nombres premiers dans $\mathbb{N}$

DÉFINITION Dire qu'un nombre entier naturel est premier signifie qu'il admet exactement deux diviseurs dans $\mathbb{N}$: 1 et lui-même.

EXEMPLES : • 0 n'est pas premier, car il admet une infinité de diviseurs dans $\mathbb{N}$.
- 1 n'est pas premier, car il a un seul diviseur dans $\mathbb{N}$: lui-même.
- 2 est le plus petit nombre premier et le seul qui soit pair.

2 Reconnaissance d'un nombre premier

LEMME n désigne un nombre entier naturel supérieur ou égal à 2.
Si n n'est pas premier, alors n admet au moins un diviseur premier p : son plus petit diviseur dans $\mathbb{N}$ autre que 1, tel que $2 \leqslant p \leqslant \sqrt{n}$.

DÉMONSTRATION
$n \geqslant 2$ est un nombre entier naturel non premier. L'ensemble de ses diviseurs strictement supérieurs à 1 contient au moins un élément différent de n. On note p le plus petit de ces diviseurs.
On raisonne par l'absurde et **on suppose que p n'est pas premier**. Alors p admet un diviseur d tel que $1 < d < p$. De d divise p et p divise n, on déduit que d divise n, ce qui établit une contradiction, car p est le plus petit diviseur de n strictement supérieur à 1. Ainsi, p **est premier**.
Il reste à démontrer que p vérifie $2 \leqslant p \leqslant \sqrt{n}$. On sait que $n = pq$ avec $1 < p \leqslant q$ donc $p^2 \leqslant pq$ soit $p^2 \leqslant n$ et par suite, $p \leqslant \sqrt{n}$.

Note
« Si P, alors Q » et sa contraposée : « Si non Q, alors non P » ont la même valeur de vérité.

PROPRIÉTÉ n désigne un nombre entier naturel, $n \geqslant 2$.
Si n n'est divisible par aucun nombre premier p tel que $2 \leqslant p \leqslant \sqrt{n}$, alors n est premier.

DÉMONSTRATION
C'est la contraposée du lemme précédent.

EXEMPLE : 157 est-il premier ?
Les nombres premiers inférieurs à $\sqrt{157}$ ($\sqrt{157} \approx 12{,}5$) sont 2, 3, 5, 7, 11.
157 n'est divisible par aucun de ces nombres.
Donc 157 est premier.

3 L'ensemble des nombres premiers

PROPRIÉTÉ Il existe une infinité de nombres premiers.

DÉMONSTRATION
On raisonne par l'absurde. On suppose qu'il existe un nombre fini de nombres premiers $p_1, p_2, \ldots, p_n$.
On considère le nombre $a = p_1 p_2 \ldots p_n + 1$. Ce nombre entier naturel est supérieur ou égal à 2, il admet donc au moins un diviseur premier p_i parmi les nombres $p_1, p_2, \ldots, p_n$. Cet entier p_i divise a et divise $p_1 p_2 \ldots p_n$, donc il divise la différence, c'est-à-dire 1. D'où la contradiction.
Ainsi, il existe une infinité de nombres premiers.

1 Exercice résolu Reconnaître un nombre premier

Dans chaque cas, dire si le nombre est premier.

a) 133 **b)** 547

Solution

a) $\sqrt{133} \approx 11{,}5$.

Les nombres premiers inférieurs à $\sqrt{133}$ sont 2, 3, 5, 7 et 11.

133 n'est pas divisible par 2, 3 et 5 mais $133 = 7 \times 19$.

Donc 133 n'est pas premier.

b) $\sqrt{547} \approx 23{,}3$.

Les nombres premiers inférieurs à $\sqrt{547}$ sont 2, 3, 5, 7, 11, 13, 17, 19 et 23.

547 n'est divisible par aucun de ces nombres.

Donc 547 est premier.

• On peut vérifier les réponses avec le programme entré dans la calculatrice, ou avec Xcas.

2 Exercice résolu Déterminer si un nombre (fonction de n, $n \in \mathbb{N}$) est premier

n désigne un nombre entier naturel supérieur ou égal à 3.

$$a = n^2 - 2n - 3$$

Existe-t-il des valeurs de n telles que a soit un nombre premier ?

Solution

a s'annule pour -1 et 3, donc pour tout nombre entier naturel $n \geqslant 3$,

$$a = (n+1)(n-3).$$

Or pour $n \geqslant 1$, $n + 1 \geqslant 2$ et pour $n \geqslant 5$, $n - 3 \geqslant 2$.

Donc pour $n \geqslant 5$, a est le produit de deux nombres entiers $(n + 1)$ et $(n - 3)$ supérieurs ou égaux à 2 et a n'est pas premier.

Il reste à observer les cas $n = 3$ et $n = 4$.

• Si $n = 3$, alors $a = 0$ et a n'est pas premier.

• Si $n = 4$, alors $a = 5$ et a est premier.

Conclusion : a est un nombre premier si, et seulement si, $n = 4$.

• Si x_1 et x_2 sont les racines d'un trinôme $ax^2 + bx + c$ $(a \neq 0)$, alors pour tout nombre réel x :

$$ax^2 + bx + c = a(x - x_1)(x - x_2)$$

• Pour démontrer qu'un nombre entier naturel $a \geqslant 4$ n'est pas premier, il suffit de l'écrire sous la forme $a = pq$ avec p et q nombres entiers supérieurs ou égaux à 2.

Pour s'exercer

3 287 et 467 sont-ils des nombres premiers ?

4 Un nombre entier naturel inférieur à 150 n'est divisible par aucun des six premiers nombres premiers. Est-il premier ?

5 Prouver que les nombres entiers suivants : $10! + 2$, $10! + 3$, $10! + 4$ ne sont pas premiers.

6 n désigne un nombre entier naturel.
Le nombre $n^2 + 2n + 1$ peut-il être premier ?

7 n désigne un nombre entier naturel.
Le nombre $n^2 + 3n + 2$ peut-il être premier ?

8 Dans les *Inédits* de Marcel Pagnol (Éditions Pastorelli, 1992), l'écrivain indique que, pour tout nombre entier impair $n \geqslant 1$, $n + (n + 2) + n(n + 2)$ est premier. Cette affirmation est-elle vraie ? Justifier.

9 Voici un résultat dû à Euler (1772) :
« Le nombre $n^2 + n + 41$ est premier pour tout nombre entier naturel n inférieur ou égal à 39 ».

a) Vérifier ce résultat à l'aide du logiciel Xcas.

b) Étudier le cas où $n = 40$, sans outil logiciel.

Thème 2 Décomposition en produit de facteurs premiers

Résoudre des problèmes

Problème 9 Réfléchir avec la calculatrice

Objectif
Obtenir avec la calculatrice la décomposition en facteurs premiers d'un nombre.

1 Génération des nombres premiers

a) En envisageant le reste dans la division euclidienne d'un nombre par 6 et en raisonnant par disjonction de cas, démontrer que tout nombre premier autre que 2 ou 3 est de l'une des formes $6k + 1$ ou $6k + 5$, avec k nombre entier naturel.

b) Vérifier que la réciproque est fausse, c'est-à-dire qu'il existe des nombres de la forme $6k + 1$ ou $6k + 5$ qui ne sont pas premiers.

2 Génération des nombres de la forme $6k + 1$ ou $6k + 5$

Expliquer pourquoi le passage d'une forme à l'autre se fait en ajoutant 4 ou en ajoutant 2.

3 Génération d'une suite de 4 et de 2 avec la calculatrice

On note J et M deux mémoires ; on met la valeur −2 dans J et la valeur 4 dans M, c'est-à-dire $-2 \to J$ et $4 \to M$.

On considère les instructions : $N + M \to N$, $-J \to J$, $M + J \to M$.

Si $N = 5$, quelles valeurs de N, J et M obtient-on après avoir réalisé ces trois instructions 1 fois ? 2 fois ? 3 fois ? 4 fois ?

4 Calculatrice et décomposition en produit de facteurs premiers

A désigne un nombre entier naturel, on le divise par la suite des nombres premiers, en retenant ceux qui sont diviseurs, autant de fois que nécessaire, jusqu'à ce que le nombre premier soit supérieur à $\sqrt{A}$.

Casio

```
======FACTPREM======
"NOMBRE="?→A↵
2→N↵
Prog "DIVISE"↵
3→N↵
Prog "DIVISE"↵
5→N:2→M:-2→J↵
Do↵
Prog "DIVISE"↵
N+M→N↵
-J→J↵
M+J→M↵
LpWhile N≤√A↵
If A≠1↵
Then A◢
IfEnd↵
"FIN"↵
```

```
======DIVISE  ======
While Frac (A÷N)=0↵
N◢
A÷N→A↵
WhileEnd
```

TI

```
PROGRAM:FACTPRM
:Prompt A
:2→N
:prgmDIVISE
:3→N
:prgmDIVISE
:5→N:2→M:-2→J
:While N≤√(A)
:prgmDIVISE
:N+M→N
:-J→J
:M+J→M
:End
:If A≠1
:Then
:Disp "",A
:End
:Disp "FIN"
```

```
PROGRAM:DIVISE
:While partDéc(A
/N)=0
:Disp "",N
:Pause
:A/N→A
:End
:Return
```

Donner avec la calculatrice la décomposition en produit de facteurs premiers de :

a) 147 **b)** 360 **c)** 456812 **d)** 12347

Problème 10 L'âge du capitaine

Objectif
Montrer l'intérêt de la décomposition en produit de facteurs premiers dans la résolution d'énigmes mathématiques.

Note
Le carreau d'arbalète est le projectile utilisé avec une arbalète. De 30 cm de longueur environ, sa pointe est pyramidale avec une base carrée (voir photo ci-contre).

Lors d'une Exposition Universelle, furent présentés dans le pavillon français une lance, un boulet de canon et un carreau d'arbalète qui avaient été trouvés l'année précédente dans une petite commune des Deux-Sèvres.
Fait curieux, **en multipliant** la longueur de la lance en pieds par la masse du boulet en livres, puis par la longueur du carreau de l'arbalète en cm, par l'année de la bataille, par l'année de l'exposition et enfin par le nombre de jours du mois où la découverte fut faite, **on trouve** 198 490 572 007.
On demande les dimensions des différents objets, le lieu et l'année de l'exposition, le mois et l'année de la découverte, le lieu et l'année de la bataille, ainsi que le **nom** du capitaine et son **âge** au moment où il remporta cette bataille.

Problème 11 Les nombres de Mersenne

Objectif
Découvrir les nombres de Mersenne.

Marin Mersenne est un religieux français du XVIIe siècle. Il se passionna pour les sciences de son temps et joua un rôle important dans la diffusion des connaissances scientifiques à l'époque. Il entretint de nombreuses correspondances. En particulier, il a tenté de dresser la liste des nombres premiers de la forme $2^n - 1$.

On se propose d'étudier les nombres $M_n = 2^n - 1$ avec n nombre entier naturel non nul.

1 Expérimentation

a) À l'aide du tableur du logiciel Xcas, réaliser la feuille de calcul suivante.

	A	B	C	D
0	n	M_n	n_est_premier?	M_nestpremier
1	1	1	faux	faux
2	2	3	vrai	vrai
3	3	7	vrai	vrai
4	4	15	faux	faux
5	5	31	vrai	vrai
6	6	63	faux	faux
7	7	127	vrai	vrai
8	8	255	faux	faux
9	9	511	faux	faux
10	10	1023	faux	faux
11	11	2047	vrai	faux

b) Voici les conjectures émises par deux élèves.

• Capucine conjecture que « n est premier, si, et seulement si, M_n est premier ». C'est une condition nécessaire et suffisante.

• Louis conjecture que « Si M_n est premier, alors n est premier ». La condition est nécessaire, mais selon Louis, elle n'est pas suffisante.
Au vu du tableau réalisé avec Xcas, quelle conjecture peut-on invalider ?

2 Justification

a) d et k désignent deux nombres entiers naturels ($d \geqslant 2$ et $k \geqslant 2$).
Démontrer que $2^{dk} - 1 = \left(1 + 2^d + (2^d)^2 + \ldots + (2^d)^{k-1}\right)(2^d - 1)$.

b) En déduire que « Si d divise n, alors M_n est divisible par $2^d - 1$ ».

c) Justifier la conjecture de Louis.

3 Note historique et évolution des recherches

a) Dans le prologue de son œuvre, *Cogitata physica-mathematica* (1644), Mersenne affirme que le nombre $2^n - 1$ est premier uniquement si la valeur de n appartient à l'ensemble $\{2 ; 3 ; 5 ; 7 ; 13 ; 17 ; 19 ; 31 ; 67 ; 127 ; 257\}$.
On ne sait pas comment Mersenne a pratiqué pour tester la primalité de ces nombres avec les procédés de l'époque.
Vérifier si cette liste est exacte ou incomplète (utiliser Xcas ou effectuer une recherche sur Internet).

> **Info**
> *Les nombres de Mersenne (pas nécessairement premiers, mais candidats à l'être) sont les nombres de la forme $2^n - 1$ avec n nombre premier.*

b) En juin 2012, 47 nombres de Mersenne étaient connus, le plus grand étant $2^{43\,112\,609} - 1$. Retrouver sur Internet une chronologie des découvertes des nombres de Mersenne, ainsi que les découvreurs.

Problème 12 Les nombres de Fermat

Objectif
Découvrir les nombres de Fermat.

Un nombre de Fermat est un nombre entier naturel qui peut s'écrire sous la forme $2^{2^n} + 1$ avec n nombre entier naturel. On note F_n un tel nombre.

On se propose d'étudier quelques propriétés des nombres de Fermat.

1 Point d'histoire

Ces nombres doivent leur nom au mathématicien français Pierre de Fermat (1601-1665).
Il émit la conjecture que tous ces nombres F_n sont premiers.

a) Calculer $F_5 = 2^{2^5} + 1$.

b) En 1732, Leonhard Euler trouva une factorisation de F_5 et prouva ainsi que la conjecture de Fermat était fausse.
À l'aide du logiciel Xcas, vérifier ce propos.

2 Quelques propriétés des nombres de Fermat

a) • À l'aide de Xcas, pour tout nombre entier naturel n supérieur ou égal à 2, quelle conjecture peut-on émettre sur le dernier chiffre de F_n ?

• Démontrer que pour tout nombre entier naturel supérieur ou égal à 2,

$$F_n = (F_{n-1} - 1)^2 + 1$$

et démontrer la conjecture à l'aide d'un raisonnement par récurrence.

b) • Démontrer que pour tout nombre entier naturel $n \geqslant 2$:

$$F_n - 2 = F_{n-1}(F_{n-1} - 2)$$

• En déduire que pour tout nombre entier naturel $n \geqslant 2$:

$$F_n = F_0 \times F_1 \times \ldots \times F_{n-1} + 2 \quad \text{c'est-à-dire} \quad F_n = \prod_{i=0}^{n-1} F_i + 2$$

c) Le théorème de Goldbach affirme que « Deux nombres de Fermat distincts sont premiers entre eux ».

• Expliquer pourquoi pour tous nombres entiers naturels n et m tels que $n > m$,

$$F_n = \left(\prod_{i=0}^{m-1} F_i\right)\left(\prod_{i=m+1}^{n-1} F_i\right)F_m + 2$$

• Démontrer qu'alors tout diviseur commun à F_n et F_m est aussi un diviseur de 2 et en déduire le théorème de Goldbach.

Info

De nos jours, on sait seulement que les cinq premiers nombres de Fermat (F_0, F_1, F_2, F_3, F_4) sont premiers et on ne sait pas si d'autres nombres de Fermat sont premiers.
En revanche, il a été prouvé que pour n entre 5 et 32, les nombres de Fermat ne sont pas premiers. Pour l'instant, on ne sait pas si F_{33} est premier ou non.
En juin 2012, le plus grand nombre de Fermat dont on sait qu'il est non premier est $F_{2\,543\,548}$.

Problème 13 Les nombres de Carmichaël

Objectif
Découvrir les nombres de Carmichaël.

On se propose d'introduire les nombres de Carmichaël, que l'on appelle aussi des « menteurs de Fermat ».

1 Le petit théorème de Fermat

Le petit théorème de Fermat établi par le mathématicien en 1640 énonce que « Si p est premier, alors pour tout nombre entier naturel a non divisible par p, on a $a^{p-1} \equiv 1\ [p]$ ».
Vérifier ce théorème pour $p = 2$, $p = 3$, $p = 5$.

2 Qu'en est-il de la propriété réciproque ?

« Si n est un nombre entier naturel tel que pour tout nombre entier naturel a premier avec n on a $a^{n-1} \equiv 1\ [n]$, alors peut-on affirmer que n est un nombre premier ? »
La réponse est **non**, c'est le mathématicien Robert Daniel Carmichaël qui trouva en 1909 le plus petit de ces nombres, $n = 561$.

a) Montrer que $n = 561$ est le produit de trois nombres premiers distincts p, q et r tels que $p - 1$, $q - 1$ et $r - 1$ divisent $n - 1$.

b) En utilisant le **a)** et le petit théorème de Fermat, démontrer que pour tout nombre entier a non divisible par n, on a $a^{n-1} \equiv 1\ [p]$, $a^{n-1} \equiv 1\ [q]$ et $a^{n-1} \equiv 1\ [r]$.

c) Justifier que, pour tout nombre entier a non divisible par n, on a $a^{n-1} \equiv 1\ [n]$.

d) Reprendre les questions **a)**, **b)**, **c)** avec $n = 1\,105$.

3 Les nombres de Carmichaël

Un nombre de Carmichaël est un nombre entier naturel n non premier tel que, pour tout nombre entier naturel a premier avec n, on a $a^{n-1} \equiv 1[n]$.
Retrouver sur Internet les premiers nombres de Carmichaël et le nombre de ces nombres connus à ce jour.

Problème 14 Sensibilisation au système cryptographique RSA

Objectif

Présenter un système de cryptage récent.

On se propose d'étudier un procédé de cryptage à clé publique.

L'idée est que chaque utilisateur possède deux clés, l'une publique et l'autre privée. Pour envoyer un message, on le code avec la clé publique, que n'importe qui peut connaître, mais que seul le récepteur peut déchiffrer avec sa clé privée. L'avantage est que la clé privée ne circule jamais par les moyens de communication.
L'un de ces procédés est le système RSA du nom des trois mathématiciens, Rivest, Shamir, Adleman, qui l'ont mis au point en 1978.
Mais son usage ne s'est généralisé qu'à la fin des années 1990 avec l'arrivée d'Internet. En effet, ce procédé nécessite l'utilisation de très grands nombres premiers comme on va le voir.

1 Propriété fondamentale

$n = pq$ est le produit de deux nombres **premiers** p et q distincts.
On pose $m = (p-1)(q-1)$ et on note c un nombre premier avec m.
On note x un nombre entier naturel.

a) Démontrer qu'il existe des nombres entiers naturels d et k tels que :

$$cd = km + 1 \quad \text{(c'est-à-dire } cd \equiv 1\,[m]).$$

b) • **Cas où x est non divisible par p**

Démontrer que $x^{p-1} \equiv 1\,[p]$ en utilisant le petit théorème de Fermat énoncé dans le **Problème 13**.
En déduire que $x^{km} \equiv 1\,[p]$, puis que $x^{cd} \equiv x\,[p]$.

• **Cas où x est divisible par p**

Démontrer que $x^{cd} \equiv x\,[p]$.

c) Démontrer de façon analogue que pour tout nombre entier naturel x, $x^{cd} \equiv x\,[q]$.

d) En déduire que pour tout nombre entier naturel x, $x^{cd} \equiv x\,[n]$.

Principe

• *Pour chiffrer un message (cartes bancaires, Internet…), on choisit deux nombres premiers p et q très grands et on calcule $n = pq$.*
On pose $m = (p-1)(q-1)$.
On cherche deux nombres entiers naturels c et d tels que $cd \equiv 1\,[m]$.

• *Les messages x seront des nombres entiers naturels appartenant à $\{0\,;1\,;\ldots\,;n-1\}$.*
Le codage de ce message consiste à calculer $C(x) \equiv x^c\,[n]$.
Le décodage consiste à calculer $D(y) \equiv y^d\,[n]$.
On a bien $D(C(x)) \equiv x^{cd} \equiv x\,[n]$.

• *Pour chiffrer un message, on a besoin de connaître c et n.*
*Le couple $(n\,;c)$ est appelé **la clé publique** car elle est connue de tous et répertoriée dans un annuaire.*
Pour déchiffrer, il faut connaître d et n.
*d est appelée **la clé privée** car elle n'est connue que de la personne qui reçoit le message codé.*

Note

Les nombres premiers p et q doivent demeurer cachés car leur connaissance entraîne celle de $m = (p-1)(q-1)$, puis celle de d en résolvant l'équation de Bézout $cd - km = 1$ (ce qui est possible car c est dans l'annuaire).
Le système RSA 1 024 bits correspond à un nombre $n = pq$ de l'ordre de $2^{1\,024} \approx 10^{308}$ s'écrivant avec 309 chiffres décimaux.

2 Application 1

Alexandre veut choisir une clé publique $(n\,;c)$ et sa clé privée d.
Il prend $p = 5$, $q = 11$ et donc $n = 55$ (p et q sont choisis petits, contrairement à la réalité, pour la simplicité des calculs).

a) Démontrer qu'il peut choisir $c = 9$ et $d = 9$.

Note
Dans la pratique, les messages ne sont pas codés lettre par lettre mais par bloc de lettres. Un bloc de 2 lettres donnant un bloc numérique de 4 chiffres.

b) Les lettres de l'alphabet sont chiffrées par :

A	B	C	D	E	F	…	Y	Z
01	02	03	04	05	06	…	25	26

Paul, qui connaît la clé publique d'Alexandre, crypte le message : « VIVE LA CRYPTOGRAPHIE » et lui envoie.
Quel message crypté Alexandre reçoit-il ? Comment le décode-t-il ?

3 Application 2

Lise a pour clé publique $(n\,;c)$ avec $n = pq$, $p = 3$, $q = 13$.

a) Démontrer qu'elle peut choisir $c = 29$ et $d = 5$.

b) Elle reçoit le message crypté suivant de Julie : 28 01 12 21 11 12 03 28 05.
Décrypter ce message.

Problème 15 Nombre en division harmonique

On dit qu'un nombre entier naturel non nul N est en division harmonique si le quotient du nombre de diviseurs de N par la somme des inverses des diviseurs de N est un nombre entier.

On se propose d'étudier certains de ces nombres.

Par exemple :
- 6 admet 4 diviseurs qui sont 1 ; 2 ; 3 et 6 ;
- la somme des inverses des diviseurs de 6 vaut $\frac{1}{1}+\frac{1}{2}+\frac{1}{3}+\frac{1}{6}=2$;
- le quotient $\frac{4}{2}=2$ est un nombre entier ;
- 6 est donc en division harmonique.

1 Des exemples

À l'aide d'un logiciel de calcul formel, dire si les nombres 32 et 140 sont en division harmonique.

2 Une conjecture

Pour tout nombre entier naturel n non nul, on pose $p = 2^{n+1} - 1$ et $\alpha_n = 2^n p$.

a) Déterminer, à l'aide d'un logiciel de calcul formel, les cinq premières valeurs de n pour lesquelles p est un nombre premier.

b) Pour chacune des valeurs trouvées, calculer le nombre de diviseurs de α_n et la somme des inverses des diviseurs de α_n.

c) Que peut-on conjecturer ?

3 Une preuve

On suppose que $p = 2^{n+1} - 1$ est premier.

a) Donner la liste des diviseurs de α_n en fonction de p.

b) Montrer que la somme des inverses des diviseurs de α_n vaut 2.

c) Que peut-on conclure ?

Décomposition en facteurs premiers

1 Existence et unicité d'une décomposition

PROPRIÉTÉ Tout nombre entier naturel $n \geqslant 2$ est premier ou produit de nombres premiers.

DÉMONSTRATION

Si n est premier, la propriété est établie.

Si n n'est pas premier, alors son plus petit diviseur $p_1 \geqslant 2$ est premier et il existe un nombre entier naturel n_1 tel que $n = p_1 n_1$ avec $n_1 < n$.

Si n_1 est premier, la propriété est établie.

Si n_1 n'est pas premier, alors on recommence comme précédemment.

De proche en proche, on obtient ainsi une suite strictement décroissante de nombres entiers naturels n_i tels que $1 \leqslant \ldots < n_i < \ldots < n_2 < n_1$. Cette suite est finie et le dernier d'entre eux est nécessairement égal à 1, donc $n = p_1 p_2 \ldots p_k$ avec $p_1, p_2, \ldots, p_k$ premiers.

Notation : Les nombres premiers ci-dessus ne sont pas nécessairement distincts. En les regroupant, on obtient $\boldsymbol{n = p_1^{\alpha_1} p_2^{\alpha_2} \ldots p_r^{\alpha_r}}$ où $p_1, p_2, \ldots, p_r$ sont des nombres premiers et $\alpha_1, \alpha_2, \ldots, \alpha_r$ des nombres entiers naturels non nuls. On dit alors que ***n* est décomposé en produit de facteurs premiers**.

PROPRIÉTÉ La décomposition en produit de facteurs premiers de tout nombre entier naturel supérieur ou égal à 2 est unique.

DÉMONSTRATION

On suppose qu'un certain nombre premier p apparaît avec l'exposant $\alpha \geqslant 1$ dans une décomposition de n, et l'exposant $\beta \geqslant 0$ dans une autre (on envisage $\beta = 0$ pour le cas où p ne figurerait pas dans la deuxième composition). On a alors $n = p^{\alpha} a = p^{\beta} b$, où a et b sont des produits de nombres premiers distincts de p. Si $\alpha > \beta$, $p^{\alpha - \beta} a = b$, ce qui contredit que p et b sont premiers entre eux.

Si $\alpha < \beta$, $a = p^{\beta - \alpha} b$, ce qui contredit que p et a sont premiers entre eux. Donc $\alpha = \beta$.

2 Diviseurs d'un nombre entier naturel non premier

PROPRIÉTÉ $p_1^{\alpha_1} p_2^{\alpha_2} \ldots p_r^{\alpha_r}$ est la décomposition en facteurs premiers d'un nombre entier naturel n. Les diviseurs de n sont de la forme $p_1^{\alpha'_1} p_2^{\alpha'_2} \ldots p_r^{\alpha'_r}$ où $0 \leqslant \alpha'_1 \leqslant \alpha_1, \ldots, 0 \leqslant \alpha'_r \leqslant \alpha_r$.

DÉMONSTRATION

- Les nombres entiers de la forme $p_1^{\alpha'_1} p_2^{\alpha'_2} \ldots p_r^{\alpha'_r}$ sont des diviseurs de n. En effet, on peut écrire : $n = (p_1^{\alpha'_1} p_2^{\alpha'_2} \ldots p_r^{\alpha'_r}) \times p_1^{\alpha_1 - \alpha'_1} p_2^{\alpha_2 - \alpha'_2} \ldots p_r^{\alpha_r - \alpha'_r}$ où les exposants $\alpha_i - \alpha'_i$ sont positifs ou nuls.
- d est un diviseur de n. Si $p^{\alpha'}$ avec p premier, divise d, alors $p^{\alpha'}$ divise n. L'unicité de la décomposition de n en facteurs premiers implique que le nombre $p^{\alpha'}$ doit figurer dans cette décomposition, donc p est l'un des p_i et $0 \leqslant \alpha' \leqslant \alpha_i$.

Ainsi d est de la forme $p_1^{\alpha'_1} p_2^{\alpha'_2} \ldots p_r^{\alpha'_r}$ où $0 \leqslant \alpha'_1 \leqslant \alpha_1, \ \ldots, 0 \leqslant \alpha'_r \leqslant \alpha_r$.

Conséquence

a et b désignent deux nombres entiers naturels supérieurs ou égaux à 2.

Le PGCD de *a* et *b* est égal au produit des facteurs premiers communs aux décompositions de *a* et *b*, chacun d'eux étant affecté du plus petit exposant avec lequel il figure dans *a* et *b*.

10 Exercice résolu — Reconnaître un diviseur

Dans chaque cas, décider mentalement si b est un diviseur de a.

a) $a = 2^4 \times 3^2 \times 7$ et $b = 2^2 \times 3^2$ **b)** $a = 2 \times 3^2 \times 11^2$ et $b = 2^2 \times 3 \times 11$ **c)** $a = 3^4 \times 5^2$ et $b = 2 \times 3^2$

Solution

a) Les facteurs premiers de b (2 et 3) figurent dans la décomposition de a avec des exposants plus grands que dans celle de b. Donc b divise a.

b) Les facteurs premiers de b (2, 3, 11) figurent dans la décomposition de a. Mais l'exposant de 2 dans la décomposition de b est plus grand que dans celle de a. Donc b ne divise pas a.

c) Dans la décomposition de b figure un facteur, 2, qui n'est pas dans la décomposition de a. Donc b ne divise pas a.

11 Exercice résolu — Déterminer tous les diviseurs d'un nombre entier naturel

a) Décomposer 196 en produit de facteurs premiers.

b) À l'aide d'un arbre, en déduire tous les diviseurs positifs de 196.

Solution

a) $196 = 4 \times 49 = 2^2 \times 7^2$.

b) Les diviseurs de 196 s'écrivent $2^\alpha \times 7^\beta$ avec $0 \leqslant \alpha \leqslant 2$, $0 \leqslant \beta \leqslant 2$.

2^0 — 7^0 .... $2^0 \times 7^0 = 1$
2^0 — 7^1 .... $2^0 \times 7^1 = 7$
2^0 — 7^2 .... $2^0 \times 7^2 = 49$
2^1 — 7^0 .... $2^1 \times 7^0 = 2$
2^1 — 7^1 .... $2^1 \times 7^1 = 14$
2^1 — 7^2 .... $2^1 \times 7^2 = 98$
2^2 — 7^0 .... $2^2 \times 7^0 = 4$
2^2 — 7^1 .... $2^2 \times 7^1 = 28$
2^2 — 7^2 .... $2^2 \times 7^2 = 196$

> • La décomposition en produit de facteurs premiers est unique, donc peu importe la factorisation de 196 à laquelle on pense :
> $196 = 2 \times 98$
> $= 2 \times 2 \times 49$
> $= 2^2 \times 7^2$
> ou $196 = 7 \times 28$
> $= 7 \times 7 \times 4$
> $= 7^2 \times 2^2$

Les diviseurs positifs de 196 sont donc 1 ; 2 ; 4 ; 7 ; 14 ; 28 ; 49 ; 98 ; 196.
Il y en a $(2 + 1) \times (2 + 1) = 9$.

Pour s'exercer

12 Déterminer dans les deux cas suivants si b est un diviseur de a.

a) $a = 2^7 \times 3^5 \times 7^9$ et $b = 2^7 \times 3^2 \times 7^4$

b) $a = 5^7 \times 8^2 \times 11^2$ et $b = 2^7 \times 5^2$

13 Dans chaque cas, déterminer si le nombre donné est un carré parfait, puis le cas échéant, déterminer sa racine carrée.

a) $2^8 \times 5^{12} \times 13^2$ **b)** $5^{12} \times 11^{14} \times 2^9$

14 **1.** Décomposer les nombres en produits de facteurs premiers donnés et dresser la liste de leurs diviseurs.

a) 220 **b)** 543 **c)** 745

2. Vérifier les résultats avec la calculatrice.

15 **1.** Décomposer $a = 4\,312$ en produit de facteurs premiers.

2. Quel est le plus petit nombre entier naturel par lequel il faut multiplier a pour obtenir :

a) un carré parfait ?

b) un multiple de 1 000 ?

16 **a)** Décomposer 4 032 en produit de facteurs premiers.

b) Déterminer le nombre entier naturel n tel que :

$$n(n + 1) = 4\,032$$

17 $a = 256$ et $b = 5\,040$.

a) Décomposer a et b en produit de facteurs premiers, puis déterminer PGCD $(a\,;b)$.

b) Retrouver le PGCD $(a\,;b)$ à l'aide de l'algorithme d'Euclide.

Exercices d'application

Pour créer des automatismes

Nombres premiers

18 ROC **1. Prémisse :** Dire qu'un nombre entier naturel est premier signifie qu'il admet exactement deux diviseurs dans $\mathbb{N}$: 1 et lui-même.
n désigne un nombre entier naturel, $n \geqslant 2$.
a) On suppose que n n'est pas premier.
On note p le plus petit diviseur positif de n, autre que 1. En raisonnant par l'absurde, démontrer que p est premier.
b) Montrer que $2 \leqslant p \leqslant \sqrt{n}$.
c) En déduire que si n n'est divisible par aucun nombre premier p tel que $2 \leqslant p \leqslant \sqrt{n}$, alors n est premier.
2. Le nombre 137 est-il premier ?

19 À l'aide du crible d'Ératosthène, déterminer tous les nombres premiers compris entre 1 et 150.

20 **a)** Que suggèrent les résultats ci-dessous obtenus avec Xcas ?

```
1 est_premier(327)
                 0                M
2 est_premier(433)
                 1                M
```

b) Démontrer ces résultats.

21 Dans chacun des cas ci-dessous, dire si le nombre est premier.

a) 251	**b)** 341	**c)** 853
d) 712	**e)** 1 023	**f)** 1 021

22 Montrer qu'il existe un nombre premier p tel que PGCD $(p\,;3) = 3$. En existe-t-il plusieurs ?

23 p désigne un nombre premier et n un nombre entier naturel tels que $n \neq p$.
Les propositions ci-dessous sont-elles vraies ?
a) Si n est premier, alors PGCD $(n\,;p) = 1$.
b) Si PGCD $(n\,;p) = 1$, alors n est premier.

24 ROC **Prémisse :** Tout nombre entier naturel $n \geqslant 2$ admet au moins un diviseur premier.
En raisonnant par l'absurde, démontrer que l'ensemble des nombres premiers est infini.

25 n désigne un nombre premier strictement supérieur à 3.
a) Démontrer que n est de la forme $3k + 1$ ou $3k - 1$, avec k nombre entier naturel non nul.
b) La réciproque est-elle vraie ?

26 p désigne un nombre premier strictement supérieur à 3.
a) Démontrer que $8p - 1$ est congru à 0 ou à 1 modulo 3.
b) En déduire que si $8p - 1$ est premier, alors $8p + 1$ n'est pas premier.

27 **a)** Déterminer les restes dans la division par trois de 1 000 et 2 000.
b) Est-il possible de trouver un nombre premier p tel que $p + 1\,000$ et $p + 2\,000$ soient également des nombres premiers ?

Aide
b) Raisonner modulo 3 et se servir de la question **a)**.

28 Un nombre entier naturel est dit palindrome lorsque son écriture décimale est identique lorsqu'on la lit de gauche à droite ou de droite à gauche.
On considère les nombres palindromes suivants : 121, 12 321, 1 234 321, 123 454 321, 12 345 654 321.
a) Avec la calculatrice, étudier la primalité de ces nombres.
b) Calculer leur racine carrée et retrouver les réponses du **a)**.

29 n désigne un nombre entier naturel non nul.
On note $F_n = 2^{2^n} + 1$.
Fermat pensait que tous ces nombres étaient premiers.
a) Vérifier que F_1, F_2, F_3 et F_4 sont premiers.
b) Calculer le PGCD de F_5 et de 641. Conclure.

30 Dans chaque cas, déterminer, s'il en existe, des valeurs du nombre entier naturel n pour lesquelles a est premier.

a) $a = n^3$	**b)** $a = n^2 - 5n + 6$
c) $a = n^2 - 2n + 1$	**d)** $a = n^2 + 8n - 20$

31 **a)** Vérifier que 173 est premier.
b) Déterminer tous les couples $(x\,;y)$ de nombres entiers naturels tels que $x^2 - y^2 = 173$.
c) p est un nombre premier strictement supérieur à 2. Déterminer tous les couples $(x\,;y)$ de nombres entiers naturels tels que $x^2 - y^2 = p$.

Aide
Factoriser $x^2 - y^2$ et envisager un raisonnement exhaustif utilisant les diviseurs de 173.

32 a et b désignent des nombres entiers naturels non nuls tels que PGCD $(a + b\,;ab) = p$ où p est un nombre premier.

a) Démontrer que p divise a^2. En déduire que p divise a. On constate donc de même que p divise b.

b) En déduire que PGCD$(a\,;b) = p$.

33 **Algorithmique**

a) Quel est le rôle de l'algorithme ci-dessous ?

```
Entrée
Saisir N
Initialisation
i prend la valeur 2
Traitement
Tant que i ⩽ √N
  | Si N est congru à 0 modulo i alors
  | Afficher i, Stop
  | sinon
  | i prend la valeur i + 1
  | FinSi
FinTantque
Affichage
C'est un nombre premier
```

b) Qu'affiche cet algorithme pour N = 15 ? N = 20 ?

c) Saisir cet algorithme sur logiciel ou sur calculatrice, et le faire fonctionner pour les nombres suivants :

• 133 • 547 • 1 223

34 p est un nombre premier supérieur ou égal à 3.

Démontrer que le rectangle ci-contre peut être découpé en huit rectangles de même aire a, avec a nombre entier naturel.

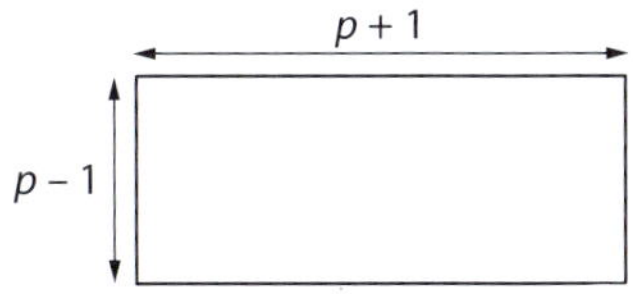

Aide
Utiliser les congruences modulo 8.

35 On rappelle que pour tout nombre entier naturel $n \geqslant 1$, $n!$ est le produit des nombres entiers naturels compris entre 1 et n.

a) n désigne un nombre entier naturel $n \geqslant 3$.
Montrer que $n! + 3$ n'est pas premier.

b) Pour quelle valeur de k a-t-on nécessairement $n! + k$ non premier ?

36 **BAC** p désigne un nombre premier, $p \geqslant 3$.

On considère l'équation **(E)** ci-dessous dans laquelle les inconnues x et y sont des nombres entiers naturels non nuls.

$$\textbf{(E)} : x^2 + y^2 = p^2$$

a) Montrer que x et y sont de parité différente.

b) Montrer que x et y ne sont pas divisibles par p.

c) En déduire que x et y sont premiers entre eux.

Décomposition en produit de facteurs premiers

37 Dans chaque cas, déterminer mentalement si b est un diviseur de a.

a) $a = 3^4 \times 5 \times 11^2$ et $b = 3 \times 11^2 \times 7$

b) $a = 2^5 \times 7^2 \times 11^2$ et $b = 2^3 \times 11^2$

c) $a = 7^4 \times 11^2 \times 13^3$ et $b = 7^3 \times 11 \times 13^4$

38 $a = 2^4 \times 3^5 \times 5 \times 7^2 \times 11$ et $b = 2^3 \times 3^2 \times 7 \times 11$.

a) Démontrer que a est divisible par b.

b) Quel est le quotient dans la division euclidienne de a par b ?

39 **ROC** **1. Prémisse :** Tout nombre entier naturel $n \geqslant 2$ admet au moins un diviseur premier.

a) Démontrer que tout nombre entier n supérieur ou égal à 2 est premier ou produit de nombres premiers.

b) Démontrer que cette décomposition est unique, à l'ordre près des facteurs.

2. Application : Dans chaque cas, décomposer le nombre en produit de facteurs premiers.

a) 447

b) 1 458

c) 4 913

d) $3 \times 7^2 \times 12^3$

40 Décomposer chacun des nombres en produit de facteurs premiers.

a) 1 080 **b)** 2 309 **c)** 63×37

d) $36^3 \times 38^2$ **e)** $(2 \times 3^2 \times 17)^2$ **f)** $(25 \times 24)^5$

41 Dans chaque cas, sans utiliser la calculatrice, décomposer le nombre donné en produit de facteurs premiers.

a) 1 234 **b)** 3 214

c) 4 321 **e)** 2 314

42 **a)** Décomposer 756 en produit de facteurs premiers.

b) Sans calculatrice, en déduire la décomposition en produit de facteurs premiers des nombres suivants :

• 756^3 • 50×756^2

• $\dfrac{756}{9}$ • $(6 \times 756)^5$

43 Grâce à l'affichage obtenu avec une calculatrice formelle, que peut-on dire des nombres 2 012 et 8 653 919 836 ?

44 Déterminer les nombres entiers naturels possédant 6 diviseurs positifs et dont la décomposition en produit de facteurs premiers ne contient que 3 et 5 comme facteurs premiers.

45 Grâce à l'affichage obtenu avec Xcas, que peut-on dire des nombres 4 114 000 et 18 626 517 ?

```
1 ifactor(4114000)
```
$2^4 \cdot 5^3 \cdot 11^2 \cdot 17$

```
2 ifactor(18626517)
```
$3^4 \cdot 7^2 \cdot 13 \cdot 19^2$

46 On veut savoir si le nombre 585797773382710889 est un diviseur de 9158389000100753495033554603.

a) À l'aide de Xcas, en utilisant la commande « ifactor », déterminer la décomposition en produit de facteurs premiers de chacun des deux nombres.

b) Conclure.

47 n désigne un nombre entier naturel supérieur ou égal à 4.

1. Démontrer que n est un carré parfait si, et seulement si, dans sa décomposition en produit de facteurs premiers les exposants sont tous pairs.

2. a) Décomposer $a = 5\,415$ en produit de facteurs premiers.

b) Quel est le plus petit nombre entier naturel par lequel il faut multiplier a pour obtenir un carré parfait ?

Aide

1. Raisonner en deux étapes :

- supposer que n est un carré parfait, l'écrire alors sous la forme $n = m^2$, m nombre entier supérieur ou égal à 2, puis décomposer m ;
- supposer que dans la décomposition de n les exposants sont tous pairs et conclure.

48 Utiliser la décomposition en produit de facteurs premiers de N = 65 065 000 pour donner le plus grand nombre entier :

a) dont le carré divise N ;

b) dont le cube divise N.

49 **a)** Décomposer 8 775 en produit de facteurs premiers.

b) Déterminer le plus petit nombre entier naturel k non nul tel que 8 775k soit :

- le carré d'un nombre entier ;
- le cube d'un nombre entier.

50 **a)** Décomposer 1 050 en produit de facteurs premiers.

b) En déduire tous les diviseurs positifs de 1 050.

51 **a)** Décomposer 725 en produit de facteurs premiers.

b) En déduire le nombre de diviseurs positifs de 725 et les écrire.

c) Déterminer les couples $(x\,;\,y)$ de nombres entiers naturels tels que $x^2 - y^2 = 725$.

52 **a)** Décomposer 255 en produit de facteurs premiers.

b) Dans chaque cas, déterminer les nombres entiers naturels solutions de l'équation :

- $(n-1)(n+2) = 255$
- $3n^2 + 6n - 24 = 255$

53 Dans chaque cas, déterminer s'ils existent les nombres entiers naturels n solutions de l'équation $2n^2 - 4n - 30 = a$ lorsque :

- $a = 91$
- $a = 182$
- $a = 336$
- $a = 363\,825$

54 **a)** Décomposer 469 en produit de facteurs premiers et en déduire ses diviseurs positifs.

b) Vérifier que pour tous nombres entiers naturels x et y :

$$x^3 - y^3 = (x - y)(x^2 + xy + y^2)$$

c) Déterminer tous les couples $(x\,;\,y)$ de nombres entiers naturels tels que $x^3 - y^3 = 469$.

55 **Nombres amiables**

Info

Dire que deux nombres entiers naturels sont amiables signifie que chacun d'eux est égal à la somme des diviseurs positifs de l'autre, en excluant le nombre lui-même de la liste des diviseurs.

Dans chaque cas, dire si les nombres sont amiables ou non.

a) 220 et 284 (résultat connu de Pythagore)

b) $2^5 \times 37$ et $2 \times 5 \times 11^2$

c) 18 416 et 17 296

56 **Nombres de Mersenne**

Info

Les nombres de la forme $2^n - 1$ où n désigne un nombre premier sont appelés nombres de Mersenne.

1. Calculer la somme des nombres entiers naturels inférieurs ou égaux au plus grand diviseur premier de 496.

2. n est un nombre premier tel que $2^n - 1$ est premier.
On pose $N = 2^{n-1}(2^n - 1)$.
Démontrer que la somme des nombres entiers naturels inférieurs ou égaux à son plus grand diviseur premier est égale à N.

57 **1.** a et b désignent deux nombres entiers naturels dont les décompositions en produit de facteurs premiers sont :
$a = p_1^{\alpha_1} p_2^{\alpha_2} \dots p_r^{\alpha_r}$ et $b = p_1^{\beta_1} p_2^{\beta_2} \dots p_r^{\beta_r}$ où les exposants sont des nombres entiers naturels éventuellement nuls.
a) Déterminer la forme de tout diviseur commun à a et b.
b) En déduire que $\text{PGCD}(a\,;b) = p_1^{\gamma_1} p_2^{\gamma_2} \dots p_r^{\gamma_r}$ où γ_i est le plus petit des deux nombres entiers α_i et β_i.
2. Calculer le PGCD de $2^3 \times 3^7 \times 5^2 \times 11 \times 13^5$ et $4 \times 9 \times 11 \times 13^6$.

58 Déterminer le PGCD de a et b dans les cas suivants :
a) $a = 2^8 \times 3^5$ et $b = 3^8 \times 5^2 \times 7^3$
b) $a = 2^3 \times 3^2 \times 11^4 \times 37^3$ et $b = 2^2 \times 3 \times 5^2 \times 29 \times 37^4$
c) $a = 256$ et $b = 5\,040$
d) $a = 14\,000$ et $b = 7\,840$

59 Après avoir décomposé le numérateur et le dénominateur en produit de facteurs premiers, écrire sous forme irréductible les fractions suivantes :
a) $\dfrac{4\,635}{412}$ **b)** $\dfrac{324}{412}$ **c)** $\dfrac{246}{1\,024}$

60 **a)** Utiliser la décomposition en produit de facteurs premiers pour trouver un dénominateur commun le plus simple possible pour les trois fractions suivantes :
• $\dfrac{1}{756}$ • $\dfrac{1}{504}$ • $\dfrac{1}{468}$.
b) En déduire l'écriture de $\dfrac{1}{756} + \dfrac{1}{504} - \dfrac{1}{468}$ sous forme de fraction irréductible.

61 Dans le cube et la pyramide ci-dessous, les dimensions p et q sont des nombres premiers distincts.

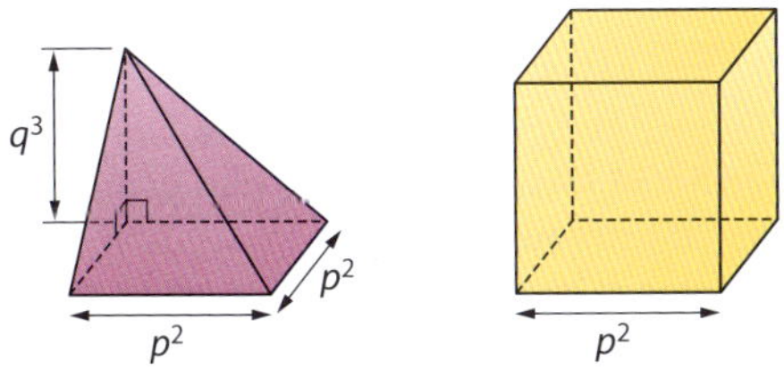

Déterminer la décomposition en produits de facteurs premiers possibles des nombres entiers naturels N qui divisent à la fois le volume de la pyramide et celui du cube.

62 **a)** Montrer que, pour tout nombre entier naturel $n \geqslant 3$, le nombre S n'est jamais premier :
$$S = 1 + 2 + 3 + \dots + n$$
b) Le nombre 503 est-il premier ?
c) Sachant que $2\,013 = 3 \times 11 \times 61$, en déduire, sans calculatrice, la décomposition en facteurs premiers de :
$$1 + 2 + 3 + \dots + 2\,012$$

63 Dans chacun des cas suivants, déterminer les nombres entiers naturels n possibles.
a) n admet un unique diviseur premier p et exactement 5 diviseurs dans $\mathbb{N}$.
b) n admet deux diviseurs premiers p et q et exactement 6 diviseurs dans $\mathbb{N}$.

64 **1.** **a)** Décomposer 6 776 en produit de facteurs premiers.
b) En utilisant un arbre, déterminer le nombre de diviseurs positifs de 6 776.
2. **a)** Un nombre entier naturel $N \geqslant 2$ a pour décomposition en produit de facteurs premiers :
$$N = p_1^{\alpha_1} \times p_2^{\alpha_2} \times \dots \times p_n^{\alpha_n}$$
Expliquer pourquoi le nombre de diviseurs entiers positifs de N est :
$$(1 + \alpha_1)(1 + \alpha_2) \dots (1 + \alpha_n)$$
b) Déterminer le nombre de diviseurs positifs de 3 600.
c) Trouver un nombre entier naturel de la forme 121×15^n ayant 75 diviseurs positifs.

65 La courbe tracée dans le repère ci-dessous a pour équation $(x + y - 1)(2x - 4y + 1) = 65$.

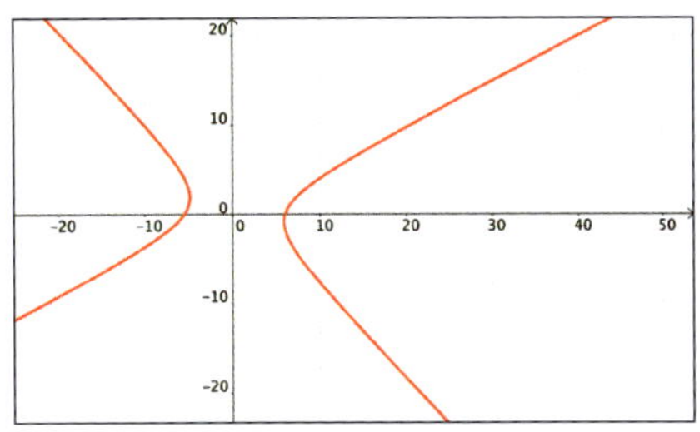

Déterminer les points à coordonnées entières situés sur cette courbe.

66 a et b sont deux nombres entiers naturels premiers entre eux tels que le produit ab est le carré d'un nombre entier.
Montrer que a et b sont eux-mêmes des carrés de nombres entiers.

67 La courbe rouge tracée dans le repère ci-dessous a pour équation $x^2 - y^2 = 21$. La courbe verte a pour équation $x(2x - 6y) = 8$.

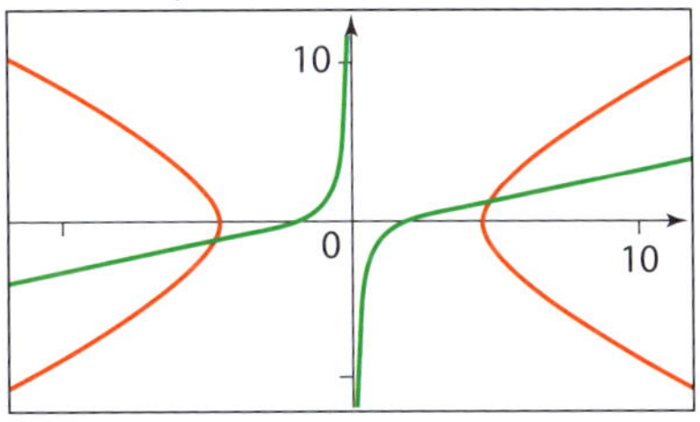

a) Déterminer les points à coordonnées entières situés sur :
• la courbe rouge ; • la courbe verte.
b) Les points d'intersection de ces courbes sont-ils à coordonnées entières ?

QCM

68 Pour chaque question, il y a une seule réponse correcte. Le candidat doit indiquer par **a)**, **b)** ou **c)** la réponse qu'il juge correcte.

1. Pour savoir si 137 597 est premier, il suffit de le diviser par les nombres premiers inférieurs ou égaux à :
a) 353 **b)** 367 **c)** 379

2. La décomposition en produit de facteurs premiers de 12 978 est :
a) 6×721 **b)** $2 \times 3 \times 7 \times 103$ **c)** $2 \times 3^2 \times 7 \times 103$

3. n désigne un nombre entier naturel et $a = n^2 + 9n + 14$.
a) a est premier pour une valeur de n **b)** a n'est jamais premier **c)** a est premier pour deux valeurs de n

4. **a)** Le nombre de Mersenne $2^{123} - 1$ est premier.
b) 2^{123} a pour quotient $2^{61} + 1$ dans la division euclidienne par $2^{61} - 1$.
c) 2^{123} a pour reste 2 dans la division euclidienne par $2^{61} - 1$.

5. On considère les deux nombres $n = 1\,789$ et $p = 1\,789^{2005}$.
a) $n \equiv 4\,[17]$ et $p \equiv 0\,[17]$ **b)** p est un nombre premier **c)** $p \equiv 4\,[17]$

Extrait *Bac*

Aide
Pour traiter ce QCM, il faut maîtriser le cours du chapitre et les notions de divisibilité et congruence des chapitres précédents.

69 Dans chaque cas, indiquer la bonne réponse par **a)**, **b)** ou **c)**.

1. a et b désignent deux nombres entiers naturels non nuls. Si PGCD$(a\,;b) = 1$, alors :
a) a divise b **b)** a et b n'ont aucun diviseur commun **c)** PGCD$(a^2\,;b^2) = 1$

2. a et b désignent deux nombres entiers naturels non nuls et p un nombre premier. Si PGCD$(a\,;b) = p$, alors :
a) PGCD$(a^2\,;b^2) = p^2$ **b)** PGCD$(a^2\,;b^2) = abp$ **c)** PGCD$(a^2\,;b^2) = p$

D'après *Bac*

Vrai-Faux

70 Pour chacune des cinq affirmations ci-dessous, dire si elle est vraie ou fausse. Justifier.

1. La décomposition en produit de facteurs premiers de 2 045 est $5 \times 4\,047$.

2. Deux nombres premiers sont dits jumeaux si leur différence est égale à 2.
1 607 et 1 609 sont des nombres premiers jumeaux.

3. n désigne un nombre entier naturel supérieur ou égal à 3.
Pour tout nombre entier naturel k ($2 \leqslant k \leqslant n$), le nombre $n! + k$ n'est pas un nombre premier.

4. Si p est un nombre premier tel que p divise a^k où a et k sont des nombres entiers naturels non nuls, alors p divise a.

Aide
Pour démontrer qu'une affirmation est fausse, un contre-exemple est suffisant.

71 Le candidat portera sur sa copie, en regard du numéro de l'affirmation, et avec le plus grand soin, la mention Vrai ou Faux.

1. La somme et le produit de deux nombres premiers ne sont jamais des nombres premiers.

2. Si p est un nombre premier, alors $\sqrt{p}$ n'est pas un nombre entier naturel.

3. Le nombre $n^2 + 2n - 15$, où n désigne un nombre entier naturel, $n \geqslant 4$, n'est jamais premier.

4. p désigne un nombre premier supérieur ou égal à 5. p est de la forme $6k + 1$ ou $6k + 5$, k désignant un nombre entier naturel.

5. Tout nombre premier p est de la forme $4k + 1$ ou $4k + 3$, k désignant un nombre entier naturel.

6. Le plus grand nombre entier naturel dont le cube divise 81 648 est 6.

7. Le nombre 1 050 possède cinq diviseurs.

Vérifier les réponses p. 156

72 ROC Avec le théorème de Gauss

Partie A : Restitution organisée de connaissances

Prémisse

Théorème de Bézout : a et b désignent deux nombres entiers non nuls. a et b sont premiers entre eux si, et seulement si, il existe des nombres entiers relatifs u et v tels que $au + bv = 1$.

Utiliser le théorème de Bézout pour démontrer le théorème de Gauss.

Partie B : Application

Pour tout nombre entier naturel n, on note:

$$u_n = 2^n + 3^n + 6^n - 1.$$

1. Calculer les six premiers termes de la suite (u_n).

2. Un élève conjecture que les termes de (u_n) sont des multiples de 4.

Valider ou invalider la conjecture de cet élève.

3. On note **(E)** l'ensemble des nombres premiers qui divisent au moins un terme de la suite (u_n).

a) Les entiers 2, 3, 5 et 7 appartiennent-ils à **(E)** ?

b) p est un nombre premier strictement supérieur à 3, démontrer que p divise $6u_{p-2}$. En déduire que **(E)** contient l'ensemble des nombres premiers, puis que **(E)** est l'ensemble des nombres premiers.

> **Aide**
>
> **A.** Revoir les démonstrations de cours du chapitre 2.
>
> **B. 1.** et **2.** Utiliser la calculatrice.
>
> **3. b)** Commencer par exprimer $6u_{p-2}$ en fonction de p.

73 Algorithmique

1. Les nombres 147 et 169 sont-ils des nombres premiers ? Justifier.

2. a) Quel est le rôle de l'algorithme ci-dessous ?

```
Entrée
Saisir P
Initialisations
N prend la valeur Partie entière de √P
Q prend la valeur 1
Traitement
Pour I allant de 2 à N
    Si P/I est un nombre entier alors
        Q prend la valeur 0
    FinSi
FinPour
Sortie
Afficher Q
```

b) Qu'affiche cet algorithme pour les nombres 147 et 169 ?

3. a) Saisir l'algorithme précédent à la calculatrice. Préciser le modèle de calculatrice utilisé et écrire l'algorithme en langage machine sur la copie.

b) Les nombres de Mersenne sont les nombres de la forme $M_n = 2^n - 1$ où $n \in \mathbb{N}^*$.

Faire fonctionner l'algorithme pour les neuf premiers nombres de Mersenne.

Parmi eux, quels sont ceux qui sont premiers ?

> **Aide**
>
> **1.** Préciser la propriété du cours utilisée.
>
> **2. a)** Cet algorithme ne teste pas seulement la primalité du nombre N, il donne d'autres indications.
>
> **3. b)** On peut répondre à la dernière question même sans l'algorithme.

74 Avec le petit théorème de Fermat

On rappelle la propriété, connue sous le nom de petit théorème de Fermat :

« p est un nombre premier et a un nombre entier naturel premier avec p, alors $a^{p-1} - 1$ est divisible par p ».

1. p est un nombre premier impair.

a) Montrer qu'il existe un entier nombre naturel k, non nul, tel que $2^k \equiv 1\,[p]$.

b) k est un nombre entier naturel non nul tel que $2^k \equiv 1\,[p]$ et n est un nombre entier naturel.

Montrer que, si k divise n, alors $2^n \equiv 1\,[p]$.

c) b est tel que $2^b \equiv 1\,[p]$, b étant le plus petit nombre entier non nul vérifiant cette propriété.

Montrer, en utilisant la division euclidienne de n par b, que si $2^n \equiv 1\,[p]$, alors b divise n.

2. q est un nombre premier impair et A le nombre tel que $A = 2^q - 1$. On prend pour p un facteur premier de A.

a) Justifier que $2^q \equiv 1\,[p]$.

b) Montrer que p est impair.

c) b est tel que $2^b \equiv 1\,[p]$, b étant le plus petit nombre entier non nul vérifiant cette propriété. Montrer, en utilisant **1.**, que b divise q. En déduire que $b = q$.

d) Montrer que q divise $p - 1$, puis montrer que $p \equiv 1\,[2q]$.

3. $A_1 = 2^{17} - 1$. Voici la liste des nombres premiers inférieurs à 400 et qui sont de la forme $34m + 1$, avec m nombre entier non nul : 103, 137, 239, 307.

En déduire que A_1 est premier.

D'après *Bac*

> **Aide**
>
> **1. a)** Utiliser le petit théorème de Fermat.
>
> **c)** Faire la division euclidienne de n par b et montrer que le reste vaut 0.
>
> **2. c)** Utiliser le résultat de **1. c)**.
>
> **d)** Penser à utiliser de nouveau le petit théorème de Fermat, puis le théorème de Gauss…

Voir p. 156 et site compagnon

Exercices d'entraînement

Pour développer ses compétences

Résoudre des problèmes

75 Avec la décomposition en facteurs premiers

a et b désignent deux nombres entiers supérieurs ou égaux à 2 dont les décompositions en produit de facteurs premiers sont :

$$a = p_1^{\alpha_1} p_2^{\alpha_2} \ldots p_n^{\alpha_n}$$
$$b = p_1^{\beta_1} p_2^{\beta_2} \ldots p_n^{\beta_n}$$

où $p_1, p_2, \ldots, p_n$ sont des nombres premiers distincts et $\alpha_1, \alpha_2, \ldots, \alpha_n, \beta_1, \beta_2, \ldots, \beta_n$ sont des nombres entiers naturels (éventuellement nuls), n est un nombre entier naturel non nul.

On se propose d'étudier certaines propriétés déduites de cette décomposition.

1. a) En utilisant l'unicité de la décomposition en produit de facteurs premiers, démontrer que les décompositions de a et a^2 ont les mêmes facteurs premiers.

b) Démontrer que si un nombre premier p divise a^2, alors p divise a. En déduire que p^2 divise a^2.

2. a) Démontrer que si a^2 divise b^2, alors a divise b.

b) Démontrer que si a^3 divise b^2, alors a divise b.

c) Si a^2 divise b^3, peut-on conclure que a divise b ?

3. m est un nombre entier naturel non nul.

a) Démontrer que $\text{PGCD}(a^m ; b^m) = [\text{PGCD}(a ; b)]^m$

b) En déduire le PGCD(3 375 ; 1 728) en utilisant $m = 3$.

76 BAC Décomposition d'un nombre entier naturel

Partie A

Soit N un nombre entier naturel, impair non premier.

On suppose que $N = a^2 - b^2$ où a et b sont deux nombres entiers naturels.

1. Montrer que a et b n'ont pas la même parité.

2. Montrer que N peut s'écrire comme produit de deux nombres entiers naturels p et q.

3. Quelle est la parité de p et de q ?

Partie B

On admet que 250 507 n'est pas premier. On se propose de chercher des couples de nombres entiers naturels $(a ; b)$ vérifiant la relation **(E)** : $a^2 - 250\,507 = b^2$.

1. Soit X un nombre entier naturel.

a) Donner dans un tableau, les restes possibles de X modulo 9, puis ceux de X^2 modulo 9.

b) Sachant que $a^2 - 250\,507 = b^2$, déterminer les restes possibles modulo 9 de $a^2 - 250\,507$.

En déduire les restes possibles modulo 9 de a^2.

c) Montrer que les restes possibles modulo 9 de a sont 1 et 8.

2. Justifier que si le couple $(a ; b)$ vérifie la relation **(E)**, alors $a \geqslant 501$.

Montrer qu'il n'existe pas de solution du type $(501 ; b)$.

3. On suppose que le couple $(a ; b)$ vérifie la relation **(E)**.

a) Démontrer que a est congru à 503 ou à 505 modulo 9.

b) Déterminer le plus petit nombre entier naturel k tel que le couple $(505 + 9k ; b)$ soit solution de **(E)**, puis donner le couple solution correspondant.

Partie C

1. Déduire des parties précédentes une écriture de 250 507 en un produit de deux facteurs.

2. Les deux facteurs sont-ils premiers entre eux ?

3. Cette écriture est-elle unique ?

77 Nombres premiers et PGCD

a, b et c sont les suites définies sur $\mathbb{N}^*$ par :

$$a_n = 4 \times 10^n - 1,\ b_n = 2 \times 10^n - 1 \text{ et } c_n = 2 \times 10^n + 1$$

1. a) Reproduire et compléter, à l'aide du tableur de Xcas, le tableau suivant, pour n allant de 1 à 10.

B1	=4*10^(A1)-1			
	A	B	C	D
0	n	a_n	b_n	c_n
1	1	39	19	21
2	2	399	199	201

b) Conjecturer le nombre de chiffres des écritures décimales des nombres a_n, b_n et c_n et la démontrer.

Montrer que, pour tout n de $\mathbb{N}$, a_n et c_n sont divisibles par 3.

c) Voici la liste des nombres premiers inférieurs à 100 :

2 - 3 - 5 - 7 - 11 - 13 - 17 - 19 - 23 - 29 - 31 - 41 - 43 - 47 - 53 - 59 - 61 - 67 - 71 - 73 - 79 - 83 - 89 - 97

Utiliser cette liste pour montrer que b_3 est premier.

d) Montrer que, pour tout nombre entier naturel non nul n :

$$b_n \times c_n = a_{2n}$$

En déduire la factorisation en produit de facteurs premiers de a_6 et vérifier le résultat avec Xcas.

2. a) Conjecturer $\text{PGCD}(b_n ; c_n)$ (utiliser la fonction pgcd de Xcas).

b) Montrer que, pour tout n de $\mathbb{N}$, n non nul :

$$\text{PGCD}(b_n ; c_n) = \text{PGCD}(c_n ; 2)$$

c) Démontrer la conjecture émise au **a)**.

78 L'indicatrice d'Euler

L'indicatrice d'Euler est la fonction, notée φ, qui à un nombre entier naturel non nul n, associe le nombre de nombres entiers naturels inférieurs à n, qui sont premiers avec n.

On se propose d'étudier quelques propriétés de φ.

1. Voici un algorithme.

Entrée
Saisir n
Initialisation
e prend la valeur 0
Traitement
Pour i allant de 1 à n
  Si PGCD $(i\,;n) = 1$ alors
    e prend la valeur $e + 1$
  FinSi
FinPour
Sortie
Afficher e

a) Quel résultat est affiché en sortie de cet algorithme pour $n = 4$? $n = 5$? $n = 7$? $n = 8$?

b) Saisir cet algorithme à la calculatrice.

2. On se propose de trouver une formule permettant de calculer $\varphi(n)$.

a) Démontrer que n est un nombre premier, si, et seulement si, $\varphi(n) = n - 1$.

b) Conjecturer à l'aide de l'algorithme du **1.** la formule donnant $\varphi(pq)$, lorsque p et q sont deux nombres premiers.

c) En faisant fonctionner le programme lorsque n est de la forme p^{α} avec p nombre premier et $\alpha \geqslant 1$, émettre une conjecture sur l'expression de $\varphi(p^{\alpha})$. Démontrer cette conjecture.

d) Darius pense que si u et v désignent des nombres entiers naturels, alors $\varphi(uv) = \varphi(u) \times \varphi(v)$.
Tester la conjecture de Darius. Quelle hypothèse portant sur u et v faudrait-il ajouter pour que la formule fonctionne ?

e) En admettant les résultats conjecturés en **c)** et en **d)**, établir une formule permettant de calculer $\varphi(n)$ à partir de la décomposition en produit de facteurs premiers de n.
Tester cette formule avec l'algorithme du **1.**

f) Calculer $\varphi(3\,261\,636)$.

79 Solutions rationnelles

On note **(1)** l'équation d'inconnue un rationnel x :

$$78x^3 + ux^2 + vx - 14 = 0$$

où u et v sont des entiers relatifs.
On se propose de déterminer le nombre de rationnels, non entiers, qui sont solutions de cette équation.

1. On suppose dans cette question que $\dfrac{14}{39}$ est solution de l'équation **(1)**.

a) Prouver que les nombres entiers relatifs u et v sont liés par la relation $14u + 39v = 1\,129$.

b) Trouver un couple $(x\,;y)$ de nombres entiers relatifs vérifiant l'équation $14x + 39y = 1$.

c) En déduire un couple $(u_0\,;v_0)$ solution particulière de l'équation $14u + 39v = 1\,129$. Donner la solution générale de cette équation, c'est-à-dire l'ensemble des couples $(u\,;v)$ de nombres entiers relatifs qui la vérifient.

d) Déterminer, parmi les couples $(u\,;v)$ précédents, celui pour lequel le nombre u est le nombre entier naturel le plus petit possible.

2. a) Décomposer 78 et 14 en facteurs premiers.
En déduire, dans $\mathbb{N}$, l'ensemble des diviseurs de 78 et l'ensemble des diviseurs de 14.

b) $\dfrac{P}{Q}$ est une solution rationnelle de l'équation **(1)** d'inconnue x : $78x^3 + ux^2 + vx - 14 = 0$ où u et v sont des nombres entiers relatifs.
Montrer que si P et Q sont des nombres entiers relatifs premiers entre eux, alors P divise 14 et Q divise 78.

c) En déduire le nombre de rationnels, non entiers, pouvant être solutions de l'équation **(1)** et écrire, parmi ces rationnels, l'ensemble de ceux qui sont positifs.

80 BAC Divisibilité des termes d'une suite

On rappelle la propriété, connue sous le nom de petit théorème de Fermat :
Si p est un nombre premier et a est un nombre entier naturel non divisible par p, alors $a^{p-1} \equiv 1\,[p]$.
On considère la suite (u_n) de nombres entiers naturels définie par $u_0 = 1$ et, pour tout nombre entier naturel n, $u_{n+1} = 10u_n + 21$.

1. Calculer u_1, u_2 et u_3.

2. a) Démontrer par récurrence que, pour tout nombre entier naturel n, $3u_n = 10^{n+1} - 7$.

b) En déduire, pour tout nombre entier naturel n, l'écriture décimale de u_n.

3. Montrer que u_2 est un nombre premier.

On se propose maintenant d'étudier la divisibilité des termes de la suite (u_n) par certains nombres premiers.

4. Démontrer que, pour tout nombre entier naturel n, u_n n'est divisible ni par 2, ni par 3, ni par 5.

5. a) Démontrer que, pour tout nombre entier naturel n :

$$3u_n \equiv 4 - (-1)^n\ [11]$$

b) En déduire que, pour tout nombre entier naturel n, u_n n'est pas divisible par 11.

6. a) Démontrer l'égalité : $10^{16} \equiv 1\,[17]$.

b) En déduire que, pour tout nombre entier naturel k, u_{16k+8} est divisible par 17.

81 Diviseurs premiers

Pour tout nombre entier naturel $n \geqslant 2$, on pose :

$$A(n) = n^4 + 1$$

On se propose d'étudier les diviseurs premiers de $A(n)$

1. a) Étudier la parité de $A(n)$.

b) Montrer que quel que soit le nombre entier naturel n, $A(n)$ n'est pas un multiple de 3.

c) Montrer que, tout nombre entier naturel d, diviseur de $A(n)$, est premier avec n.

d) Montrer que, pour tout nombre entier naturel d diviseur de $A(n)$, $n^8 \equiv 1\,[d]$.

2. Recherche de critères

d est un diviseur de $A(n)$. On note s le plus petit nombre entier naturel non nul k tel que $n^s \equiv 1\,[d]$.

a) k est un nombre entier naturel non nul tel que :

$$n^k \equiv 1\,[d]$$

Utiliser la division euclidienne de k par s pour montrer que s divise k.

b) En déduire que s est un diviseur de 8.

c) Montrer que si de plus d est premier, alors s est un diviseur de $d-1$. On pourra utiliser le petit théorème de Fermat : « Si p est un nombre premier, alors pour tout nombre entier naturel a non divisible par p, $a^{p-1} \equiv 1\,[p]$ ».

3. Recherche des diviseurs premiers de A (n) dans le cas où n est un nombre entier pair

p est un diviseur premier de $A(n)$. En examinant successivement les cas $s = 1$, $s = 2$ puis $s = 4$, conclure que p est congru à 1 modulo 8.

4. *Dans cette question, toute trace de recherche, même incomplète, sera prise en compte dans l'évaluation.*

La liste des nombres premiers congrus à 1 modulo 8 débute par 17, 41, 73, 89, 97, 113, 137…

Appliquer ce qui précède à la recherche des diviseurs premier de $A(12)$.

82 BAC Équations modulo *p*

1. On considère l'ensemble $A_7 = \{1 ; 2 ; 3 ; 4 ; 5 ; 6\}$.

a) Pour tout élément a de A_7 écrire dans un tableau l'unique élément y de A_7 tel que $ay \equiv 1\,[7]$.

b) Pour x nombre entier relatif, démontrer que l'équation $3x \equiv 5\,[7]$ équivaut à $x \equiv 4\,[7]$.

c) Si a est un élément de A_7, montrer que les seuls nombres entiers relatifs x solutions de l'équation $ax \equiv 0\,[7]$ sont les multiples de 7.

2. Dans toute cette question, p est un nombre premier supérieur ou égal à 3.

On considère l'ensemble $A_p = \{1 ; 2 ; \ldots ; p-1\}$ des nombres entiers naturels non nuls et strictement inférieurs à p. Soit a un élément de A_p.

a) Le petit théorème de Fermat affirme que : « Si p est un nombre premier, alors pour tout nombre entier naturel a non divisible par p, $a^{p-1} \equiv 1\,[p]$ ».

Vérifier que a^{p-2} est une solution de l'équation :

$$ax \equiv 1\,[p].$$

b) On note r le reste dans la division euclidienne de a^{p-2} par p. Démontrer que r est l'unique solution x dans A_p, de l'équation $ax \equiv 1\,[p]$.

c) Soient x et y deux nombres entiers relatifs. Démontrer que $xy \equiv 0\,[p]$ si, et seulement si, x est un multiple de p où y est un multiple de p.

d) Application : $p = 31$. Résoudre dans A_{31} les équations $2x \equiv 1\,[31]$ et $3x \equiv 1\,[31]$.

À l'aide des résultats précédents, résoudre dans $\mathbb{Z}$ l'équation $6x^2 - 5x + 1 \equiv 0\,[31]$.

83 ROC Points sur des hyperboles

Partie A : Restitution organisée de connaissances

1. Prérequis : Tout nombre entier n strictement supérieur à 2 admet au moins un diviseur premier.

Démontrer que tout nombre entier n strictement supérieur à 1 est premier ou peut se décomposer en produit de facteurs premiers (on ne demande pas de démontrer l'unicité de cette décomposition).

2. Donner la décomposition en produit de facteurs premiers de 629.

Partie B : Points à coordonnées entières

n désigne un nombre entier naturel non nul.

Dans un repère orthonormé $(O ; \vec{i}, \vec{j})$, on note $\mathcal{H}_n$ la courbe d'équation $xy = n^4 + 4$.

On se propose d'étudier les points à coordonnées entières de certaines de ces courbes.

1. Cas $n = 1$

Déterminer les points à coordonnées entières situées sur la courbe $\mathcal{H}_1$.

2. Cas $n = 5$

Déterminer les points à coordonnées entières situées sur la courbe $\mathcal{H}_5$.

3. Cas général $n \geqslant 2$

a) Vérifier que, pour tout n de $\mathbb{N}$:

$$(n^2 - 2n + 2)(n^2 + 2n + 2) = n^4 + 4$$

b) En déduire que, quel que soit le nombre entier naturel $n \geqslant 2$, $n^4 + 4$ n'est pas premier.

c) Quel est le nombre minimal de points à coordonnées entières situés sur $\mathcal{H}_n$ dans le cas où $n \geqslant 2$? Justifier.

84 Théorème de Wilson

On rappelle que, pour un nombre entier naturel n non nul, $n! = 1 \times 2 \times \ldots \times n$.

p désigne un nombre entier naturel, $p \geqslant 2$.

On se propose de montrer le théorème suivant :

si $(p-1)! \equiv -1\,[p]$, alors p est un nombre premier.

a) Montrer que la condition $(p-1)! \equiv -1\,[p]$ est équivalente à : il existe un nombre entier relatif k tel que :

$$kp - (p-1)! = 1$$

b) En déduire que p est premier avec tous les nombres entiers strictement inférieurs à p.

c) Conclure.

> **Info**
> *Le théorème de Wilson est en réalité une équivalence.*

85 Avec différents outils

On se propose, avec différents outils, de déterminer le nombre de solutions du système :

$$(\mathbf{S})\ \begin{cases} 6x - 30y = 150 \\ 13x - 26y = 169 \end{cases}$$

où les inconnues x et y sont des nombres entiers.

1. Outils arithmétiques

a) Décomposer en produit de facteurs premiers les nombres 150 et169.

b) Déterminer une solution particulière, puis l'ensemble des couples de nombres entiers relatifs solutions de l'équation diophantienne :

$$6x - 30y = 150$$

c) Reprendre la question **b)** avec l'équation :

$$13x - 26y = 169$$

d) Le système **(S)** possède-t-il un couple solution $(x\,;y)$ de nombres entiers ? Si oui, donner ce couple.

2. Outil géométrique

Les droites $\mathcal{D}_1$ et $\mathcal{D}_2$ d'équations cartésiennes :

$$6x - 30y - 150 = 0 \text{ et } 13x - 26y - 169 = 0$$

sont représentées dans le repère ci-dessous.

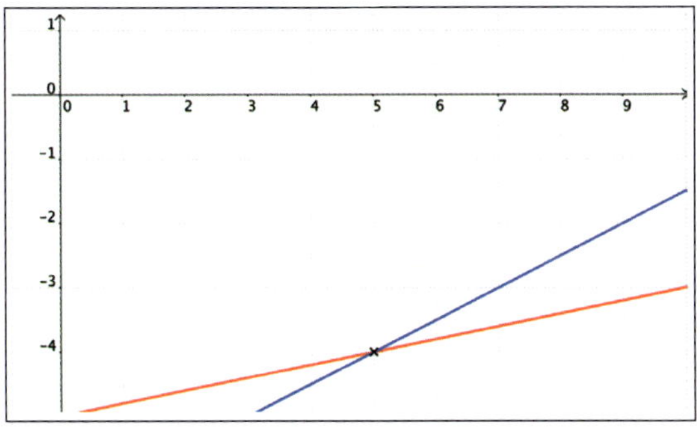

a) Conjecturer une réponse au problème.

b) Rechercher par le calcul les coordonnées du point d'intersection des deux droites. Conclure.

3. Outil matriciel

a) Montrer que le système **(S)** est équivalent à l'équation matricielle AX = B avec des matrices A, X et B que l'on précisera.

b) Résoudre cette équation matricielle. Conclure.

86 Avec un raisonnement par l'absurde

a et b désignent deux nombres entiers naturels supérieurs ou égaux à 2. On se propose de démontrer qu'il n'existe aucun nombre premier p tels que $a^2 = pb^2$.

Pour cela, on suppose que p est un nombre premier tel que $a^2 = pb^2$.

a) Expliquer pourquoi cela est impossible en envisageant les deux cas :

- p est un facteur de la décomposition de a en produit de facteurs premiers ;
- p n'est pas un facteur de la décomposition de a en produit de facteurs premiers.

b) Conclure.

87 Nombres parfaits d'Euclide

> **Info**
> *Dire qu'un nombre entier naturel n est parfait signifie que la somme de tous ses diviseurs positifs est égale à 2n.*

1. $a = 2^2(2^3 - 1) = 2^2 \times 7$.

Démontrer que la somme des diviseurs positifs de a est le résultat du produit $(1 + 2 + 2^2)(1 + 7)$.

2. p désigne un nombre premier tel que $2^p - 1$ est premier.

a) Déterminer les diviseurs positifs de 2^{p-1}.

b) Déterminer les diviseurs positifs de $2^p - 1$.

c) Calculer la somme des diviseurs positifs de l'entier :

$$E_p = 2^{p-1}(2^p - 1)$$

d) En déduire que $2^{p-1}(2^p - 1)$ est un nombre parfait.

e) Donner trois nombres parfaits.

> **Info**
> *Les nombres E_p sont appelés nombres d'Euclide.*

3. p et q désignent des nombres premiers distincts supérieurs ou égaux à 3, et α et β des nombres entiers naturels non nuls. On note $n = p^\alpha q^\beta$.

a) Déterminer les diviseurs positifs de p^α et q^β.

b) Démontrer que la somme S des diviseurs positifs de n est donnée par :

$$S = \frac{p^{\alpha+1} - 1}{p - 1} \times \frac{q^{\beta+1} - 1}{q - 1}$$

c) Démontrer que n est parfait si, et seulement si :

$$p^\alpha q^\beta[(p-2)(q-2) - 2] = 1 - p^{\alpha+1} - q^{\beta+1}$$

d) En étudiant le signe de chaque membre, démontrer qu'il ne peut pas exister de nombres parfaits impairs dont la décomposition en produit de facteurs premiers ne contienne que deux facteurs premiers distincts.

e) Démontrer que s'il existe un nombre parfait impair, il est supérieur à 105.

> **Info**
> *On ne sait pas à l'heure actuelle s'il existe des nombres parfaits impairs.*

88 Jamais premier !

k désigne un nombre entier naturel.

On considère l'ensemble des nombres entiers naturels de la forme :

$$n = 2\,310k + 2\,100$$

1. Démontrer que si l'on change un quelconque des chiffres de n, autre que celui des unités, on obtient un nombre non premier.

2. Démontrer que :

a) $n + 1$ est divisible par 11 ;

b) $n + 3$ et $n + 9$ sont divisibles par 3 ;

c) $n + 5$ est divisible par 5 ;

d) $n + 7$ est divisible par 7.

3. Déduire de la question précédente que si l'on change un quelconque des chiffres de n, on n'obtient jamais un nombre premier.

4. Démontrer qu'il existe une infinité de nombres que l'on ne peut pas transformer en nombres premiers en changeant un seul chiffre.

Communiquer à l'écrit, à l'oral

89 Avec des factorielles

Pour tout nombre entier naturel n non nul, le nombre « factorielle n », noté $n!$ est égal à :

$$n! = 1 \times 2 \times 3 \times \ldots \times n$$

u est la suite définie pour tout nombre entier n non nul par :

$$u_n = 1! + 2! + 3! + \ldots + n!$$

Voici la décomposition en produit de facteurs premiers des dix premiers termes de la suite u.

$u_1 = 1$
$u_2 = 3$
$u_3 = 3^2$
$u_4 = 3 \times 11$
$u_5 = 3^2 \times 17$
$u_6 = 3^2 \times 97$
$u_7 = 3^4 \times 73$
$u_8 = 3^2 \times 11 \times 467$
$u_9 = 3^2 \times 131 \times 347$
$u_{10} = 3^2 \times 11 \times 40\,787$

a) Montrer que u_n n'est jamais divisible par 2, ni par 5, ni par 7.

b) Que pensez-vous des conjectures suivantes ? Justifier.

• Conjecture 1 : « À partir d'un certain rang, u_n est divisible par 11 ».

• Conjecture 2 : « À partir d'un certain rang, u_n est divisible par 3^2, mais pas par 3^3 ».

90 Math in english

The area of a rectangular garden is 1500 squares yards.

How many possible integer number dimensions the garden can have?

Porter un regard critique

91 Générateur de nombres premiers ?

Franck et Frédéric se demandent s'il existe un moyen de générer des nombres premiers.

Après plusieurs recherches, Franck affirme le résultat suivant : « J'ai trouvé ! Le polynôme P défini par $P(n) = n^2 + n + 41$ ne fournit que des nombres premiers ».

1. Tester la conjecture pour les valeurs de n : 0, 1, 2 et 3.

2. Frédéric lui répond : « C'est faux, je peux te donner, sans faire de calcul, un nombre entier n pour lequel ta conjecture est fausse ».

Expliquer la réponse de Frédéric.

3. Franck montre à Frédéric son travail sous Xcas.

```
1 f(n):=n^2+n+41
              2
        n ->n +n+41
2 L:=seq(f(k),k=0..21)
  41, 43, 47, 53, 61, 71, 83, 97, 113, 131, 151,
3 map([L],isprime)
  [vrai, vrai, vrai, vrai, vrai, vrai, vrai, vrai, vrai, vrai
```

Expliquer les résultats trouvés.

4. Reprendre, sous Xcas, le travail de Franck et déterminer le plus petit nombre entier n pour lequel $P(n)$ n'est plus premier.

5. Énoncer la propriété trouvée.

6. Jusqu'à quel nombre entier n, le polynôme Q défini par $Q(n) = |103n^2 - 3\,945n + 34\,381|$ donne-t-il des nombres premiers ?

> **Info**
> *Le polynôme P est dû au mathématicien Euler. Une conjecture très vraisemblable (car liée à une autre bien testée) est qu'aussi grand que soit A, on peut trouver un polynôme de la forme $n^2 + n + B$ qui donne des nombres premiers pour $n = 0, \ldots, A$. On sait cependant que B sera nécessairement très grand : le B correspondant à $A = 41$ a été montré plus grand que 10^{18} mais pour l'instant reste inconnu.*

S'initier à la logique

92 Quantificateurs universel, existentiel

a est la suite définie sur $\mathbb{N}$ par $a_n = 4^n - 1$.

Les affirmations ci-dessous sont-elles vraie ou fausses ? Justifier à l'aide d'une démonstration ou d'un contre-exemple.

a) Pour tout n de $\mathbb{N}$, a_n n'est pas un multiple de 3.

b) Pour tout n de $\mathbb{N}$, a_{4n} est un multiple de 17.

c) Il existe n dans $\mathbb{N}$ tel que a_n est divisible par 5.

d) Pour tout nombre premier p impair, il existe n dans $\mathbb{N}$ tel que a_n soit un multiple de p.

Exercices d'approfondissement

Pour aller plus loin

93 Avec un guide

On se propose de déterminer les triplets (X ; Y ; Z) de nombres entiers relatifs tels que :

$$\textbf{(E)} : X^2 + Y^2 = Z^2$$

Partie A

1. a, b et c désignent trois nombres entiers naturels tels que a et b sont premiers entre eux et $ab = c^2$.
Démontrer l'existence de deux nombres entiers naturels u et v premiers entre eux tels que $a = u^2$ et $b = v^2$.

2. a) Démontrer que l'équation $x^2 \equiv 2\,[4]$ n'a pas de solution dans $\mathbb{Z}$.

b) En déduire que la somme des carrés de deux nombres impairs ne peut être le carré d'un nombre entier.

Partie B

On note (X ; Y ; Z) une solution de **(E)**.
Démontrer que :
– pour tout nombre entier naturel k, (kX ; kY ; kZ) est aussi solution de **(E)** ;
– si X, Y et Z admettent un diviseur commun D, alors (X/D ; Y/D ; Z/D) est aussi solution de **(E)**.

Partie C

On note (X ; Y ; Z) une solution de **(E)** telle que X, Y et Z n'ont pas d'autre diviseur commun positif que 1.

1. Démontrer que si un nombre premier divise deux des trois nombres X, Y, Z, alors il divise le troisième.
En déduire PGCD (X ; Y), PGCD (X ; Z), PGCD (Y ; Z).

2. Démontrer que X et Y sont de parités différentes, puis que Z est impair.

3. On suppose que X est pair, Y et Z impairs et on pose :

$$X = 2X'$$

a) Vérifier que $X'^2 = \frac{Z-Y}{2} \times \frac{Z+Y}{2}$, puis démontrer que $\frac{Z-Y}{2}$ et $\frac{Z+Y}{2}$ sont premiers entre eux.

b) En déduire l'existence de deux nombres entiers u et v premiers entre eux tels que $\frac{Z+Y}{2} = u^2$ et $\frac{Z-Y}{2} = v^2$.

c) Exprimer X, Y et Z à l'aide de u et v.

4. Vérifier que, pour tous nombres entiers naturels u et v, le triplet $(2uv\,;\,u^2 - v^2\,;\,u^2 + v^2)$ est solution de **(E)**.

5. En déduire les solutions de **(E)** qui n'ont pas d'autre diviseur commun positif que 1.

Guide de résolution

A. 2. a) Indiquer les restes possibles dans la division par 4.
C. 2. On pourra raisonner par l'absurde et utiliser les résultats obtenus précédemment.
3. b) Utiliser le **A. 1.**

94 Nombres premiers somme de deux carrés

Partie A

Montrer que si un nombre entier naturel impair est somme de deux carrés, alors il est congru à 1 modulo 4.

Partie B

p désigne un nombre premier strictement supérieur à 5, que l'on écrit sous la forme $4m + 1$. S est l'ensemble des triplets $(x\,;\,y\,;\,z)$ où x, y désignent des nombres entiers naturels et z un nombre entier relatif tel que $4xy + z^2 = p$.

a) Démontrer que S n'est pas vide et a un nombre fini d'éléments.

b) À tout triplet $(x\,;\,y\,;\,z)$ de S, on associe le triplet $(x'\,;\,y'\,;\,z')$ de nombres entiers tel que :

$$(x'\,;\,y'\,;\,z') = \begin{cases} (x - y - z\,;\,y\,;\,2y + z) \text{ si } x > y + z \\ (y + z - x\,;\,x\,;\,2x - z) \text{ si } x \leqslant y + z \end{cases}$$

Démontrer que $(x'\,;\,y'\,;\,z')$ est aussi un élément de S.

Partie C

On considère la suite d'éléments de S telle que :

$$(x_0\,;\,y_0\,;\,z_0) = (m\,;\,1\,;\,1)$$
$$(x_{k+1}\,;\,y_{k+1}\,;\,z_{k+1}) = (x'_k\,;\,y'_k\,;\,z'_k)$$

a) Dans cette question seulement, on prend $m = 10$.
Déterminer les triplets $(x_k\,;\,y_k\,;\,z_k)$ pour $0 \leqslant k \leqslant 11$.

b) Montrer que si $(a\,;\,b\,;\,c) = (x_k\,;\,y_k\,;\,z_k)$, avec $k \geqslant 2$, alors le triplet $(x_{k-1}\,;\,y_{k-1}\,;\,z_{k-1})$ est :

$$\begin{cases} (a - b + c\,;\,b\,;\,c - 2b) \quad \text{si } a - 4b + 2c > 0 \\ (b\,;\,a - b\,;\,2b - c) \quad \text{si } a - 4b + 2c < 0 \end{cases}$$

Montrer que ce résultat est encore vrai pour $k = 1$.

c) Montrer qu'il existe deux nombres entiers distincts k et ℓ tels que $(x_k\,;\,y_k\,;\,z_k) = (x_\ell\,;\,y_\ell\,;\,z_\ell)$.
En déduire qu'il existe un nombre entier n strictement positif tel que $(x_n\,;\,y_n\,;\,z_n) = (m\,;\,1\,;\,1)$.

Partie D

1. a) Calculer $(x_{n-1}\,;\,y_{n-1}\,;\,z_{n-1})$ et $(x_{n-2}\,;\,y_{n-2}\,;\,z_{n-2})$.

b) Montrer que, pour tout nombre entier j tel que $1 \leqslant j \leqslant n$:

$$(x_{j-1}\,;\,y_{j-1}\,;\,z_{j-1}) = \begin{cases} (x_{n-j}\,;\,y_{n-j}\,;\,z_{n-j}) \text{ si } x_{j-1} > y_{j-1} + z_{j-1} \\ (y_{n-j}\,;\,x_{n-j}\,;\,z_{n-j}) \text{ si } x_{j-1} < y_{j-1} + z_{j-1} \end{cases}$$

c) Montrer que n est impair.
On pose désormais $n = 2r + 1$.

d) Montrer que $x_r = y_r$. En déduire qu'il existe une décomposition de p en somme de deux carrés.

95 Défi

Déterminer toutes les fonctions f définies sur $\mathbb{N}$ à valeurs dans $\mathbb{N}$ telles que pour tout nombre entier naturel n et tout nombre entier premier p, $(f(n))^p \equiv n\,[p]$.

D'après *Olympiades du Canada*

HISTOIRE DES MATHS

96 Leonard Adleman : chercheur en informatique

Info

Leonard Adleman est né en 1945 en Californie. Chercheur en informatique théorique et en bio-informatique, il a également donné son nom à un algorithme de calcul du logarithme discret.

p désigne un nombre premier.

Dans cet exercice, on notera (A mod p) le reste dans la division euclidienne du nombre entier A par p.

On désigne par E l'ensemble des restes possibles dans la division par p et E* l'ensemble E privé de 0.

On dit qu'un élément x de E* est une **racine primitive** modulo p si l'ensemble des x^k mod p décrit E* lorsque k décrit l'ensemble des nombres entiers naturels.

a) Quelles sont les racines primitives modulo 5 ? modulo 7 ?

On admet que, quel que soit le nombre entier p premier, il existe au moins une racine primitive g modulo p.

b) Montrer que g^k décrit E* lorsque k décrit l'ensemble des nombres entiers naturels compris entre 0 et $p-2$.

A est un élément de E*. Démontrer qu'il existe un unique nombre entier k compris entre 0 et $p-2$ tel que $g^k = \text{A}$.

k est appelé **logarithme de base *g* modulo *p*** de A, on le note $\ell(\text{A})$.

c) Une solution élémentaire pour déterminer $\ell(\text{A})$ consiste à calculer g^k mod p pour $k \in \{0\,;1\,;\ldots\}$ jusqu'à trouver A. Proposer un algorithme permettant de calculer le logarithme de 40 de base 20 modulo 53, en admettant que 20 est une racine primitive modulo 53.

97 Johan Dirichlet : mathématicien

Info

Mathématicien né en 1805 à Düren, en Allemagne, Johan Dirichlet a effectué ses études supérieures en France.
Il a côtoyé les plus grands mathématiciens de l'époque et eut même comme élève Bernhard Riemann.

On se propose, dans des cas particuliers, d'illustrer le théorème de la progression arithmétique de Dirichlet : Pour tous les nombres entiers naturels non nuls a et b premiers entre eux, il existe une infinité de nombres premiers dans les termes d'une suite u définie, pour tout n de $\mathbb{N}$ par :

$$u_n = nb + a$$

u est une suite arithmétique de raison 4 et de premier terme u_0.

1. a) À l'aide d'un logiciel, conjecturer le nombre de termes u_n qui sont premiers dans les cas suivants :

- $u_0 = 0$ • $u_0 = 1$ • $u_0 = 2$ • $u_0 = 3$

b) Faire le lien avec le théorème de Dirichlet.

2. Preuve de certaines conjectures

a) Prouver la conjecture émise dans le cas où $u_0 = 0$ et dans le cas $u_0 = 2$.

b) p est un nombre premier et N désigne le produit des nombres premiers compris entre 2 et p.

Démontrer que N + 1 admet parmi ses diviseurs un nombre entier premier q qui est un terme de la suite u lorsque $u_0 = 3$ (raisonner par l'absurde, modulo 4).

Prouver que q est strictement supérieur à p. Conclure.

EXERCICES POST BAC

98 Soit p un nombre premier.

a) Montrer que, pour tout $i \in \mathbb{N}$, $0 < i < p$,

$$\binom{p}{i} \text{ est divisible par } p$$

b) Démontrer par récurrence que :

pour tout $a \in \mathbb{N}^*$, $a^p - a$ est divisible par p.

D'après *Licence 1, Mathématiques*

99 **a)** Montrer par récurrence que, pour tout $n \in \mathbb{N}$ et pour tout $k \geqslant 1$:

$$2^{2^{n+k}} - 1 = (2^{2^n} - 1) \times \prod_{i=0}^{k-1}\left(2^{2^{n+i}} + 1\right)$$

b) On pose $\text{F}_n = 2^{2^n} + 1$. Montrer que pour $m \neq n$, F_n et F_m sont premiers entre eux.

c) En déduire qu'il y a une infinité de nombres premiers.

D'après *Licence 1, Mathématiques*

100 a et b désignent deux nombres entiers naturels non nuls.

Montrer que :

a) $2^a - 1$ divise $2^{ab} - 1$.

b) $\text{PGCD}(2^a - 1\,;2^b - 1) = 2^{\text{PGCD}(a\,;\,b)} - 1$.

c) Si $2^a - 1$ est un nombre premier, alors a est premier.

On pourra utiliser l'égalité :

$$(x^b - 1) = (x - 1)(x^{b-1} + \ldots + x + 1)$$

D'après *Licence 1, Mathématiques*

101 f est une fonction de $\mathbb{N}^*$ dans $\mathbb{N}^*$ vérifiant :

- $f(2) = 2$;
- $f(mn) = f(m)\,f(n)$ pour tout couple $(m\,;n)$ de nombres entiers naturels non nuls ;
- $f(m) > f(n)$ pour $m > n$.

Démontrer que $f(n) = n$.

Chapitre

4 Matrices

Souvent les mathématiciens inventent des outils pour se simplifier la vie. S'appliquant à des paquets de nombres, les matrices permettent des calculs plus systématiques et se prêtent facilement aux calculs automatiques (algorithmiques). Elles permettent de modéliser des transformations géométriques et sont indispensables pour créer des images en 3D, par exemple dans les jeux vidéo.

Énigme ★

Dans le tableau ci-dessous, chaque joueur à tour de rôle enlève le nombre de pions qu'il désire, du moment que ces pions sont adjacents et placés dans une même ligne ou une même colonne. Le perdant est celui qui doit prendre le dernier pion.

► ***Donner une stratégie gagnante.***

Énigme ★★

► ***Compléter la grille de Sudoku suivante.***

	5	8						
		2	4		5		1	
3		1			9	2		
9	6			2				1
					1	5	6	
		3						4
	7			4				
			1					2
1		4	9				8	6

Résoudre des problèmes

Problème 1 Élevage d'oies

Objectif
Introduire l'écriture matricielle et les opérations sur les matrices.

L'élevage des oies rapporte trois sortes de revenus : l'exploitation des foies gras, celle de la viande et celle du duvet.
On étudie trois espèces d'oies : l'oie d'Alsace, l'oie du Bourbonnais et l'oie blanche du Poitou.
La masse en grammes de chacune des productions pour une oie est présentée dans le tableau ci-dessous.

	Oie d'Alsace	**Oie du Bourbonnais**	**Oie blanche du Poitou**
Masse d'un foie (en g)	900	700	400
Masse de la viande (en g)	4 500	10 000	6 500
Masse du duvet (en g)	50	75	100

On se propose de se familiariser avec un nouvel outil : les matrices.

1 Notation matricielle

On peut simplifier le tableau ci-dessus en ne conservant que les nombres.

On obtient ainsi la matrice $A = \begin{pmatrix} 900 & 700 & 400 \\ 4\,500 & 10\,000 & 6\,500 \\ 50 & 75 & 100 \end{pmatrix}$.

Cette matrice a 3 lignes et 3 colonnes. On dit qu'il s'agit d'une matrice de format (3, 3) ou encore, une **matrice carrée d'ordre 3**. Elle contient 9 coefficients ; chacun d'eux est repéré par son indice de ligne suivi de son indice de colonne.
Ainsi, la matrice précédente est constituée des nombres réels a_{ij}, où i désigne la ligne et j la colonne ; on a par exemple $a_{23} = 6\,500$.

Note
Les lignes sont comptées de haut en bas et les colonnes, de gauche à droite.

a) Déterminer a_{11} et a_{31}. Que représentent ces nombres ?
b) Écrire la matrice colonne résumant la « production » d'une oie blanche du Poitou. Quel est son format ?
c) Écrire la matrice ligne qui donne la masse de duvet produite par chacune des espèces. Quel est son format ?

2 Des problèmes économiques

a) L'éleveur envisage de commercer avec l'Angleterre. Il souhaite faire parvenir à son correspondant la matrice, où les masses seront exprimées en pound (1 kg correspond à 2,2 pound). Quelle est cette matrice ? On la note $P = 0{,}002\,2 \times A$.
b) L'éleveur utilise une nouvelle variété de maïs qui améliore la croissance des oies mais qui diminue leur mue, ce qui rend la récolte de duvet moins productive.
Les changements sont donnés, en grammes, par la matrice :

$$B = \begin{pmatrix} +100 & +65 & +35 \\ +1\,000 & +1\,500 & +1\,300 \\ -5 & -60 & -20 \end{pmatrix}.$$

Donner la nouvelle matrice présentant alors les trois productions. On la note $C = A + B$.

c) L'élevage comprend 15 oies d'Alsace, 10 oies du Bourbonnais et 12 oies blanches du Poitou.

On présente ces effectifs dans la matrice colonne $E = \begin{pmatrix} 15 \\ 10 \\ 12 \end{pmatrix}$.

- Calculer la masse totale de foies, puis de viande et enfin de duvet produites par cet éleveur.
- Retrouver le résultat précédent en effectuant le produit $A \times E$ de matrices à l'aide de la disposition ci-dessous.

$$\begin{pmatrix} 900 & 700 & 400 \\ 4\,500 & 10\,000 & 6\,500 \\ 50 & 75 & 100 \end{pmatrix} \times \begin{pmatrix} 15 \\ 10 \\ 12 \end{pmatrix} = \begin{pmatrix} \dots \\ \dots \\ \dots \end{pmatrix}$$

Ainsi, en multipliant une matrice de format (3, 3) par une matrice de format (3 , 1) on obtient une matrice de format (3, 1).

d) En fait, cet éleveur est associé avec deux autres éleveurs dans une coopérative. La matrice carrée d'ordre 3 qui résume les effectifs des différents types d'oies chez les éleveurs ①, ②, ③ est la matrice :

$$D = \begin{matrix} ① & ② & ③ \end{matrix} \\ D = \begin{pmatrix} 15 & 7 & 0 \\ 10 & 30 & 30 \\ 12 & 0 & 7 \end{pmatrix}.$$

Effectuer le produit matriciel $A \times D$ afin d'obtenir les masses totales de chacune des productions, pour chaque élevage. Comparer ces trois élevages.

Problème 2 Gestion de la ville B2i

Objectif
Modéliser avec des matrices.

Une étude a été menée auprès d'un échantillon de personnes habitant la région parisienne. Pendant six mois, il leur a été demandé, chaque jour, quel moyen de transport ils utilisaient pour se rendre à leur travail.

Cette étude est résumée par le tableau ci-dessous, dans lequel sont indiquées les probabilités de passage d'un moyen de transport à l'autre dans un laps de temps de 24 h.

→	Voiture	Bus	Métro	Deux roues
Voiture	0,6	0,2	0,1	0,1
Bus	0,3	0,3	0,3	0,1
Métro	0,2	0,1	0,5	0,2
Deux roues	0,1	0,1	0,1	0,7

Exemple de lecture

Une personne qui aujourd'hui se rend au travail en voiture a la probabilité 0,6 d'aller au travail en voiture le lendemain, 0,2 d'aller au travail en bus le lendemain…

On se propose d'étudier l'évolution jour après jour de la répartition de ces moyens de transport.

a) Écrire la matrice M qui traduit ce tableau.

b) On considère un échantillon de personnes dont un quart se rend au travail en voiture, un quart en bus, un quart en métro et un quart en deux roues, aujourd'hui.

Note
On admet que la multiplication des matrices est associative, c'est-à-dire que $A \times (B \times C) = (A \times B) \times C$.

On note $X = (0{,}25 \quad 0{,}25 \quad 0{,}25 \quad 0{,}25)$ la matrice associée.
Calculer le produit $X_1 = X \times M$.
Quelle est la signification de ce résultat ?
c) Calculer le produit $X_2 = X_1 \times M$.
Quelle est la signification de ce résultat ?
On peut donc dire que $X_2 = \mathbf{X_1} \times M = \mathbf{X \times M} \times M = X \times M^2$.
On dit que M^2 est le carré de la matrice M.
d) Réaliser la feuille de calcul ci-dessous avec un tableur et déterminer la répartition des personnes de l'échantillon selon le moyen de transport qu'ils utiliseront pour se rendre au travail jusqu'au 10ᵉ jour.

	A	B	C	D	E	F	G	H	I	J
1	Jour	Voiture	Bus	Métro	Deux roues					
2	0	0,25	0,25	0,25	0,25		0,6	0,2	0,1	0,1
3	1	0,3	0,175	0,25	0,275	M=	0,3	0,3	0,3	0,1
4	2						0,2	0,1	0,5	0,2
5	3						0,1	0,1	0,1	0,7

Info
On peut concevoir que l'outil des matrices est utile en gestion.
En continuant ainsi on peut étudier, par exemple, si la répartition des moyens de transport tend à se stabiliser ou bien si certains moyens de transport ont tendance à se développer exagérément…

Problème 3 Classement d'une exposition scientifique

Objectif
Opérer sur les matrices avec la calculatrice ou un logiciel de calcul formel.

Les gagnants d'une exposition scientifique sont déterminés par un système de pointage fondé sur cinq facteurs auxquels on attribue un coefficient indiqué ci-après entre parenthèses.

- Recherche de base (3)
- Procédure expérimentale (5)
- Document de recherche (6)
- Présentation du projet (8)
- Créativité (4)

Chaque projet est jugé en accordant une marque de 0 à10 à chaque facteur, 10 étant la marque la plus élevée. On détermine le pointage total attribué à un projet en additionnant les produits des coefficients par les marques attribuées à chaque facteur.

	Paul	Odile	Bruno	Renald	Marie	Christine	Thérèse
Recherche de base	9	8	10	7	8	9	10
Procédure expérimentale	10	9	9	10	10	9	10
Document de recherche	7	9	8	9	7	8	8
Présentation du projet	9	10	9	8	10	8	9
Créativité	8	7	8	10	6	8	7

On note A la matrice qui résume les points obtenus par chaque participant à l'exposition et B la matrice ligne $B = (3 \quad 5 \quad 6 \quad 8 \quad 4)$.

On se propose d'établir le palmarès de cette exposition.

a) Que calcule-t-on en multipliant la matrice B par la matrice A ?

b) Utiliser la calculatrice comme indiquée ci-dessous pour effectuer le produit matriciel B × A et commenter le palmarès des résultats.

Commentaires	TI	Casio
• On entre les matrices	2nde x⁻¹ (matrice) ► ► (EDIT) entrer	MENU (1) EXE F1 (►MAT) F3 (DIM) 5 EXE 7 EXE EXE
• On entre le nombre de lignes (5), puis le nombre de colonnes (7)	Taper **5** entrer **7** entrer. Taper les nombres qui figurent dans A et entrer à chaque fois. 2nde MODE (QUIT) Recommencer pour entrer la matrice B.	Taper les nombres qui figurent dans A et EXE à chaque fois. EXIT Recommencer pour entrer la matrice B.
• On effectue B × A	2nde x⁻¹ (matrice) (NOMS) ▼ (2:[B]) entrer × 2nde x⁻¹ (matrice) (1:[A]) entrer entrer	OPTN F2 (MAT) F1 (Mat) ALPHA log (B) × F1 (Mat) ALPHA X,θ,T (A) EXE

c) Recommencer avec Xcas.

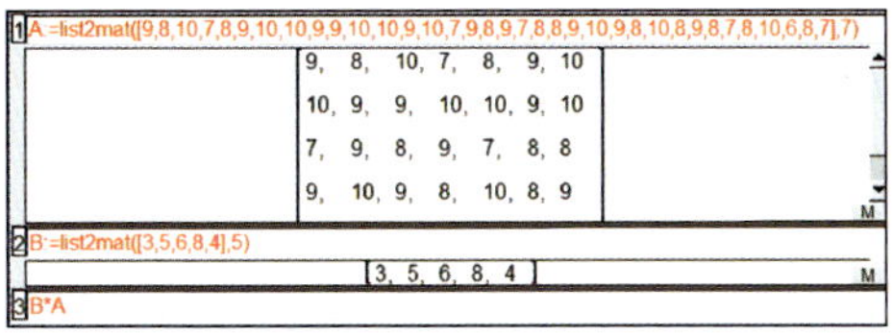

Problème 4 De curieux résultats

Objectif

Mettre en évidence des particularités du produit matriciel.

On se propose de montrer que certaines propriétés des opérations, bien connues dans $\mathbb{R}$, ne s'étendent pas au produit de matrices.

1 Des produits impossibles

Axel a voulu effectuer le produit matriciel A × B. Voici les écrans qu'il a obtenus.

Expliquer l'erreur qu'il a commise.

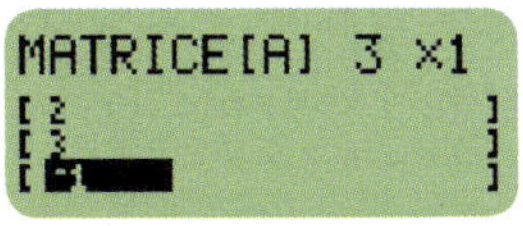

2 Commutativité

Calculer A × B et B × A avec les matrices : $A = \begin{pmatrix} 2 & 1 \\ 4 & 7 \end{pmatrix}$ $B = \begin{pmatrix} 3 & -2 \\ 4 & -4 \end{pmatrix}$

Que constate-t-on ?

3 Produit nul

Calculer C × D avec les matrices : $C = \begin{pmatrix} -1 & 1 \\ 2 & -2 \end{pmatrix}$ $D = \begin{pmatrix} 3 & 1 \\ 3 & 1 \end{pmatrix}$

En quoi le résultat est-il surprenant ?

Matrices et opérations

1 Notion de matrice

DÉFINITION n et p désignent des nombres entiers naturels non nuls.
Une matrice de format (ou taille) (n, p) est un tableau de nombres réels à n lignes et p colonnes.

La matrice M ci-contre peut être notée $M = (a_{ij})$ où a_{ij} désigne le coefficient situé à la i-ième ligne et j-ième colonne.

Notation générale

$$M = \begin{pmatrix} a_{11} \dots a_{1j} \dots a_{1p} \\ \vdots \quad\ \vdots \quad\ \vdots \\ a_{i1} \dots a_{ij} \dots a_{ip} \\ \vdots \quad\ \vdots \quad\ \vdots \\ a_{n1} \dots a_{nj} \dots a_{np} \end{pmatrix}$$

Vocabulaire

- Lorsque $p = 1$, on dit que M est **une matrice colonne**.
- Lorsque $n = 1$, on dit que M est **une matrice ligne**.
- Lorsque $n = p$, on dit que M est **une matrice carrée d'ordre** n.
- **La matrice identité d'ordre n** est la matrice carrée d'ordre n dont tous les coefficients sont nuls sauf ceux de la diagonale principale qui sont égaux à 1. On la note I_n.

DÉFINITION Dire que deux matrices sont **égales** signifie qu'elles ont le même format et que les nombres qui occupent la même position sont deux à deux égaux.

2 Opérations sur les matrices

a) Addition, soustraction de deux matrices

A et B sont deux matrices de même format (n, p). La somme (resp. la différence) des matrices A et B, notée A + B (resp. A – B), est la matrice obtenue en additionnant (resp. en soustrayant) deux à deux les coefficients qui occupent la même position.

b) Multiplication d'une matrice par un nombre réel

Le produit d'une matrice A par un nombre réel k est la matrice, notée kA, obtenue en multipliant chaque coefficient de A par k.

c) Multiplication d'une matrice carrée par une matrice colonne

Le produit d'une matrice A de format $(n, \mathbf{p})$ par une matrice B de format $(\mathbf{p}, m)$ est la matrice C de format (n, m), notée AB (ou A × B), dont le coefficient c_{ij} est la somme des produits termes à termes des coefficients de la i-ième ligne de A et de la j-ième colonne de B (avec $1 \leqslant i \leqslant n$, $1 \leqslant j \leqslant m$).

EXEMPLE

Matrice A — Matrice B

$$AB = \begin{pmatrix} 2 & 4 & 5 \\ 3 & 1 & 6 \\ 7 & 2 & 9 \end{pmatrix} \begin{pmatrix} 10 \\ 4 \\ 20 \end{pmatrix} = \begin{pmatrix} 2 \times 10 + 4 \times 4 + 5 \times 20 \\ 3 \times 10 + 1 \times 4 + 6 \times 20 \\ 7 \times 10 + 2 \times 4 + 9 \times 20 \end{pmatrix} = \begin{pmatrix} 136 \\ 154 \\ 258 \end{pmatrix}$$

d) Propriétés du produit des matrices carrées d'ordre n

- Ce produit **n'est pas** commutatif : il existe des matrices carrées A et B d'ordre n telles que $AB \neq BA$.
- Ce produit est associatif et distributif par rapport à l'addition : pour toutes matrices carrées A, B, C d'ordre n, $A(BC) = (AB)C$ et $A(B + C) = AB + AC$.
- Il existe des matrices carrées A, B, C d'ordre n telles que $B \neq C$ et $AB = AC$.

EXEMPLES : $\begin{pmatrix} 1 & 2 \\ 3 & 4 \end{pmatrix}\begin{pmatrix} 2 & 1 \\ 4 & 2 \end{pmatrix} = \begin{pmatrix} 10 & 5 \\ 22 & 11 \end{pmatrix}$ et $\begin{pmatrix} 3 & 1 \\ 9 & 1 \end{pmatrix}\begin{pmatrix} 2 & 1 \\ 4 & 2 \end{pmatrix} = \begin{pmatrix} 10 & 5 \\ 22 & 11 \end{pmatrix}$

- Pour toute matrice carrée A d'ordre n, $AI_n = I_nA = A$ (avec I_n matrice identité d'ordre n).

1 Exercice résolu — Calculer avec les matrices

$A = \begin{pmatrix} 0 & 0 & \frac{10}{3} \\ 2 & -5 & 0 \\ 3 & -9 & -\frac{3}{2} \end{pmatrix}$ $B = \begin{pmatrix} 1 \\ 0 \\ 2 \end{pmatrix}$ $C = \begin{pmatrix} 1 & -2 & 1 \end{pmatrix}$ $D = \begin{pmatrix} \frac{8}{3} & -1 & -1 \\ -\frac{5}{2} & -7 & 0 \\ -10 & 0 & 3 \end{pmatrix}$

1. Calculer : **a)** A + D **b)** A – D **c)** AB **d)** CA

2. Calculer le produit AD avec la calculatrice.

Solution

1. a) $A + D = \begin{pmatrix} 0+\frac{8}{3} & 0+(-1) & \frac{10}{3}+(-1) \\ 2+\left(-\frac{5}{2}\right) & -5+(-7) & 0+0 \\ 3+(-10) & -9+0 & -\frac{3}{2}+3 \end{pmatrix} = \begin{pmatrix} \frac{8}{3} & -1 & \frac{7}{3} \\ -\frac{1}{2} & -12 & 0 \\ -7 & -9 & \frac{3}{2} \end{pmatrix}$

b) $A - D = \begin{pmatrix} 0-\frac{8}{3} & 0-(-1) & \frac{10}{3}-(-1) \\ 2-\left(-\frac{5}{2}\right) & -5-(-7) & 0-0 \\ 3-(-10) & -9-0 & -\frac{3}{2}-3 \end{pmatrix} = \begin{pmatrix} -\frac{8}{3} & 1 & \frac{13}{3} \\ \frac{9}{2} & 2 & 0 \\ 13 & -9 & -\frac{9}{2} \end{pmatrix}$

On peut additionner et soustraire A et D car elles ont le même format.

c) $AB = \begin{pmatrix} 0 & 0 & \frac{10}{3} \\ 2 & -5 & 0 \\ 3 & -9 & -\frac{2}{3} \end{pmatrix} \begin{pmatrix} 1 \\ 0 \\ 2 \end{pmatrix} = \begin{pmatrix} 0\times1+0\times0+\frac{10}{3}\times2 \\ 2\times1-5\times0+0\times2 \\ 3\times1-9\times0-\frac{3}{2}\times2 \end{pmatrix} = \begin{pmatrix} \frac{20}{3} \\ 2 \\ 0 \end{pmatrix}$

d) $CA = \begin{pmatrix} 1 & -2 & 1 \end{pmatrix} \begin{pmatrix} 0 & 0 & \frac{10}{3} \\ 2 & -5 & 0 \\ 3 & -9 & -\frac{3}{2} \end{pmatrix} = \begin{pmatrix} -1 & 1 & \frac{11}{6} \end{pmatrix}$

- Format (3, **3**) par format (**3**, 1) donc format (3, 1).
- Format (1, **3**) par format (**3**, 3) donc format (1, 3).

2. La matrice AD est affichée à l'écran ci-contre d'une calculatrice.

[A]*[D]▸Frac

$\begin{bmatrix} -\frac{100}{3} & 0 & 10 \\ \frac{107}{6} & 33 & -2 \\ \frac{91}{2} & 60 & -\frac{15}{2} \end{bmatrix}$

Pour s'exercer

2 La matrice D représente des distances (en km) à vol d'oiseau.

	Du	Li	Pa	Str	Am
Dunkerque	0	67,5	242,8	473,5	128
Lille	67,5	0	203,4	407,1	98,1
Paris	242,8	203,4	0	398,5	114,9
Strasbourg	473,5	407,1	398,5	0	421,7
Amiens	128	98,1	114,9	421,7	0

a) Quelle est la distance entre Paris et Strasbourg ? Quel est le temps requis pour un voyage entre Paris et Strasbourg si la vitesse moyenne est de 90 km/h ?

b) Une entreprise de transport routier demande 1,43 € par kilomètre. Donner la matrice C qui illustre les coûts de transport entre ces villes.

3 $A = \begin{pmatrix} 1 & 2 & -1 \\ 3 & -2 & 1 \\ 4 & 1 & -2 \end{pmatrix}$ et $B = \begin{pmatrix} 2 & 1 & 0 \\ -3 & 2 & 1 \\ -2 & 0 & 3 \end{pmatrix}$

a) Calculer A + B, 3A, –B, 3A – B et AB.

b) Vérifier les résultats obtenus avec la calculatrice.

4 Un élève qui suit un cours de programmation informatique a 80 % de chance de poursuivre son cours le prochain semestre et 20 % de chance d'entreprendre un nouveau cours. Un élève qui ne suit pas un cours de programmation informatique a 30 % de chance d'entreprendre le cours de programmation et 70 % de chance de ne pas entreprendre ce cours. Pendant le premier semestre, 600 élèves suivaient le cours de programmation informatique et 240 élèves ne suivaient pas ce cours. Utiliser les matrices pour déterminer la distribution pour les deux prochains semestres.

Résoudre des problèmes

Problème 5 Artisan chocolatier

Objectif
Faire le lien entre un système d'équations linéaires et une équation matricielle, puis le résoudre.

Un artisan chocolatier propose deux types de chocolats : le noir intense et le fruité. La fabrication d'une plaque :

- de noir intense nécessite 30 min de travail et 700 g de cacao ;
- de fruité nécessite 20 min de travail et 400 g de cacao.

Ce mois-ci, l'artisan a consacré 760 min de travail et 16 800 g de cacao à la fabrication de ces deux types de chocolat.

On se propose de savoir combien de plaques de chaque type il a fabriqué durant le mois.

1 Première méthode : avec un système d'équations

On note x (resp. y) le nombre de plaques de noir intense (resp. de fruité) fabriquées dans le mois par cet artisan.

a) Traduire la condition sur le temps de travail par une équation.
Traduire la condition sur la quantité de cacao par une autre équation.

b) Résoudre le système **(S)** obtenu et interpréter le résultat.

2 Deuxième méthode : avec le calcul matriciel

On considère les matrices colonnes $X = \begin{pmatrix} x \\ y \end{pmatrix}$ et $B = \begin{pmatrix} 760 \\ 16\ 800 \end{pmatrix}$.

a) Montrer que le système **(S)** de la question 1 est équivalent à l'équation matricielle AX = B d'inconnue X, où A est une matrice à préciser.

b) On cherche une matrice carrée $A' = \begin{pmatrix} a & b \\ c & d \end{pmatrix}$ telle que $A'A = I_2$ c'est-à-dire $A'A = \begin{pmatrix} 1 & 0 \\ 0 & 1 \end{pmatrix}$.

Montrer que cela revient à résoudre les systèmes :

$$\begin{cases} 30a + 700b = 1 \\ 20a + 400b = 0 \end{cases} \quad \text{et} \quad \begin{cases} 30c + 700d = 0 \\ 20c + 400d = 1 \end{cases}$$

Résoudre ces systèmes.
En déduire la matrice A' et l'écrire avec les valeurs exactes de ses coefficients.

> *Info*
> *On a pu trouver une matrice carrée A' d'ordre 2 telle que $A'A = I_2$. On pourrait vérifier que l'on a aussi $AA' = I_2$.*
> *On dit que la matrice carrée A est inversible et que A' est la* ***matrice inverse*** *de A.*
> *On la note A^{-1}. Ainsi $A^{-1}A = AA^{-1} = I_2$.*

c) Expliquer pourquoi résoudre l'équation matricielle AX = B revient à calculer $X = A^{-1}B$.
Calculer alors X et interpréter le résultat pour le chocolatier.

Problème 6 L'agriculture paysanne

Objectif
Faire le lien entre un système d'équations linéaires et une équation matricielle, pour résoudre ce système.

Un maraîcher approvisionne en poireaux, épinards et carottes une AMAP qui constitue des paniers pour ses clients (AMAP : association pour le maintien d'une agriculture paysanne).

Celle-ci propose trois paniers différents dans lesquels figurent ces trois légumes. Les masses (en kg) de chacun de ces trois légumes sont données dans le tableau ci-dessous.

	Panier A	Panier B	Panier C
Poireaux	1	2	1,5
Épinards	1	1,5	1
Carottes	2,5	3	2

Cette semaine, le maraîcher a produit 52 kg de poireaux, 42 kg d'épinards et 92 kg de carottes.

On se propose de déterminer combien de paniers de chaque type on pourra alors constituer.

1 Première méthode : avec un système d'équations

On note x (resp. y et z) le nombre de paniers du type A (resp. B et C).

a) Traduire les conditions de production de chaque légume par trois équations.

b) Résoudre le système **(S)** obtenu. Interpréter le résultat.

2 Deuxième méthode : avec le calcul matriciel

On considère les matrices colonnes $X = \begin{pmatrix} x \\ y \\ z \end{pmatrix}$ et B $\begin{pmatrix} 52 \\ 42 \\ 92 \end{pmatrix}$.

a) Montrer que le système **(S)** de la question 1 est équivalent à l'équation matricielle $AX = B$ d'inconnue X, où A est une matrice à préciser.

b) On cherche une matrice carrée d'ordre 3, $A' = \begin{pmatrix} a & b & c \\ d & e & f \\ g & h & i \end{pmatrix}$, telle que $A'A = I_3$ c'est-à-dire $A'A = \begin{pmatrix} 1 & 0 & 0 \\ 0 & 1 & 0 \\ 0 & 0 & 1 \end{pmatrix}$.

Montrer que cela revient à résoudre les systèmes :

$$\begin{cases} a + b + 2{,}5c = 1 \\ 2a + 1{,}5b + 3c = 0 \\ 1{,}5a + b + 2c = 0 \end{cases} \quad \begin{cases} d + e + 2{,}5f = 0 \\ 2d + 1{,}5e + 3f = 1 \\ 1{,}5d + e + 2f = 0 \end{cases} \quad \begin{cases} g + h + 2{,}5i = 0 \\ 2g + 1{,}5h + 3i = 0 \\ 1{,}5g + h + 2i = 1 \end{cases}$$

Se partager le travail dans la classe pour résoudre ces systèmes.

En déduire la matrice A'.

c) La matrice A' étant trouvée, on dit que la matrice A est inversible et que A' est la matrice inverse de A. On la note A^{-1}.

Expliquer pourquoi résoudre l'équation matricielle $AX = B$ revient à calculer $X = A^{-1}B$.

Calculer alors X et interpréter le résultat pour le maraîcher.

d) Éditer la matrice A avec la calculatrice, puis taper [A] x^{-1} entrer avec TI ou Mat A SHIFT) (x^{-1}) EXE avec Casio.

Vérifier que l'on retrouve ainsi la matrice A^{-1}. Retrouver la matrice X avec la calculatrice.

Note
On peut montrer que s'il existe une matrice A' telle que $A' \times A = \begin{pmatrix} 1 & 0 & 0 \\ 0 & 1 & 0 \\ 0 & 0 & 1 \end{pmatrix}$, alors elle est unique et que l'on a aussi $A \times A' = \begin{pmatrix} 1 & 0 & 0 \\ 0 & 1 & 0 \\ 0 & 0 & 1 \end{pmatrix}$.
A' est la matrice inverse de A et on note $A' = A^{-1}$.

Matrice inverse, système

1 Matrice inverse d'une matrice carrée

DÉFINITION n désigne un nombre entier naturel supérieur ou égal à 2.
Dire qu'une matrice carrée A d'ordre n est **inversible** (ou régulière) signifie qu'il existe une matrice carrée A′ d'ordre n telle que :

$$A'A = I_n \text{ et } AA' = I_n \text{ où } I_n \text{ est la matrice identité d'ordre } n.$$

On peut montrer (mais on l'admet ici) que s'il existe une matrice A′ telle que l'une des égalités est vraie (par exemple $A'A = I_n$), alors l'autre égalité est aussi vraie.

PROPRIÉTÉ (ADMISE) – DÉFINITION Si A est une matrice carrée inversible, alors la matrice A′ telle que $A'A = I_n$ est **unique**.
On dit que A′ est **la matrice inverse** de A et on la note $\mathbf{A^{-1}}$.

Cas des matrices carrées d'ordre 2

$A = \begin{pmatrix} a_{11} & a_{12} \\ a_{21} & a_{22} \end{pmatrix}$ et on cherche une matrice $A' = \begin{pmatrix} x & y \\ z & t \end{pmatrix}$ telle que $A'A = I_2$,

c'est-à-dire $\begin{pmatrix} x & y \\ z & t \end{pmatrix}\begin{pmatrix} a_{11} & a_{12} \\ a_{21} & a_{22} \end{pmatrix} = \begin{pmatrix} 1 & 0 \\ 0 & 1 \end{pmatrix}$ soit $\begin{pmatrix} a_{11}x + a_{21}y & a_{12}x + a_{22}y \\ a_{11}z + a_{21}t & a_{12}z + a_{22}t \end{pmatrix} = \begin{pmatrix} 1 & 0 \\ 0 & 1 \end{pmatrix}$.

$A'A = I_2$ équivaut donc aux systèmes : $\begin{cases} a_{11}x + a_{21}y = 1 \\ a_{12}x + a_{22}y = 0 \end{cases}$ et $\begin{cases} a_{11}z + a_{21}t = 0 \\ a_{12}z + a_{22}t = 0 \end{cases}$

Pour que chacun de ces systèmes admette une unique solution, il est nécessaire que $a_{12}\,a_{22} - a_{12}\,a_{21} \neq 0$. Ce nombre $d = a_{11}\,a_{22} - a_{12}\,a_{21}$ est appelé **le déterminant** de la matrice A.
On peut vérifier que si le déterminant est non nul, et si l'on pose $A' = \frac{1}{d}\begin{pmatrix} a_{22} & -a_{12} \\ -a_{21} & a_{11} \end{pmatrix}$, alors le produit $A'A$ (donc aussi AA') est égal à I_2.

PROPRIÉTÉS Une matrice carrée $A = (a_{ij})$ d'ordre 2 est inversible si, et seulement si, son déterminant $\boldsymbol{d = a_{11}\,a_{22} - a_{12}\,a_{21}}$ est différent de 0.

$$A = \begin{pmatrix} a_{11} & a_{12} \\ a_{21} & a_{22} \end{pmatrix} \qquad A^{-1} = \frac{1}{d}\begin{pmatrix} a_{22} & -a_{12} \\ -a_{21} & a_{11} \end{pmatrix}$$

2 Écriture matricielle d'un système d'équations linéaires

EXEMPLE : **(S)** est le système de deux équations à deux inconnues $\begin{cases} 2x - 3y = 1 \\ 5x + 7y = -3 \end{cases}$

Avec $A = \begin{pmatrix} 2 & -3 \\ 5 & 7 \end{pmatrix}$, $X = \begin{pmatrix} x \\ y \end{pmatrix}$ et $B = \begin{pmatrix} 1 \\ -3 \end{pmatrix}$, le système **(S)** s'écrit $AX = B$.

PROPRIÉTÉ (ADMISE) A est une matrice carrée qui admet une matrice inverse A^{-1}.
Le système d'équations linéaires dont l'écriture matricielle est **AX = B** admet une unique solution ; elle s'obtient en calculant $\mathbf{X = A^{-1}B}$.

5 Exercice résolu — Déterminer l'inverse d'une matrice carrée d'ordre 2

Déterminer si la matrice A ci-contre est inversible.
Si oui, donner sa matrice inverse et vérifier à la calculatrice.

$$A = \begin{pmatrix} 5 & 2 \\ -4 & 3 \end{pmatrix}$$

Solution

Le déterminant de A est :

$$d = 5 \times 3 - (-4) \times 2 = 23$$

$d \neq 0$ donc A est inversible et sa matrice inverse est :

$$A^{-1} = \frac{1}{23}\begin{pmatrix} 3 & -2 \\ 4 & 5 \end{pmatrix}$$

Avec la calculatrice, on édite la matrice A, puis avec la touche x^{-1} on obtient A^{-1}.

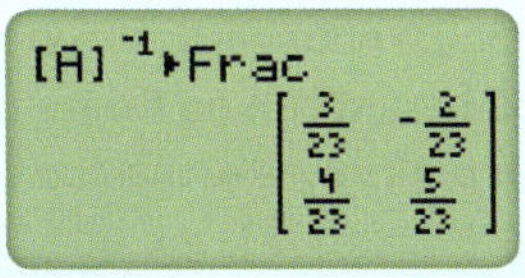

• Le calcul du déterminant de $\begin{pmatrix} a_{11} & a_{12} \\ a_{21} & a_{22} \end{pmatrix}$ se fait avec la règle du gamma.

6 Exercice résolu — Résoudre un système d'équations

(S) est le système $\begin{cases} x + y + z = 250 \\ x + 2y + 3z = 360 \\ 40x + 20y + 10z = 8\,100 \end{cases}$

a) Donner l'écriture matricielle du système sous la forme AX = B.

b) Résoudre le système **(S)**.

Solution

a) Avec $A = \begin{pmatrix} 1 & 1 & 1 \\ 1 & 2 & 3 \\ 40 & 20 & 10 \end{pmatrix}$, $X = \begin{pmatrix} x \\ y \\ z \end{pmatrix}$ et $B = \begin{pmatrix} 250 \\ 360 \\ 8\,100 \end{pmatrix}$

le système **(S)** s'écrit AX = B.

b) On vérifie avec la calculatrice que la matrice A admet une matrice inverse A^{-1}.

Alors $X = A^{-1}B$ et on obtient $X = \begin{pmatrix} 170 \\ 50 \\ 30 \end{pmatrix}$.

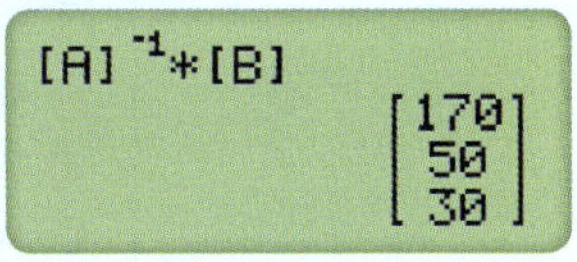

La solution du système **(S)** est (170 ; 50 ; 30).

Remarque : Attention à ne pas confondre $A^{-1}B$ et BA^{-1} qui en général donnent des résultats différents.

• Dans A, on recopie les coefficients de x, y, z qui figurent dans **(S)**.
B est la matrice colonne des membres de droite.

Pour s'exercer

7 Déterminer, si elles existent, les matrices inverses des matrices suivantes :

$$A = \begin{pmatrix} 1 & 2 \\ 0 & 1 \end{pmatrix} \qquad B = \begin{pmatrix} 3 & 2 \\ 4 & \frac{8}{3} \end{pmatrix}$$

$$C = \begin{pmatrix} 10 & 9 \\ 8 & 7 \end{pmatrix} \qquad D = \begin{pmatrix} -5 & -4 \\ 7 & 5{,}6 \end{pmatrix}$$

8 Afin d'étudier une population d'insectes à partir d'observations effectuées sur le terrain, on constate que :

- les insectes de type 1 et les mâles des populations 2 et 3 ont une carapace épaisse ;
- les insectes de type 1 mangent deux fois plus que ceux de type 3 ;
- les insectes de type 2 mangent trois fois plus que ceux de type 3.

On souhaite déterminer le nombre d'insectes de chaque type sachant que l'on a observé au total 282 insectes, dont 200 possédant une carapace épaisse, que la consommation journalière de nourriture est la même que celle consommée en un jour par 424 insectes de type 3 et qu'il y a autant de mâles que de femelles dans chacune des trois populations.

a) Traduire ces données sous la forme d'une égalité de matrices du type AX = B.

b) À l'aide de la calculatrice, calculer A^{-1}.

c) En déduire les effectifs de chacune des populations d'insectes.

Thème 3 Puissance *n*-ième d'une matrice carrée

Résoudre des problèmes

Problème 7 Marche aléatoire sur un carré B2i

Objectif
Introduire la puissance *n*-ième d'une matrice.

Une fourmi parcourt les côtés d'un carré en partant du sommet A, et met une minute pour parcourir un côté. Arrivée à un sommet, elle choisit au hasard l'un ou l'autre des deux côtés issus de ce sommet pour poursuivre sa marche.

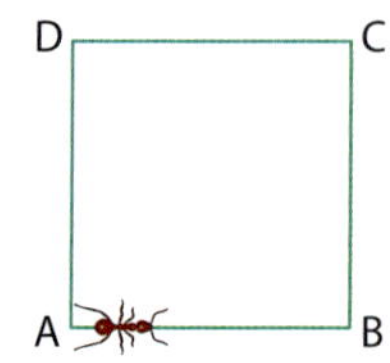

On cherche à savoir où se trouve la fourmi au bout de quatre minutes.

1 Simulation avec un tableur

Pour simuler cette expérience, Chantal a nommé le point A (resp. B, C et D) à l'aide du chiffre 0 (resp. 1, 2, 3).

a) Expliquer pourquoi l'instruction =2*ALEA.ENTRE.BORNES(0;1)–1 renvoie l'un des nombres 1 ou –1.

b) Chantal a réalisé la feuille de calcul ci-dessous en tapant dans la cellule B2 la formule :

=MOD(A2+2*ALEA.ENTRE.BORNES(0;1)–1;4)

Expliquer cette façon de procéder.

	A	B	C	D	E	F	G	H	I	J
1	Départ en A	Après 1 min	Après 2 min	Après 3 min	Après 4 min		Après 4 min			
2	0	3	2	3	2		en A (0)	en B (1)	en C (2)	en D (3)
3	0	1	2	3	0					
4	0	1	0	3	2					

c) Simuler 1 000 promenades de 4 minutes.

d) Dans la cellule G3, taper la formule =NB.SI($E2:$E1001;0)/1000.
Compléter les cellules H3, I3 et J3. Conjecturer une réponse au problème.

2 Modélisation de l'expérience

a) Traduire la situation à l'aide d'un arbre pondéré.

b) Définir une loi de probabilité modélisant cette expérience aléatoire.

c) Calculer la probabilité de l'événement « La fourmi est en C au bout de 4 minutes ».

3 Justification à l'aide de l'outil matriciel

On peut illustrer chaque étape de la promenade par le schéma ou **graphe probabiliste** suivant :

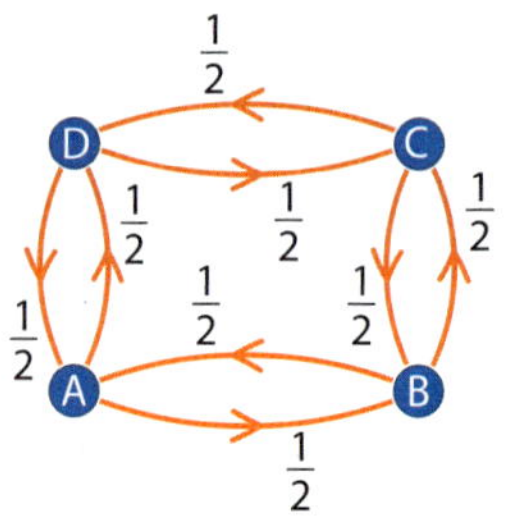

ou par la matrice M :

$$
\begin{array}{c} \\ A \\ B \\ C \\ D \end{array}
\begin{array}{c} \begin{array}{cccc} A & B & C & D \end{array} \\ \begin{pmatrix} 0 & \frac{1}{2} & 0 & \frac{1}{2} \\ \frac{1}{2} & 0 & \frac{1}{2} & 0 \\ 0 & \frac{1}{2} & 0 & \frac{1}{2} \\ \frac{1}{2} & 0 & \frac{1}{2} & 0 \end{pmatrix} \end{array}
$$

Les coefficients donnent les probabilités de passage du sommet qui donne son nom à la ligne à celui qui donne son nom à la colonne.
On dit que M est **la matrice de transition.**

a) Pourquoi la diagonale principale ne contient-elle que des 0 ?
Que représente l'élément a_{14} de cette matrice ?
b) Pour aller de A à A en 2 min, la fourmi peut aller de A à A, puis de A à A (probabilités 0 et 0) ou de A à B, puis de B à A (probabilités $\frac{1}{2}$ et $\frac{1}{2}$) ou de A à D, puis de D à A (probabilités $\frac{1}{2}$ et $\frac{1}{2}$). Donc la probabilité pour qu'elle aille de A à A en 2 min est $0 \times 0 + \frac{1}{2} \times \frac{1}{2} + \frac{1}{2} \times \frac{1}{2}$. Ainsi, on additionne les produits terme à terme des coefficients de la ligne de M correspondant aux déplacements qui partent de A par ceux de la colonne de M correspondant aux déplacements qui arrivent en A.
Déterminer la probabilité que la fourmi aille de A en B en 2 min.
Établir un lien entre ces calculs et les coefficients de M.
c) Le produit matriciel M × M est noté M^2. Calculer M^2.
Que représentent les nombres $a_{11}, a_{12}, a_{13}, a_{14}$ de M^2 ?
Que représente le nombre a_{24} de M^2 ?
d) Retrouver la réponse à la question 2 c) à l'aide du calcul matriciel.

Note
Avec la calculatrice, on effectue [A] x^2 entrer ou Mat A x^2 EXE.

Problème 8 Marche aléatoire d'une souris

Objectif
Utiliser le produit matriciel dans les problèmes probabilistes.
Travailler avec des matrices lignes ou des matrices colonnes.

Une souris se déplace dans une cage comportant quatre compartiments numérotés de 1 à 4 comme le montre la figure ci-dessous.

Lorsque la souris se trouve dans un compartiment ayant k portes (k prenant les valeurs 1, 2 ou 3), elle choisit l'une des portes avec la probabilité $\frac{1}{k}$.
Elle change de compartiment à chaque étape, et ses choix sont indépendants des précédents.
Au départ, la souris est dans le compartiment 1.

On se propose de savoir où la souris a le plus de chances de se trouver à la 5e étape.

1 Expérimentation à l'aide du tableur

Sur le site compagnon, télécharger le fichier « souris.ods ». Simuler des déplacements de la souris, puis émettre une conjecture pour le problème posé.

2 Justification à l'aide de matrices lignes

a) Résumer les changements d'état à l'aide du graphe ci-contre, à recopier et à compléter.

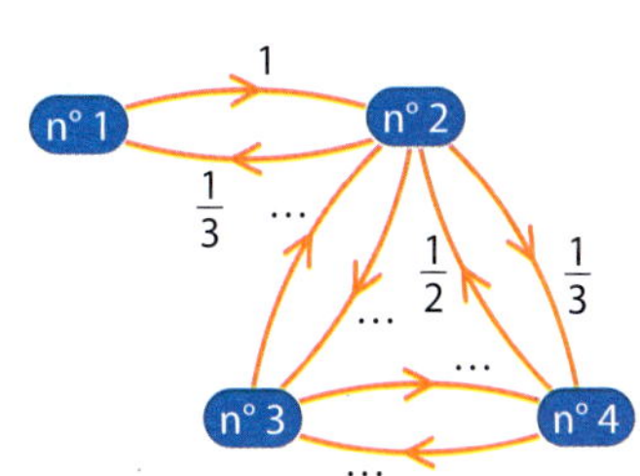

b) Écrire la matrice de transition M.
c) On note X_n la variable aléatoire égale à 1 (resp. à 2, à 3, à 4) si la souris est dans le compartiment n° 1 (resp. 2, 3, 4), à la n-ième étape (avec $n \in \mathbb{N}$).
On pose :
$A_n = (P(X_n = 1) \quad P(X_n = 2) \quad P(X_n = 3) \quad P(X_n = 4))$
Vérifier que $A_{n+1} = A_n M$.
d) Sachant que $A_0 = (1 \quad 0 \quad 0 \quad 0)$, justifier que $A_5 = A_0 M^5$.
e) Répondre au problème initial.

3 Justification à l'aide de matrices colonnes

a) Pour passer d'une étape à une autre, Bruno amorce l'écriture de la matrice de transition N formée des nombres n_{ij} où n_{ij} est égal à la probabilité de se déplacer vers le compartiment n° i sachant que la souris se trouvait dans le compartiment n° j.

Il obtient $N = \begin{pmatrix} 0 & \frac{1}{3} & 0 & 0 \\ 1 & \dots & \dots & \dots \\ \dots & \dots & \dots & \dots \\ \dots & \dots & \dots & \dots \end{pmatrix}$. Recopier et compléter cette matrice.

b) n désigne un nombre entier naturel.

On pose $U_n = \begin{pmatrix} P(X_n = 1) \\ P(X_n = 2) \\ P(X_n = 3) \\ P(X_n = 4) \end{pmatrix}$. Vérifier que $U_{n+1} = NU_n$.

c) Poursuivre ce raisonnement et répondre au problème.

Problème 9 Marche aléatoire sur un tétraèdre

Objectif
Choisir l'outil adéquat selon le problème posé.

On promène un pion sur les sommets d'un tétraèdre. Toutes les secondes, on déplace le pion d'un sommet à un autre, en choisissant au hasard parmi les trois sommets possibles.
On suppose qu'au départ, le pion est en A.

On se propose de déterminer la probabilité pour que le pion revienne en A en 5 secondes.

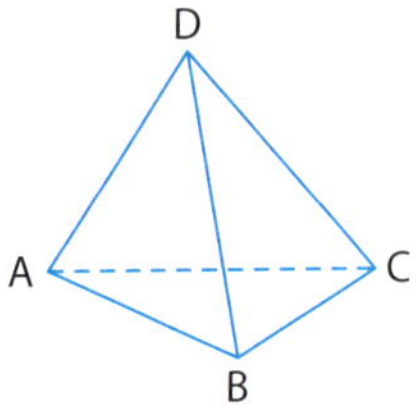

On note T la variable aléatoire égale au premier instant où le pion revient au point de départ.
Gaël et Coraline ont amorcé chacun une démarche.
Voici des extraits de leurs brouillons.

Copie de Gaël

La matrice de transition est égale à :

$$M = \begin{pmatrix} 0 & \frac{1}{3} & \frac{1}{3} & \frac{1}{3} \\ \frac{1}{3} & 0 & \frac{1}{3} & \frac{1}{3} \\ \frac{1}{3} & \frac{1}{3} & 0 & \frac{1}{3} \\ \frac{1}{3} & \frac{1}{3} & \frac{1}{3} & 0 \end{pmatrix}$$

Pour répondre au problème, je calcule M^5 à la calculatrice, en écriture fractionnaire.
J'obtiens $P(T = 5) = a_{11} = \frac{20}{81}$.

Copie de Coraline

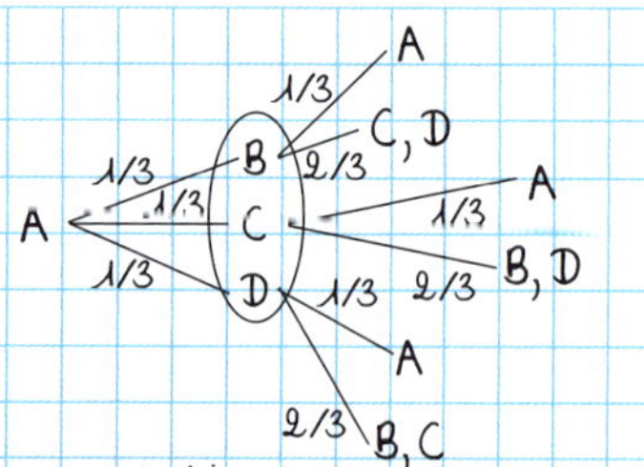

Je peux synthétiser mon arbre par le schéma suivant :

Ainsi $P(T = 5) = \left(\frac{2}{3}\right)^3 \times \frac{1}{3}$

L'une des deux démarches est correcte. Laquelle ? Justifier la réponse.

Problème 10 Dynamique de population

Objectif

Utiliser le calcul matriciel dans les problèmes d'évolution.

On s'intéresse à l'évolution d'une forêt qui n'est composée que de deux espèces d'arbres : A et B.

Lorsqu'un arbre meurt, il peut être remplacé par un arbre de l'une ou l'autre des deux espèces. Dans le modèle envisagé ici, on suppose :

- 1 % des arbres de l'espèce A meurent chaque année (leur espérance de vie est importante) ;
- 5 % des arbres de l'espèce B meurent chaque année ;
- la croissance des arbres de l'espèce B étant rapide, 75 % des places laissées vacantes sont prises par les arbres du type B et seulement 25 % par ceux du type A.

On sait qu'en 2010, la forêt est constituée de 10 arbres de type A et de 990 arbres de type B.

On souhaite connaître l'état approximatif de la forêt en 2020, 10 années plus tard.

D'après « *Mathematical Models in Biology* », *E.-S. Aliman et J.-A. Rhodes, Cambridge University Press.*

1 Expérimentation

a) Réaliser la feuille de calcul ci-dessous, à l'aide d'un tableur.

	A	B	C	D	E	F	G	H	I
1	Année	Arbres A morts	Arbres B morts	Places vacantes	Croissance arbres A	Croissance arbres B	Bilan arbres A	Bilan arbres B	Population totale
2	0						10	990	1000
3	1	0,1	49,5	49,6	12,4	37,2	22,3	977,7	1000
4	2								
5	3								
6	4								
7	5								
8	6								
9	7								
10	8								
11	9								
12	10								

b) Conclure sur le problème posé.

2 Justification à l'aide de l'outil matriciel

Pour tout nombre entier naturel n, on modélise le nombre d'arbres du type A (resp. de type B) en l'année $2010+n$ par les termes de la suite A_n (resp. B_n).

a) Justifier que, pour tout nombre entier naturel n :

$$A_{n+1} = (0{,}99 + 0{,}25 \times 0{,}01)\,A_n + (0{,}25 \times 0{,}05)\,B_n$$

b) Exprimer, pour tout nombre entier naturel n, B_{n+1} en fonction de A_n et de B_n.

c) Déduire des questions précédentes l'existence d'une matrice carrée M d'ordre 2 telle que $(A_{n+1} \;\; B_{n+1}) = (A_n \;\; B_n) \times M$.

d) À l'aide d'un raisonnement par récurrence, justifier que, pour tout nombre entier naturel n :

$$(A_n \;\; B_n) = (A_0 \;\; B_0) \times M^n$$

e) À l'aide de la calculatrice, donner l'état approximatif de la forêt en 2020. Comparer avec le résultat de l'expérimentation.

Puissance n-ième d'une matrice carrée

1 Puissance n-ième d'une matrice carrée

A est une matrice carrée d'ordre 2 ou 3.
Pour tout nombre entier naturel n non nul, $A^{n+1} = A^n \times A = A \times A^n$ avec $A^1 = A$.

EXEMPLES

Si $A = \begin{pmatrix} 1 & -1 \\ 2 & 3 \end{pmatrix}$, alors $A^2 = \begin{pmatrix} -1 & -4 \\ 8 & 7 \end{pmatrix}$, $A^3 = \begin{pmatrix} -9 & -11 \\ 22 & 13 \end{pmatrix}$, $A^4 = \begin{pmatrix} -31 & -24 \\ 48 & 17 \end{pmatrix}$...

2 Modélisation d'une marche aléatoire

EXEMPLE : On considère une maladie contagieuse. On constate que dans la population d'une ville, chaque mois une personne saine peut tomber malade avec une probabilité de 0,03 et une personne malade peut guérir avec une probabilité de 0,05. Au départ, personne n'est malade.
On peut assimiler ce processus évolutif à une marche aléatoire à deux états (Atteint : A et Sain : S).

- **Modélisation avec un graphe**

Sur chaque arête de ce graphe orienté à 2 sommets A et S, on indique la probabilité de passer d'un état à un autre d'un mois à l'autre.

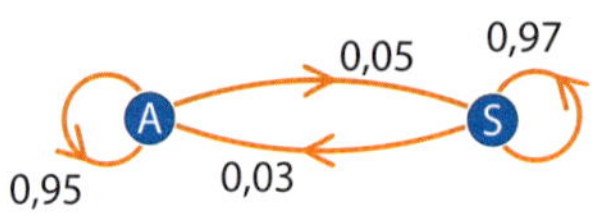

- **Modélisation avec des suites**

On note a_n (resp. b_n) le nombre de personnes atteintes (resp. saines) le n-ième mois (avec $n \in \mathbb{N}$).

$$\begin{cases} a_{n+1} = 0{,}95a_n + 0{,}03b_n \\ b_{n+1} = 0{,}05a_n + 0{,}97b_n \end{cases}$$

avec $a_0 = 0$ et $b_0 = 1$ (effectif total de la population).

- **Modélisation avec l'outil matriciel**

Cette marche aléatoire à deux états peut être décrite par la donnée de **la matrice de transition M** et de l'état initial. Il y a deux points de vue, selon que l'on rend compte de l'**état probabiliste** à l'étape n par une matrice ligne ou une matrice colonne, P_n.

Matrice colonne

$P_0 = \begin{pmatrix} 0 \\ 1 \end{pmatrix}$ et pour tout n, $P_n = \begin{pmatrix} a_n \\ b_n \end{pmatrix}$.

La matrice de transition est $M = \begin{pmatrix} 0{,}95 & 0{,}03 \\ 0{,}05 & 0{,}97 \end{pmatrix}$.

Chaque coefficient m_{ij} est la probabilité que le processus atteigne l'état correspondant à j (colonne) au bout d'un mois, sachant qu'il était dans l'état correspondant à i (ligne).

Dans chaque colonne, la somme des coefficients est égale à 1.

Pour tout n, $\mathbf{P_{n+1} = MP_n}$ et on peut montrer par récurrence que $\mathbf{P_n = M^n P_0}$.

Remarque : Le coefficient a_{ij} de M^2 (resp. M^n) est la probabilité que le processus atteigne l'état correspondant à j après 2 mois (resp. n mois) sachant qu'il était initialement dans l'état i.

Matrice ligne

$P_0 = \begin{pmatrix} 0 & 1 \end{pmatrix}$ et pour tout n, $P_n = \begin{pmatrix} a_n & b_n \end{pmatrix}$.

La matrice de transition est $M' = \begin{pmatrix} 0{,}95 & 0{,}05 \\ 0{,}03 & 0{,}97 \end{pmatrix}$.

Chaque coefficient m'_{ij} est la probabilité que le processus passe de l'état correspondant à i (ligne) à celui correspondant à j (colonne) au bout d'un mois.

Dans chaque ligne, la somme des coefficients est égale à 1.

Pour tout n, $\mathbf{P_{n+1} = P_n M'}$ et on peut montrer par récurrence que $\mathbf{P_n = P_0 M'^n}$.

Remarque : Le coefficient a'_{ij} de M^2 (resp. M^n) est la probabilité que le processus passe de l'état initial correspondant à i à l'état correspondant à j après 2 mois (resp. n mois).

Note

Ce type de processus est appelé chaîne de Markov (mathématicien russe).
En 1907, Markov a entamé l'étude de phénomènes aléatoires où le résultat d'une expérience peut influencer l'expérience suivante.

9 Exercice résolu — Déterminer une puissance d'une matrice

$A = \begin{pmatrix} 1 & 2 \\ 0 & 1 \end{pmatrix}$ et n désigne un nombre entier naturel non nul.

a) Calculer A^2, A^3 et A^4.

b) Conjecturer une expression de A^n en fonction de n.
Démontrer cette conjecture à l'aide d'un raisonnement par récurrence.

Solution

a) $A^2 = AA = \begin{pmatrix} 1 & 4 \\ 0 & 1 \end{pmatrix}$

$A^3 = A^2A = \begin{pmatrix} 1 & 6 \\ 0 & 1 \end{pmatrix}$ et $A^4 = A^3A = \begin{pmatrix} 1 & 8 \\ 0 & 1 \end{pmatrix}$

> • On peut utiliser la calculatrice : après avoir édité A, on tape [A] x^2 entrer puis [A] ^ 3 entrer puis...

b) • Il semble que A_n soit de la forme $\begin{pmatrix} 1 & a_n \\ 0 & 1 \end{pmatrix}$.

Au **a)** on a obtenu : $a_1 = 2,\ a_2 = 4,\ a_3 = 6,\ a_4 = 8$.
On conjecture que pour tout $n \geqslant 1,\ a_n = 2n$.

• On démontre par récurrence que pour tout $n \geqslant 1$:

$$A^n = \begin{pmatrix} 1 & 2n \\ 0 & 1 \end{pmatrix}$$

1re étape (initialisation) : Pour $n = 1$, $A^1 = A = \begin{pmatrix} 1 & 2 \\ 0 & 1 \end{pmatrix}$
et $\begin{pmatrix} 1 & 2\times 1 \\ 0 & 1 \end{pmatrix} = \begin{pmatrix} 1 & 2 \\ 0 & 1 \end{pmatrix}$. Donc l'égalité est vraie pour $n = 1$.

2e étape (hérédité) : On considère un nombre entier naturel $k \geqslant 1$ pour lequel $A^k = \begin{pmatrix} 1 & 2k \\ 0 & 1 \end{pmatrix}$ et on montre qu'alors $A^{k+1} = \begin{pmatrix} 1 & 2(k+1) \\ 0 & 1 \end{pmatrix}$.

$A^{k+1} = A^kA = \begin{pmatrix} 1 & 2k \\ 0 & 1 \end{pmatrix}\begin{pmatrix} 1 & 2 \\ 0 & 1 \end{pmatrix} = \begin{pmatrix} 1 & 2+2k \\ 0 & 1 \end{pmatrix}$.

Donc $A^{k+1} = \begin{pmatrix} 1 & 2(k+1) \\ 0 & 1 \end{pmatrix}$.

Conclusion : Pour tout $n \geqslant 1$, $A^n = \begin{pmatrix} 1 & 2n \\ 0 & 1 \end{pmatrix}$.

> Ici P(n) est l'égalité $A^n = \begin{pmatrix} 1 & 2n \\ 0 & 1 \end{pmatrix}$.
> • On vérifie que P(1) est vraie.
> • On suppose que P(k) est vraie pour un $k \geqslant 1$ quelconque (hypothèse de récurrence).
> On démontre qu'alors P(k + 1) est vraie.
> • On conclut.

Pour s'exercer

10 $A = \begin{pmatrix} 1 & 1 & 3 \\ 5 & 2 & 6 \\ -2 & -1 & -3 \end{pmatrix}$

Vérifier que $A^3 = 0$ (où 0 est la matrice nulle d'ordre 3).
On dit qu'une telle matrice A est nilpotente d'ordre 3.

11 $A = \begin{pmatrix} 1 & 0 \\ 0 & 2 \end{pmatrix}$ et n désigne un nombre entier naturel non nul.

a) Calculer A^2, A^3 et A^4.

b) Conjecturer une expression de A^n en fonction de n.
Démontrer cette conjecture à l'aide d'un raisonnement par récurrence.

12 Dans une île, les mouvements de population peuvent être modélisés ainsi : chaque année, 40 % des habitants de la capitale quitte celle-ci tandis que 20 % du reste de l'île vient y habiter.
On néglige les autres échanges.
En 2012, il y avait 12 000 habitants dans la capitale et 30 000 dans le reste de l'île.
On note cet état par la matrice ligne :

$$P_0 = (12\,000 \quad 30\,000)$$

a) Représenter ce processus évolutif par un graphe pondéré à deux sommets :
C (capitale) et R (reste de l'île).

b) Écrire la matrice de transition M.

c) Calculer l'état de la population de l'île au bout d'un an, deux ans, trois ans.

d) Avec la calculatrice, conjecturer l'état de la population de l'île à long terme.

Exercices d'application

Pour créer des automatismes

Matrices et opérations

13 On donne les matrices :

$$A=\begin{pmatrix}3&1&-2\\4&-5&3\\6&7&-1\end{pmatrix} \text{ et } B=\begin{pmatrix}0&1&-2\\-2&0&1\\1&-2&0\end{pmatrix}$$

a) Sans calculatrice, calculer :
• A + B • 3A • –2B • AB • 5A + 2B • BA
b) Vérifier les résultats à la calculatrice.

14 On donne les matrices :

$$A=\begin{pmatrix}1&4&1\\2&-1&3\end{pmatrix}, B=\begin{pmatrix}2&3&1\\5&-1&0\end{pmatrix}, C=\begin{pmatrix}4\\7\\-1\end{pmatrix}, D=\begin{pmatrix}3&7&5\end{pmatrix}$$

a) Expliquer les affichages obtenus ci-dessous.

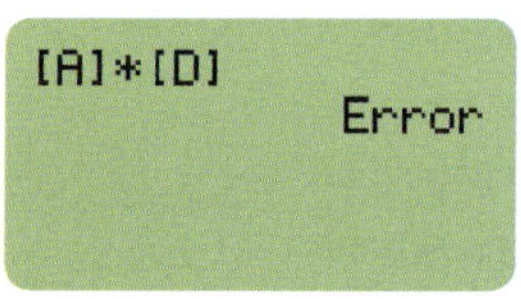

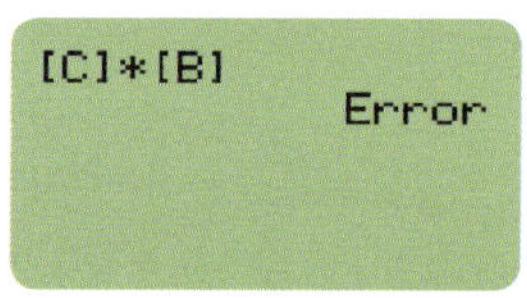

b) Calculer les sommes et les produits qui peuvent être effectués.

15 Trois libraires ont en stock trois œuvres philosophiques étudiées au lycée : *La République* de Platon ①, *Critique de la raison pure* d'E. Kant ② et *Pensées* de B. Pascal ③.
Leur stock fin mai est indiqué dans le tableau ci-dessous.

	①	②	③
Libraire 1	10	12	14
Libraire 2	2	1	7
Libraire 3	3	9	6

Les tableaux ci-dessous indiquent le réapprovisionnement du 15 juin et les ventes jusqu'au 15 septembre.

Réapprovisionnement

	①	②	③
Libraire 1	170	140	220
Libraire 2	60	50	60
Libraire 3	20	30	20

Ventes

	①	②	③
Libraire 1	175	151	192
Libraire 2	57	50	65
Libraire 3	12	38	26

a) Utiliser le calcul matriciel pour faire l'état du stock de chaque librairie au 15 septembre.
b) Sachant que dans chaque librairie *La République* est vendu 4,50 €, *Critique de la raison pure* est vendu 3,80 € et *Pensées* est vendu 4,20 €, utiliser le calcul matriciel pour déterminer le montant des ventes de chaque librairie au 15 septembre.

16 Les tableaux ci-dessous indiquent les ventes de trois articles dans trois magasins différents durant le mois de juin, ainsi que les prix, en euros, des articles.

	Article 1	Article 2	Article 3
Magasin 1	220	50	20
Magasin 2	180	110	260
Magasin 3	40	80	90

	Prix
Article 1	2,50
Article 2	6,00
Article 3	6,80

a) Utiliser le calcul matriciel pour obtenir le montant des ventes de chaque article pour chaque magasin.
b) Le gérant de ces trois magasins estime qu'en diminuant le prix de 10 %, les ventes augmenteront de 20 %. Reprendre la question **a)** en tenant compte de l'estimation du gérant.

17 Dans le repère orthonormé ci-dessous, on a tracé la courbe $\mathscr{C}$ de la fonction *ln*.

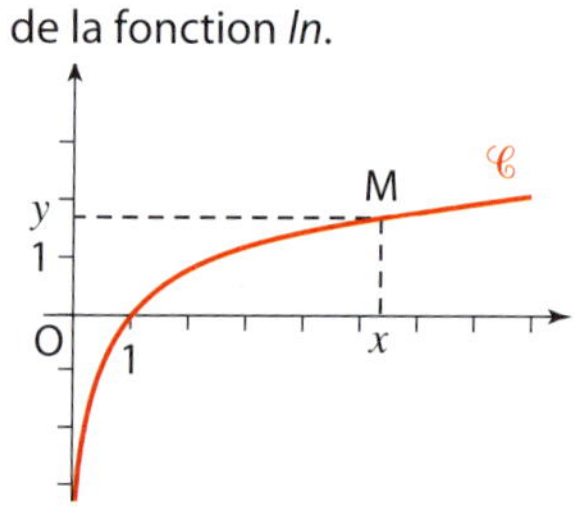

$M(x\,;y) \in \mathscr{C}$ si, et seulement si, $x > 0$ et $y = \ln x$.

On note $X=\begin{pmatrix}x\\y\end{pmatrix}$ et $X'=\begin{pmatrix}x'\\y'\end{pmatrix}$.

Déterminer, puis tracer, le lieu des points $M'(x'\,;y')$ tels que $X' = AX$ lorsque :

a) $A=\begin{pmatrix}1&0\\0&-1\end{pmatrix}$ **b)** $\begin{pmatrix}0&1\\1&0\end{pmatrix}$

18 Écrire, dans chaque cas, la matrice carrée A telle que, pour tous nombres entiers naturels *i* et *j*, compris entre 1 et 3 :

a) $a_{ij}=\begin{cases}i & \text{si } i=j\\0 & \text{si } i<j\\-1 & \text{si } i>j\end{cases}$ **b)** $a_{ij}=i+j$

19 $A=\begin{pmatrix}-0{,}2&0{,}8\\1&2\end{pmatrix}$, $B=\begin{pmatrix}1&0\\3&4\end{pmatrix}$ et $C=\begin{pmatrix}0&2\\-3&4\end{pmatrix}$.

Vérifier, par le calcul, que (A + B) C = AC + BC, puis que (AB) C = A (BC).

20 $A=\begin{pmatrix}1&-1\\2&3\end{pmatrix}$ et $B=\begin{pmatrix}-4&8\\2&0\end{pmatrix}$.

Expliquer les erreurs commises par Sophia et Yann, puis les corriger.

Sophia : $A^2 = AA = \begin{pmatrix}1&1\\4&9\end{pmatrix}$

Yann : $(A - B)(A + B) = A^2 - B^2 = \begin{pmatrix}-33&28\\16&-11\end{pmatrix}$

21 **a)** Montrer que si les produits AB et BA sont possibles, alors AB est une matrice carrée.
b) Montrer que si AB = BA, alors A et B sont deux matrices carrées et $(A+B)^2 = A^2 + 2AB + B^2$.

22 **a)** $A = \begin{pmatrix} 3 & 0 \\ 5 & 0 \end{pmatrix}$ et $B = \begin{pmatrix} 0 & 0 \\ -2 & 1 \end{pmatrix}$.
Sans calculatrice, calculer AB. Que remarque-t-on ?
Obtient-on le même résultat avec le produit BA ?
b) $C = \begin{pmatrix} 0 & 3 & 2 \\ 0 & 0 & -1 \\ 0 & 0 & 0 \end{pmatrix}$.
Sans calculatrice, calculer $C^2 = CC$, puis $C^3 = C^2C$.
Que remarque-t-on ? En déduire C^4.

Matrice inverse, système

23 *a*, *b*, *c* et *d* désignent des nombres réels.

$$A = \begin{pmatrix} -2 & 3 \\ 5 & -7 \end{pmatrix} \text{ et } B = \begin{pmatrix} a & b \\ c & d \end{pmatrix}.$$

a) Utiliser le produit AB pour montrer que A est inversible si, et seulement si :

$$\begin{cases} -2a + 3c = 1 \\ 5a - 7c = 0 \end{cases} \text{ et } \begin{cases} -2b + 3d = 0 \\ 5b - 7d = 1 \end{cases}$$

b) Résoudre ces systèmes sans calculatrice et en déduire que A est inversible ainsi que sa matrice inverse.

24 **a)** Résoudre le système $\begin{cases} x + 3y + 12z = a \\ -x - y + 16z = b \\ -2y + 7z = c \end{cases}$
où *a*, *b* et *c* désignent trois nombres réels.
b) En déduire la matrice inverse de $A = \begin{pmatrix} 1 & 3 & 12 \\ -1 & -1 & 16 \\ 0 & -2 & 7 \end{pmatrix}$.

25 **a)** Résoudre à la main le système ci-contre, dans lequel *a*, *b* et *c* sont des nombres réels donnés. $\begin{cases} x + y = a \\ y + z = b \\ x + z = c \end{cases}$
b) En déduire l'inverse de la matrice $\begin{pmatrix} 1 & 1 & 0 \\ 0 & 1 & 1 \\ 1 & 0 & 1 \end{pmatrix}$.

Pour les exercices 26 et 27, utiliser la calculatrice pour déterminer l'inverse de la matrice A.

26 **a)** $A = \begin{pmatrix} 7 & 6 \\ 5 & 4 \end{pmatrix}$ **b)** $A = \begin{pmatrix} 3 & -2 \\ -7 & 5 \end{pmatrix}$

27 **a)** $A = \begin{pmatrix} 1 & 1 & 1 \\ 1 & 2 & -1 \\ 0 & 1 & 1 \end{pmatrix}$ **b)** $A = \begin{pmatrix} 1 & -1 & 2 \\ 1 & 0 & -2 \\ 2 & -1 & 1 \end{pmatrix}$

28 Dans chacun des cas ci-dessous, valider ou invalider l'affirmation et la corriger si nécessaire.
a) $A = \begin{pmatrix} \frac{\sqrt{3}}{2} & -\frac{1}{2} \\ -\frac{1}{2} & -\frac{\sqrt{3}}{2} \end{pmatrix}$ est sa propre inverse.
b) $B = \begin{pmatrix} -3 & 4 \\ 5 & -10 \end{pmatrix}^{-1} = \begin{pmatrix} -\frac{1}{3} & \frac{1}{4} \\ 0{,}2 & -0{,}1 \end{pmatrix}$

29 Dans chaque cas, déterminer si A est inversible. Dans l'affirmative, déterminer sa matrice inverse.
a) $A = \begin{pmatrix} 3 & 2 \\ 7 & 5 \end{pmatrix}$ **b)** $A = \begin{pmatrix} 2 & -3 \\ 1 & 3 \end{pmatrix}$ **c)** $\begin{pmatrix} 2 & -4 \\ 4 & -8 \end{pmatrix}$

30 $A = \begin{pmatrix} 1 & 3 \\ 3 & 1 \end{pmatrix}$ et $I_2 = \begin{pmatrix} 1 & 0 \\ 0 & 1 \end{pmatrix}$.
a) Vérifier que $A(A - 2I_2) = 8I_2$.
b) En déduire que A est inversible et déterminer son inverse.

31 $A = \begin{pmatrix} -5 & -1 \\ -1 & 0 \end{pmatrix}$.
a) Sans utiliser la calculatrice, calculer $A^2 + 5A$.
b) Justifier que $A^2 + 5A = A(A + 5I)$ où I est la matrice identité d'ordre 2.
c) En déduire, sans calculatrice, la matrice A^{-1}.

32 Écrire les systèmes ci-dessous sous la forme d'une équation matricielle AX = B avec des matrices A, X et B que l'on précisera.
Résoudre ensuite ce système avec la calculatrice.
a) $\begin{cases} 2x - y + z = 7 \\ x + y - z = 4 \\ 4x + 7y + 2z = 0 \end{cases}$ **b)** $\begin{cases} a + 2b - c = 1 \\ a - b + c = -2 \\ 3a + 2b - 2c = 4 \end{cases}$

33 Résoudre à l'aide du calcul matriciel les systèmes :
a) $\begin{cases} y + z = 1 \\ x + z = 1 \\ x + y = 1 \end{cases}$ **b)** $\begin{cases} 7x + 8y + z = 1 \\ 8x + 2y + 3z = 3 \\ 9x + 8y + 7z = 7 \end{cases}$

34 **(S)** $\begin{cases} x - y + z = 2 \\ 2x + 2y + z = -1 \\ -x - 2y + z = 4 \end{cases}$
a) Montrer que **(S)** est équivalent à l'équation matricielle AX = B avec des matrices A, B et X à préciser.
b) Avec la calculatrice, déterminer la matrice inverse de A.
c) Expliquer alors comment calculer la matrice X, puis calculer X.

35 Les ventes d'un magasin de smartphones sont indiquées ci-dessous.

	Iphone	Nexus One	Black Berry
Octobre	14	7	9
Novembre	13	10	11
Décembre	27	18	15

	Montant total
Octobre	11 230
Novembre	12 280
Décembre	22 140

On note x (resp. y, z) le prix, en euros, d'un Iphone (resp. Nexus One, Black Berry) dans ce magasin.
Écrire un système **(S)** d'inconnues x, y, z qui relie ces tableaux. Résoudre ce système à l'aide du calcul matriciel. Conclure.

36 La courbe ci-après représente la fonction f d'expression $f(x) = ax^2 + bx + c$ où a, b, c sont des nombres réels.

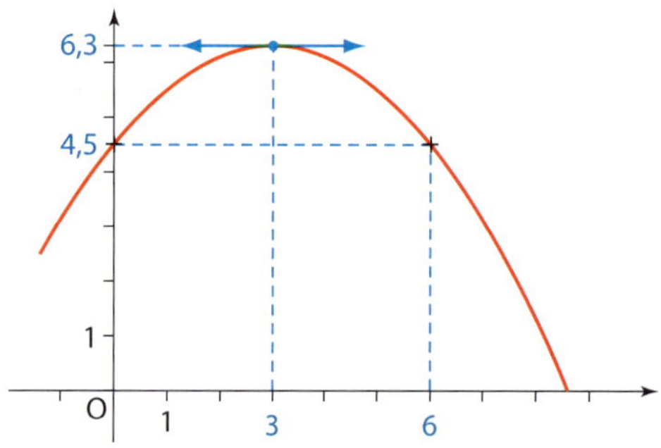

a) Utiliser les informations indiquées en bleu sur le graphique pour écrire un système **(S)** d'inconnues a, b et c.
b) Résoudre ce système à l'aide du calcul matriciel.
En déduire l'expression de $f(x)$.

Puissance *n*-ième d'une matrice carrée

37 $A = \begin{pmatrix} \frac{1}{2} & \frac{1}{2} \\ \frac{1}{2} & \frac{1}{2} \end{pmatrix}$

Calculer A^2. En déduire une expression de A^n où n est un nombre entier naturel non nul.

38 $A = \begin{pmatrix} -1 & 1 \\ 1 & -1 \end{pmatrix}$

a) Utiliser la calculatrice pour calculer A^2, A^3, A^4 et A^5.
b) Conjecturer une expression de A^n avec $n \in \mathbb{N}^*$, puis démontrer par récurrence cette conjecture.

39 Le service hot-line d'une société de téléphonie mobile reçoit trois types d'appels : des appels concernant les factures et résiliations, notés F ; des appels pour les offres commerciales, notées C ; des appels pour des problèmes techniques, notés T.
Une étude a montré qu'en moyenne :
- un appel F nécessite 5 min au standard ;
- un appel C nécessite 2 min au standard et 10 min avec un employé spécialisé ;
- un appel T nécessite 3 min au standard et 7 min avec un employé spécialisé.

Au cours de la dernière heure, la hot-line a reçu 122 appels, les standardistes ont été actifs durant 440 min et les employés spécialisés durant 580 min.
On note x (resp. y et z) le nombre d'appels F (resp. C et T) reçus au cours de la dernière heure.
a) Écrire un système **(S)** d'inconnues x, y et z qui rend compte des appels durant la dernière heure.
b) Résoudre ce système à l'aide du calcul matriciel.
Conclure.

40 « Rouge vert bleu » (ou RGB de l'anglais *red green blue*) est un format de codage des couleurs.
Chaque couleur est obtenue à l'aide d'un mélange des couleurs de base. Chaque composante est codée sur 8 bits et est donc représentée par un nombre entier compris entre 0 et 255.
Le système YC_bC_r est utilisé pour les images JPEG. Ce modèle colorimétrique permet en effet de réduire la taille d'une image.
Pour calculer les valeurs des composantes YC_bC_r d'une image à partir des composantes RGB, on utilise les formules suivantes :

$$Y = 0{,}299\,R + 0{,}587\,G + 0{,}114\,B$$
$$C_b = -0{,}1687\,R - 0{,}3313\,G + 0{,}5\,B + 128$$
$$C_r = 0{,}5\,R - 0{,}4187\,G - 0{,}0813\,B + 128$$

a) $X = \begin{pmatrix} Y \\ C_b - 128 \\ C_r - 128 \end{pmatrix}$ et $T = \begin{pmatrix} R \\ G \\ B \end{pmatrix}$.
Déterminer la matrice A telle que $X = AT$.
b) À l'aide de la calculatrice, déterminer la matrice inverse de A, puis exprimer R, G et B en fonction de Y, C_r et C_b.
Arrondir les coefficients au millième.

41 $A = \begin{pmatrix} 1 & 1 & 1 \\ 1 & 1 & 1 \\ 1 & 1 & 1 \end{pmatrix}$

a) À l'aide de la calculatrice, conjecturer une expression de A^n en fonction de n, pour n nombre entier naturel non nul.
b) Valider cette conjecture à l'aide d'une démonstration par récurrence.

42 n désigne un nombre entier naturel non nul.
Dans chacun des cas ci-dessous, conjecturer une expression de D^n en fonction de n.
Démontrer ensuite cette conjecture à l'aide d'un raisonnement par récurrence.

a) $D = \begin{pmatrix} 2 & 0 \\ 0 & -1 \end{pmatrix}$ **b)** $D = \begin{pmatrix} 3 & 0 & 0 \\ 0 & -2 & 0 \\ 0 & 0 & 4 \end{pmatrix}$

Info
*Les **matrices diagonales** sont des matrices dont tous les termes sont nuls sauf les termes situés sur la première diagonale. Très utilisées, elles permettent de simplifier les calculs.*

43 $M = \begin{pmatrix} 0 & -1 \\ 3 & 4 \end{pmatrix}$, $P = \begin{pmatrix} -1 & 1 \\ 1 & -3 \end{pmatrix}$, $D = \begin{pmatrix} 1 & 0 \\ 0 & 3 \end{pmatrix}$
a) Montrer que $M = PDP^{-1}$.
b) En déduire que $M^2 = PD^2P^{-1}$.
c) n désigne un nombre entier naturel non nul.
Exprimer D^n en fonction de n et le démontrer par récurrence.

d) Démontrer par récurrence que, pour tout nombre entier naturel n non nul, $M^n = PD^nP^{-1}$.

e) Déduire du **c)** et du **d)** une expression de M^n en fonction de n.

44 $M = \begin{pmatrix} 0 & 1 & 1 \\ -0{,}5 & 1{,}5 & -0{,}5 \\ 1{,}5 & -1{,}5 & 0{,}5 \end{pmatrix}$, $P = \begin{pmatrix} 1 & -1 & 0 \\ 1 & 0 & 1 \\ 0 & 1 & -1 \end{pmatrix}$,

$$D = \begin{pmatrix} 1 & 0 & 0 \\ 0 & -1 & 0 \\ 0 & 0 & 2 \end{pmatrix}$$

n désigne un nombre entier naturel non nul.

a) Exprimer D^n en fonction de n et le démontrer par récurrence.

b) Calculer PDP^{-1}.

c) Démontrer par récurrence que, pour tout nombre entier naturel n non nul, $M^n = PD^nP^{-1}$.

d) En déduire une expression de M^n en fonction de n.

45 Dans une forêt, les chemins de randonnées, indiqués ci-dessous, se rencontrent en quatre balises.

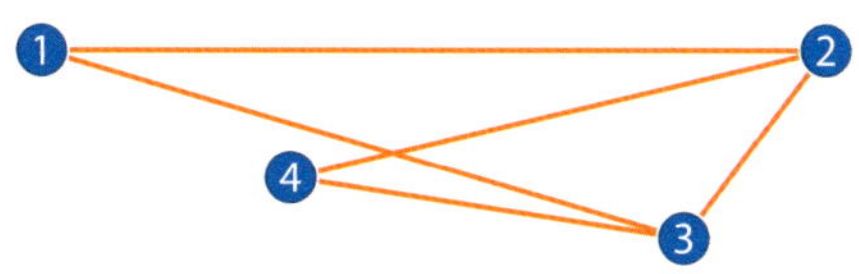

Arrivé à une balise, un randonneur choisit au hasard le chemin suivant (il peut faire demi-tour).

On note X_n la variable aléatoire égale à i ($1 \leqslant i \leqslant 4$) si le randonneur est à la balise i à la n-ième étape.

a) Pour tout nombre entier naturel n, expliquer pourquoi $P(X_{n+1} = 1) = \frac{1}{3}P(X_n = 2) + \frac{1}{3}P(X_n = 3)$.

Exprimer de la même façon $P(X_{n+1} = i)$ pour $i = 2$, $i = 3$ puis $i = 4$.

b) On note :

$$P_n = \begin{pmatrix} P(X_n = 1) & P(X_n = 2) & P(X_n = 3) & P(X_n = 4) \end{pmatrix}$$

Montrer que $P_{n+1} = P_nM$ avec une matrice M que l'on précisera.

c) Le randonneur part de la balise ❶, donc :

$$P_0 = \begin{pmatrix} 1 & 0 & 0 & 0 \end{pmatrix}$$

Utiliser la relation du **b)** pour en déduire la probabilité que le randonneur se trouve à la balise ❹ à la :

- 1re étape
- 3e étape
- 10e étape

46 Une fourmi parcourt les côtés d'un triangle équilatéral ABC, en partant du sommet A et en mettant 1 minute pour parcourir un côté. Arrivée à un sommet, elle choisit au hasard l'un ou l'autre des deux côtés issus de ce sommet pour poursuivre sa marche.

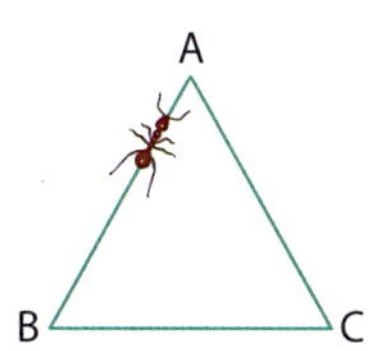

1. a) Avec un tableur, réaliser une feuille de calcul pour simuler 1 000 promenades de 5 minutes.

b) Déterminer la position de la fourmi la plus probable au bout de 5 min.

2. On note par la matrice ligne $P_0 = \begin{pmatrix} 1 & 0 & 0 \end{pmatrix}$ l'état initial du processus aléatoire.

a) Écrire la matrice de transition M de ce processus.

b) Déterminer $P_1 = P_0M$ et $P_2 = P_0M^2$.

c) Avec la calculatrice, déterminer l'état du processus au bout de 5 min.

Cela confirme-t-il la réponse obtenue au **1. b)** ?

47 Algorithmique

Un pion se déplace sur le damier suivant constitué de 9 cases ; au départ, il est sur la case 0.

–4	–3	–2	–1	0	1	2	3	4

Les déplacements du pion sont déterminés par le lancer d'une pièce de monnaie (bien équilibrée).

Si la pièce tombe du côté Face, le pion se déplace d'une case vers la droite, sinon il se déplace d'une case vers la gauche. Si le pion est sur la case 4 ou –4, il y reste.

Un trajet est une succession de quatre déplacements.

On se propose de déterminer la probabilité de l'événement « Le pion est revenu à sa position de départ à l'issue du trajet », à l'aide de l'outil matriciel.

On peut assimiler la situation précédente à une marche aléatoire sur un graphe dont les sommets représentent la position du pion : 0, 1, 2, 3, 4, –1, –2, –3 et –4.

a) Justifier que la matrice de transition associée à cette marche aléatoire est :

$$A = \frac{1}{2}\begin{pmatrix} 0 & 1 & 0 & 0 & 0 & 1 & 0 & 0 & 0 \\ 1 & 0 & 1 & 0 & 0 & 0 & 0 & 0 & 0 \\ 0 & 1 & 0 & 1 & 0 & 0 & 0 & 0 & 0 \\ 0 & 0 & 1 & 0 & 1 & 0 & 0 & 0 & 0 \\ 0 & 0 & 0 & 0 & 2 & 0 & 0 & 0 & 0 \\ 1 & 0 & 0 & 0 & 0 & 0 & 1 & 0 & 0 \\ 0 & 0 & 0 & 0 & 0 & 1 & 0 & 1 & 0 \\ 0 & 0 & 0 & 0 & 0 & 0 & 1 & 0 & 1 \\ 0 & 0 & 0 & 0 & 0 & 0 & 0 & 0 & 2 \end{pmatrix}$$

b) À l'aide de la calculatrice, déterminer :

$$\begin{pmatrix} 1 & 0 & 0 & 0 & 0 & 0 & 0 & 0 & 0 \end{pmatrix} \times A^4$$

En déduire la réponse à la question posée.

c) La séquence RanInt(0,1) renvoie 0 ou 1.

Quel est le rôle de l'algorithme ci-dessous ?

```
Initialisation
S = 0
Traitement
Pour K de 1 jusqu'à 4
  | S prend la valeur S +2× RanInt(0,1)–1
  | Afficher S
FinPour
```

On suppose que RanInt a donné successivement 0, 1, 1, 1. Qu'obtient-on à l'affichage ?

d) Traduire cet algorithme dans le langage d'un logiciel ou d'une calculatrice et simuler cette situation.

Objectif Bac

QCM

48 Pour chaque question, il y a une seule réponse correcte. Le candidat doit indiquer par **a)**, **b)** ou **c)** la réponse qu'il juge correcte. Aucune justification n'est demandée.

1. $A = \begin{pmatrix} 0 & 1 \\ 2 & -1 \end{pmatrix}$ et $B = \begin{pmatrix} 6 & 5 \end{pmatrix}$

a) $AB = \begin{pmatrix} 5 \\ 7 \end{pmatrix}$ **b)** $AB = \begin{pmatrix} 10 & 1 \end{pmatrix}$ **c)** Le produit AB ne peut pas être calculé

2. $C = \begin{pmatrix} 1 & -1 & 0 \\ -1 & 1 & 0 \\ 0 & 0 & 2 \end{pmatrix}$ et I_3 désigne la matrice identité d'ordre 3.

Pour tout nombre entier naturel n non nul :

a) $C^n = -4C$ **b)** $C^n = 2^n C$ **c)** $C^n = 2^{n-1} C$

3. $D = \begin{pmatrix} 1 & 2 \\ 1 & -3 \end{pmatrix}$. La matrice inverse de D est :

a) $\begin{pmatrix} 1 & \frac{1}{2} \\ 1 & -\frac{1}{3} \end{pmatrix}$ **b)** $\frac{1}{5}\begin{pmatrix} 3 & 2 \\ 1 & -1 \end{pmatrix}$ **c)** $\frac{1}{5}\begin{pmatrix} 2 & 3 \\ 6 & -6 \end{pmatrix}$

Aide
Revoir les opérations sur les matrices et utiliser la calculatrice pour vérifier et/ou conjecturer puisqu'aucune justification n'est demandée.

Vrai-Faux

49 Pour chacune des affirmations, dire si elle est vraie ou fausse. Justifier.
Pour son année de Première S, Leila s'était achetée 4 stylos bleus et 3 rouges pour un total de 20,20 €.
Pour son année de Terminale S, elle s'est achetée, aux mêmes prix, 7 stylos bleus et 5 rouges pour un total de 34,75 €.
x (resp. y) désigne le prix d'un stylo bleu (resp. rouge).

1. L'énoncé se traduit par le système :

$$(\mathbf{S})\ \begin{cases} 4x + 3y = 20{,}20 \\ 7x + 5y = 34{,}75 \end{cases}$$

2. **(S)** est équivalent à $AX = B$ avec :

$$X = \begin{pmatrix} x \\ y \end{pmatrix},\ B = \begin{pmatrix} 20{,}20 \\ 34{,}75 \end{pmatrix} \text{ et } A = \begin{pmatrix} 4 & 7 \\ 3 & 5 \end{pmatrix}$$

3. **(S)** est équivalent à $X = MB$ avec $M = \begin{pmatrix} -5 & 3 \\ 7 & -4 \end{pmatrix}$.

4. Un stylo rouge coûte 3,25 €.

5. Le produit MB est égal au produit BM.

Aide
2. La matrice A est celle des coefficients de x et y dans les membres de gauche du système **(S)**, sans les changer de position.
3. Vérifier si M est la matrice inverse de A.
4. Effectuer le produit MB avec la calculatrice.

50 Le candidat portera sur sa copie, en regard du numéro de l'affirmation, et avec le plus grand soin, la mention Vrai ou Faux.
Une coccinelle se déplace sur le triangle ci-contre. Arrivée à un sommet, elle choisit au hasard une arête partant de ce sommet et la parcourt jusqu'à atteindre l'autre sommet (elle peut revenir sur ses pas).

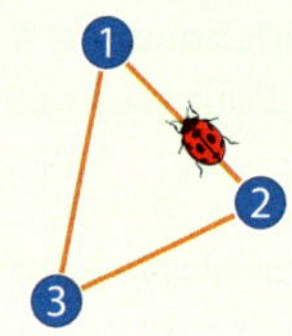

On note X_n la variable aléatoire égale à 1 (resp. à 2, à 3) si la coccinelle se trouve sur le sommet 1 (resp. 2, 3) au bout de n déplacements.
On pose $P_n = \begin{pmatrix} P(X_n = 1) & P(X_n = 2) & P(X_n = 3) \end{pmatrix}$.

1. Pour tout n de $\mathbb{N}$, $P_{n+1} = P_n M$ avec :

$$M = \frac{1}{3}\begin{pmatrix} 0 & 1 & 1 \\ 1 & 0 & 1 \\ 1 & 1 & 0 \end{pmatrix}$$

2. La coccinelle démarre du sommet 1. Alors :

$$P_1 = \begin{pmatrix} \frac{1}{3} & \frac{1}{3} & \frac{1}{3} \end{pmatrix}$$

3. La coccinelle démarre du sommet 2.
La probabilité qu'elle se trouve au sommet 1 au bout de 3 déplacements est $\frac{1}{3}$.

4. Plus la coccinelle parcourt d'arêtes, plus la probabilité de se retrouver au point de départ est grande.

Vérifier les réponses p. 156

51 Le temps au pays d'Oz

Le temps au pays d'Oz est très particulier, il y a trois états : Pluvieux ①, Beau ② et Neigeux ③.

Des études ont rapporté les faits suivants :

• il ne fait jamais beau deux jours de suite ;

• s'il fait beau un jour, il peut aussi bien pleuvoir que neiger le lendemain ;

• s'il pleut ou s'il neige, il y a une chance sur deux qu'il fasse le même temps le lendemain et une chance sur quatre qu'il fasse beau.

1. Compléter le graphe probabiliste ci-dessous.

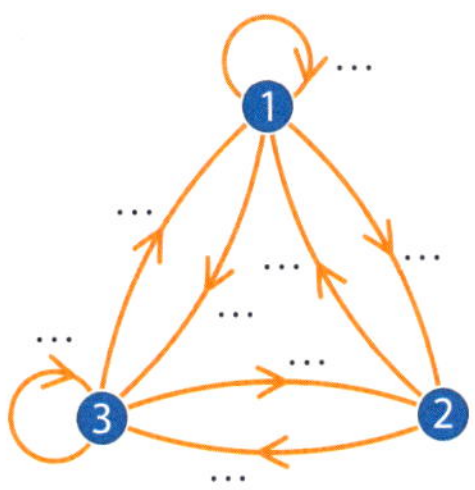

2. Construire un arbre de probabilité qui décrit l'évolution du temps pour deux jours consécutifs.

3. Écrire la matrice de transition M dans laquelle le coefficient a_{ij} est la probabilité de passer de l'état i à l'état j.

Dans la suite de l'exercice, les valeurs seront arrondies au centième.

4. n désigne un nombre entier naturel.

On note T_n la variable aléatoire égale à 1 s'il pleut, 2 s'il fait beau et 3 s'il neige le n-ième jour et P_n la matrice ligne :

$$P_n = (P(T_n = 1) \quad P(T_n = 2) \quad P(T_n = 3))$$

a) Aujourd'hui lundi, il fait beau.

Écrire la matrice ligne P_0, puis déterminer P_1.

b) Calculer M^2, puis donner une expression de P_2 en fonction de M et P_0.

c) Exprimer P_2 en fonction de P_0 et M, puis donner la probabilité qu'il fasse beau mercredi.

5. a) Démontrer par récurrence que, pour tout n de $\mathbb{N}$:

$$P_n = P_0 M^n$$

b) Aujourd'hui lundi, il neige.

Quelle est la probabilité qu'il neige :

• mercredi ? • dans 15 jours ?

Aide

2. Utiliser le graphe de la question **1**.

3. La matrice de transition est :

$$M = \begin{pmatrix} \frac{1}{2} & \frac{1}{4} & \cdots \\ \frac{1}{2} & \cdots & \cdots \\ \cdots & \cdots & \cdots \end{pmatrix}$$

5. a) Initialiser la récurrence et pour l'hérédité, faire au préalable le lien entre les matrices lignes P_{n+1} et P_n.

52 Sans calculatrice

$a_0 = 2$, $b_0 = 1$ et, pour tout n de $\mathbb{N}$:

$$\textbf{(S)} \begin{cases} a_{n+1} = 8a_n + b_n \\ b_{n+1} = 2a_n + 9b_n \end{cases}$$

a) Démontrer que l'on peut écrire **(S)** sous la forme $\begin{pmatrix} a_{n+1} \\ b_{n+1} \end{pmatrix} = A \begin{pmatrix} a_n \\ b_n \end{pmatrix}$, où A est une matrice que l'on précisera.

b) Démontrer par récurrence que, pour tout nombre entier naturel n non nul :

$$\begin{pmatrix} a_n \\ b_n \end{pmatrix} = A^n \begin{pmatrix} a_0 \\ b_0 \end{pmatrix}$$

c) On pose $P = \begin{pmatrix} 1 & 1 \\ -1 & 2 \end{pmatrix}$.

Démontrer que $P^{-1} = \frac{1}{3}\begin{pmatrix} 2 & -1 \\ 1 & 1 \end{pmatrix}$.

d) Calculer le produit matriciel :

$$B = \frac{1}{3}\begin{pmatrix} 1 & 1 \\ -1 & 2 \end{pmatrix}\begin{pmatrix} 7 & 0 \\ 0 & 10 \end{pmatrix}\begin{pmatrix} 2 & -1 \\ 1 & 1 \end{pmatrix}$$

e) Démontrer que, pour tout nombre entier naturel n non nul, $\quad B^n = P\begin{pmatrix} 7^n & 0 \\ 0 & 10^n \end{pmatrix}P^{-1}$.

f) En déduire a_n et b_n en fonction de n.

D'après *Concours EMIA - Sciences*

Aide

c) Que suffit-il de vérifier pour s'assurer que la matrice proposée est l'inverse de P ?

e) Utiliser un raisonnement par récurrence et le fait que $B^{n+1} = B^n \times B$ et $P^{-1} \times P = I_2$ où I_2 est la matrice identité d'ordre 2.

53 Porter un regard critique

(S) est le système $\begin{cases} ax + 3y + 4z = 63 \\ 6x + 9y + 12z = 21 \\ 2x - y + z = 14 \end{cases}$

où a désigne un nombre réel.

a) Écrire matriciellement ce système sous la forme :

$$AX = B.$$

b) Résoudre ce système pour $a = 2{,}1$.

Interpréter géométriquement le résultat obtenu.

c) On se propose maintenant de résoudre ce système pour $a = 1{,}9$. Pierre affirme : « 2,1 ou 1,9, ce n'est pas très éloigné. On doit donc obtenir à peu près la même solution ». A-t-il raison ?

d) Maintenant on pose $a = 2$. Peut-on résoudre le système en utilisant l'égalité $X = A^{-1}B$?

Expliquer géométriquement pourquoi.

Aide

d) Penser aux équations de plans de l'espace.

Voir p. 156 et site compagnon

Exercices d'entraînement

Pour développer ses compétences

Résoudre des problèmes

54 Trois méthodes pour démontrer

$M = \begin{pmatrix} 1 & 0 \\ a & 1 \end{pmatrix}$ où a désigne un nombre réel strictement positif et $I_2 = \begin{pmatrix} 1 & 0 \\ 0 & 1 \end{pmatrix}$.

On se propose de déterminer la matrice $M^{1\,000}$ à l'aide de trois méthodes différentes.

1. Première méthode

a) Calculer M^2, M^3 et M^4.

b) Conjecturer, puis démontrer l'expression de M^n en fonction de n.

En déduire l'expression de $M^{1\,000}$.

2. Deuxième méthode

a) Vérifier que $M^2 = 2M - I_2$.

b) En déduire M^3 et M^4 en fonction de M et I_2.

c) Conclure.

3. Troisième méthode

a) Démontrer que $M = I_2 + A$, où A est une matrice carrée que l'on déterminera.

b) Calculer A^2.

c) En déduire les expressions de M^2, M^3 et M^4 en fonction de A et I_2.

d) Exprimer alors $M^{1\,000}$ en fonction de A et de I_2.

En déduire $M^{1\,000}$.

55 Fabrication de pièces

Une usine fabrique trois types de pièces dans un même matériau.

Le nombre total de pièces fabriquées est N, leur masse totale en kg est M, le coût total d'expédition en euros est C.

Le tableau ci-dessous indique les masses et coûts d'expédition de chaque pièce.

Type de pièce	①	②	③
Coût d'expédition d'une pièce	40	20	10
Masse d'une pièce	1	2	3

On se propose de déterminer dans différentes situations le nombre de pièces de chaque type fabriquées.

1. a) Écrire un système linéaire traduisant les informations sur cette fabrication.

b) Montrer que ce système est équivalent à l'équation matricielle AX = B avec des matrices A, X et B à préciser.

c) En déduire l'expression de X en fonction de A et B ; puis de x, y et z en fonction de M, N et C.

2. Combien a-t-on fabriqué de pièces de chaque type :

a) lorsque C = 8 100 €, M = 360 kg, N = 250 ?

b) lorsque C = 8 100 €, M = 850 kg, N = 390 ?

56 Déplacement d'un robot

Un robot se déplace entre les quatre sommets A, B, C et D ci-dessous en suivant les arêtes. Parvenu à un sommet, il choisit au hasard une arête et met 1 minute à se déplacer jusqu'au sommet suivant.

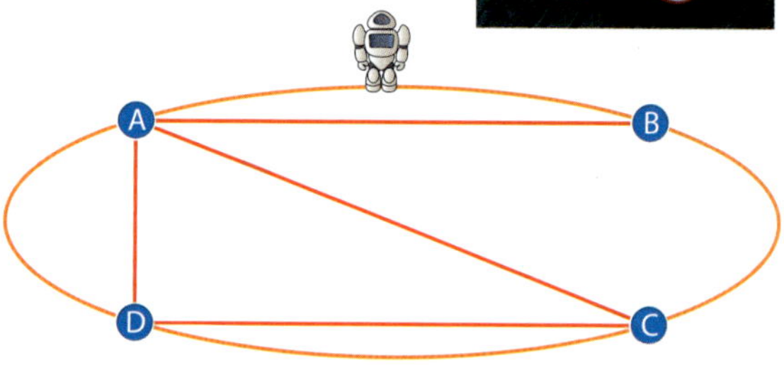

On se propose de connaître la position la plus probable du robot au bout d'un certain nombre de déplacements.

1. Reproduire et compléter avec des probabilités le graphe probabiliste ci-dessous, puis donner sa matrice de transition M.

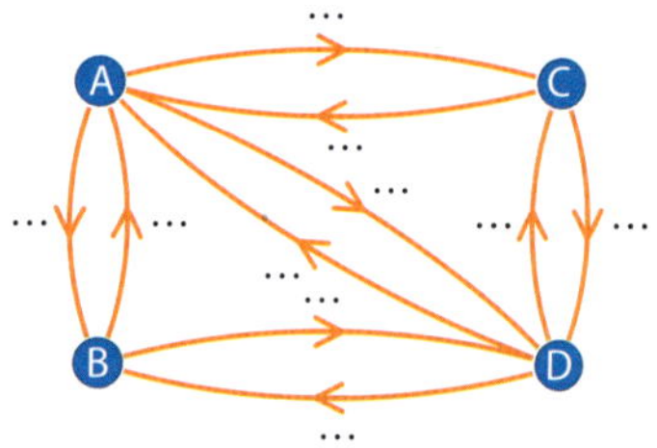

2. n désigne un nombre entier naturel.

On note S_n la variable aléatoire égale à 1 (resp. 2, 3, 4) si le robot se trouve au sommet A (resp. B, C, D) après n déplacements.

On note :

$$P_n = (P(S_n = 1) \quad P(S_n = 2) \quad P(S_n = 3) \quad P(S_n = 4))$$

Le robot démarre du sommet A.

a) Déterminer P_0, puis calculer P_1.

b) À l'aide d'une égalité matricielle, exprimer P_{n+1} en fonction de P_n.

c) Montrer par récurrence que, pour tout n de $\mathbb{N}$:

$$P_n = P_0 M^n.$$

3. À quel sommet le robot a-t-il le plus de chances de se trouver :

a) au bout de 3 minutes ?

b) au bout de 10 minutes ?

57 Modification d'un écosystème

Une espèce de tortue de rivière est présente depuis de nombreuses années dans une région d'Europe.
Des tortues de rivière de Californie ont été relâchées, en 2010, par des particuliers dans cette région. Les deux espèces cohabitent et on estime pour des raisons biologiques (nourriture, prédateurs…) que le nombre global de tortues reste stable.
Dans le modèle envisagé, on suppose que :
- 5 % des tortues européennes, contre 8 % des tortues californiennes meurent chaque année ;
- lorsqu'une tortue meurt, une tortue californienne, plus résistante, la remplace dans 90 % des cas.

En 2010, 10 tortues californiennes ont été relâchées et on estime qu'il y avait alors 1 490 tortues européennes.
On se propose de mesurer l'impact des tortues de Californie sur l'espèce d'origine.

1. n désigne un nombre entier naturel.
On note e_n (resp. c_n) le nombre de tortues européennes (resp. californiennes) présentes en 2010 + n.

a) Déterminer e_0 et c_0, puis calculer e_1 et c_1.

b) Justifier que, pour tout n de $\mathbb{N}$:
$$e_{n+1} = (0{,}95 + 0{,}1 \times 0{,}05)\, e_n + 0{,}1 \times 0{,}08\, c_n$$

c) Exprimer c_{n+1} en fonction de e_n et c_n.

d) En déduire que, pour tout n de $\mathbb{N}$:
$$(e_{n+1} \quad c_{n+1}) = (e_n \quad c_n)\,\mathrm{M}$$
où M est une matrice carrée que l'on précisera.

e) Démontrer par récurrence que, pour tout n de $\mathbb{N}$:
$$(e_n \quad c_n) = (e_0 \quad c_0)\,\mathrm{M}^n$$

2. Impact sur l'espèce
Quelle sera la proportion de tortues européennes dans cette région en 2014 ? en 2020 ?

58 Puissance d'une matrice

$$\mathrm{A} - \begin{pmatrix} 3 & -2 \\ 2 & -1 \end{pmatrix}$$

On se propose de déterminer A^n pour tout nombre entier naturel n non nul.

a) Déterminer une matrice B telle que $\mathrm{A} = \mathrm{I}_2 + \mathrm{B}$ où I_2 désigne la matrice unité d'ordre 2, puis calculer B^2.

b) En déduire le calcul de A^2.

c) Montrer, à l'aide d'un raisonnement par récurrence que, pour tout nombre entier naturel $n \geqslant 1$.
$$\mathrm{A}^n = \begin{pmatrix} 1+2n & -n \\ 2n & 1-2n \end{pmatrix}$$

59 Slalom géant

Lors d'un slalom géant, la trajectoire d'un skieur peut être modélisée par la fonction d définie sur [0 ; 4] par :
$$y(t) = at^3 + bt^2 + ct + d$$
où a, b, c et d désignent des nombres réels et où $y(t)$ est exprimé en mètres et t en secondes.
Cette trajectoire est représentée dans le repère suivant.

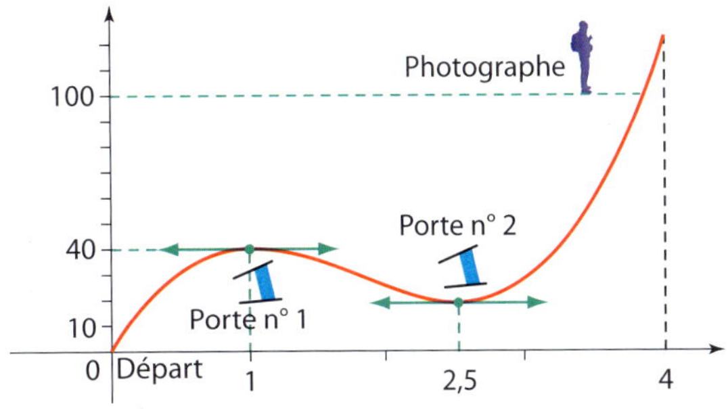

On se propose de déterminer le moment précis où le photographe a photographié le skieur.

1. Recherche de l'expression de $y(t)$

a) Expliquer pourquoi $d = 0$.

b) Utiliser les deux informations fournies à la porte n° 1 et l'information fournie à la porte n° 2 pour écrire un système d'équations **(S)** d'inconnues a, b et c.

c) Montrer que **(S)** est équivalent à l'équation matricielle AX = B avec :
$$\mathrm{A} = \begin{pmatrix} 1 & 1 & 1 \\ 3 & 2 & 1 \\ 18{,}75 & 5 & 1 \end{pmatrix},\ \mathrm{B} = \begin{pmatrix} 40 \\ 0 \\ 0 \end{pmatrix} \text{ et } \mathrm{X} = \begin{pmatrix} a \\ b \\ c \end{pmatrix}$$

d) Résoudre le système **(S)** à l'aide du calcul matriciel et en déduire l'expression de $y(t)$. Les résultats seront arrondis au millième.

2. Réponse au problème

a) Dresser le tableau de variation de la fonction y.

b) En déduire que l'équation $y(t) = 100$ possède une unique solution α située entre 2,5 et 4.

c) Utiliser la calculatrice pour déterminer une valeur approchée de α à 10^{-2} près. Conclure.

60 Avec une suite géométrique

$$\mathrm{A} = \begin{pmatrix} 1 & 0 & 0 \\ 6 & -5 & 6 \\ 3 & -3 & 4 \end{pmatrix}$$ et, pour tout nombre entier naturel n non nul, on note a_n le terme situé à la 3e ligne et la 1re colonne de la matrice A^n.
On se propose d'exprimer les coefficients de la matrice A^n en fonction de n.

1. Démontrer par récurrence que, pour tout n de $\mathbb{N}$:
$$\mathrm{A}^n = \begin{pmatrix} 1 & 0 & 0 \\ 2a_n & 1-2a_n & 2a_n \\ a_n & -a_n & 1+a_n \end{pmatrix}$$

2. Exprimer A^{n+1} en fonction de a_n.
En déduire que pour tout n, $a_{n+1} = 3 - 2a_n$.

3. b est la suite définie sur $\mathbb{N}$ par $b_n = a_n - 1$.

a) Démontrer que b est une suite géométrique dont on précisera le premier terme et la raison.

b) Exprimer b_n puis a_n en fonction de n.

c) En déduire une expression de A^n en fonction de n.

61 Cueillette forestière

Un amateur de champignons sauvages garde secret trois lieux ①, ② et ③ de cueillette. Lorsque c'est la saison, il se rend, chaque semaine, sur l'un des trois lieux.

Cette année, il a décidé que, si les champignons sont rares :

- au lieu ①, alors la semaine suivante, il se rendra au lieu ② avec une probabilité de 0,3 ou au lieu ③ avec une probabilité de 0,7 ;
- au lieu ②, alors la semaine suivante, il se rendra au lieu ① ou au lieu ③ de manière équiprobable ;
- au lieu ③, alors la semaine suivante, il se rendra au lieu ① avec une probabilité de 0,4 ou au lieu ② avec une probabilité de 0,6.

Pour tout nombre entier naturel n non nul, on note C_n la variable aléatoire égale à 1 (resp. à 2, à 3) lorsque cet amateur se trouve sur le lieu de cueillette ① (resp. ②, ③) la n-ième semaine.

On se propose de déterminer le lieu de cueillette le plus probable la 4e semaine, en fonction du premier lieu choisi.

1. Arbre de probabilité

a) Reproduire et compléter l'arbre de probabilité ci-dessous.

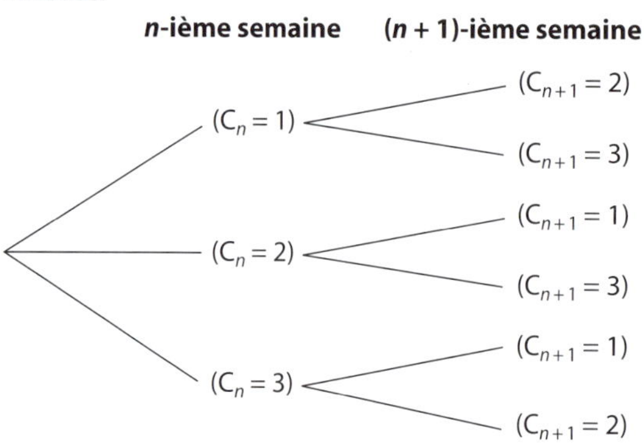

b) Exprimer $P(C_{n+1} = 1)$ en fonction de $P(C_n = 1)$, $P(C_n = 2)$ et $P(C_n = 3)$.

Exprimer de manière analogue $P(C_{n+1} = 2)$ et $P(C_{n+1} = 3)$.

2. Graphe probabiliste

a) Représenter cette situation par un graphe probabiliste dont on donnera la matrice de transition M.

b) Pour tout nombre entier naturel n non nul, on note :

$$P_n = (P(C_n = 1) \quad P(C_n = 2) \quad P(C_n = 3))$$

Justifier que $P_{n+1} = P_n M$.

c) Démontrer par récurrence que, pour tout $n \geqslant 1$:

$$P_n = P_1 M^{n-1}$$

3. La 4e semaine

Sur quel lieu a-t-on le plus de chance de croiser cet amateur de champignons la 4e semaine s'il a commencé la saison de cueillette :

- au lieu ① ?
- au lieu ② ?
- au lieu ③ ?

62 Dynamique de population

Les petites cavités d'une barrière de corail peuvent être habitées soit par un oursin, soit par une jeune murène. Dans le modèle envisagé ici, on suppose que 3 % des oursins meurent chaque mois et 10 % des murènes, devenues trop grandes, quittent la barrière de corail. De plus, 70 % des cavités laissées vacantes sont prises par un nouvel oursin.

Au mois de janvier, on estime que les petites cavités de cette barrière de corail sont équitablement habitées par des oursins et de jeunes murènes.

On suppose que toutes les cavités restent occupées.

On se propose de savoir si l'une des espèces va proliférer au dépend de l'autre.

1. Modélisation

n désigne un nombre entier naturel non nul.

On note s_n (resp. m_n) la proportion d'oursins (resp. de murènes) dans les cavités le n-ième mois.

a) Déterminer s_1 et m_1, puis calculer s_2 et m_2.

b) Justifier, pour tout $n \geqslant 1$:

$$s_{n+1} = (0{,}97 + 0{,}7 \times 0{,}03)\, s_n + 0{,}7 \times 0{,}1\, m_n$$

c) Exprimer m_{n+1} en fonction de s_n et m_n.

d) En déduire que, pour tout $n \geqslant 1$:

$$(s_{n+1} \quad m_{n+1}) = (s_n \quad m_n)\,A$$

avec une matrice carrée A que l'on précisera.

e) Démontrer par récurrence que, pour tout $n \geqslant 1$:

$$(s_n \quad m_n) = (s_1 \quad m_1)\,A^{n-1}$$

2. Prolifération

On estime qu'il y a prolifération d'une espèce lorsqu'elle occupe plus de 80 % de l'habitat.

Y a-t-il prolifération d'une des deux espèces :

a) au mois de décembre ?

b) au bout d'un an et demi ?

Porter un regard critique

63 Des objets de même nature

$$A = \begin{pmatrix} -7 & 12 & 4 \\ -2 & 4 & 1 \\ -12 & 18 & 7 \end{pmatrix}$$

a) Calculer $\frac{1}{2}A^3 - 2A^2 + \frac{5}{2}A$.

b) Un professeur demande à Karine d'en déduire la matrice A^{-1} inverse de la matrice A.

Voici la réponse de Karine et un commentaire de son professeur.

En mettant A en facteur dans l'expression du **a)**, j'obtiens :

$A\times\left(\frac{1}{2}A^2 - 2A + \frac{5}{2}\right) = I$, or $A\times A^{-1} = I$,

donc $A^{-1} = \frac{1}{2}A^2 - 2A + \frac{5}{2}$

Mais voici ce qu'affiche ma calculatrice

C'est normal, ce ne sont pas les mêmes objets mathématiques

Expliquer le commentaire du professeur et proposer une solution correcte à cet exercice.

64 Choix équiprobables

Le graphe suivant résume les déplacements possibles entre deux étapes successives d'une marche aléatoire à trois sommets, numérotés ①, ② et ③.

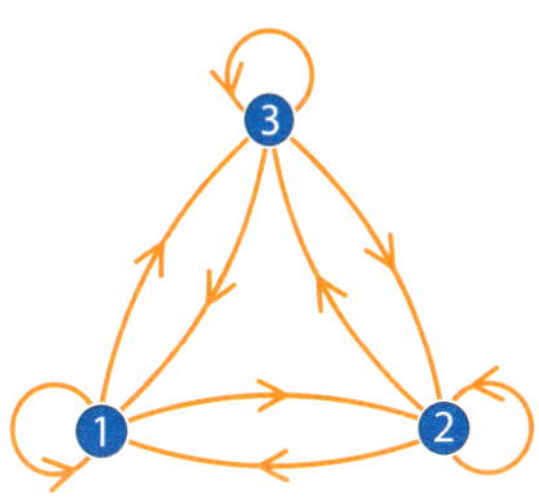

Partant d'un sommet à l'étape n, on peut se trouver, à l'étape $(n + 1)$ sur l'un des trois sommets de manière équiprobable.

Élian affirme que puisque les déplacements sont équiprobables, la probabilité de se trouver au sommet ② au bout de 5 étapes est indépendante du sommet choisi au départ. Qu'en pensez-vous ? Justifier.

Communiquer à l'écrit, à l'oral

65 Math in english

Prove, using an inductive reasoning, that for any square matrix A and B, of the same order and such that AB = BA, one has, for all matrical integer n:

$$(A+B)^n = \sum_{k=0}^{n}\binom{n}{k}A^k B^{n-k}$$

66 À la recherche du concessionnaire

Un concessionnaire se déplace tous les jours de la semaine entre ses quatre concessions situées dans quatre villes A, B, C et D.

a) Ses déplacements sont planifiés de la manière suivante :

- s'il est dans la ville A un certain jour, le lendemain il peut être de manière équiprobable dans l'une des trois autres villes ;
- s'il est dans la ville B, il se rend de manière équiprobable dans la ville C ou la ville D ;
- s'il est dans la ville C, il se rend de manière équiprobable dans la ville A ou la ville B ;
- s'il est dans la ville D, il se rend de manière équiprobable dans la ville A ou dans la ville B.

Le lundi, le concessionnaire est dans la ville A où se situe son bureau principal.

Le 5ᵉ jour, a-t-on plus de chances de trouver le concessionnaire dans la ville A ou dans la ville B ?

b) La semaine suivante, il décide de planifier ses déplacements selon le graphe probabiliste ci-dessous.

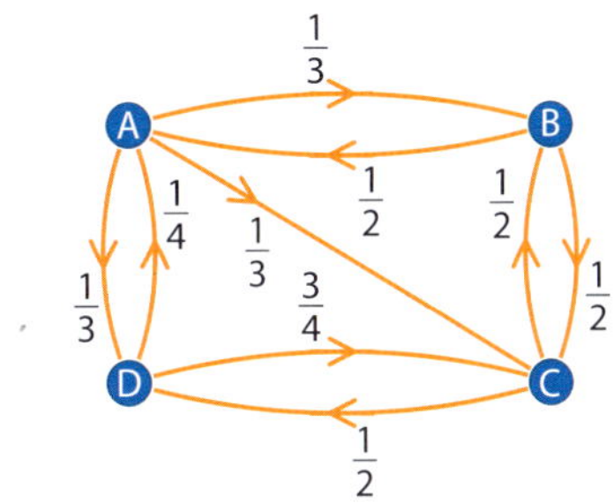

Le 5ᵉ jour, a-t-on plus de chances de trouver le concessionnaire dans la ville A ou dans la ville B ?

S'initier à la logique

67 Matrice triangulaire, matrice diagonale

Dans chacun des cas ci-dessous, si la proposition est vraie, la démontrer, sinon exhiber un contre-exemple.

$$A = \begin{pmatrix} 2 & 5 \\ 0 & -3 \end{pmatrix} \text{ et } B = \begin{pmatrix} 1 & 0 & 0 \\ 0 & -2 & 0 \\ 0 & 0 & 4 \end{pmatrix}$$

n désigne un nombre entier naturel non nul.

a) Pour tout n, $A^n = \begin{pmatrix} 2^n & 5^n \\ 0 & (-3)^n \end{pmatrix}$.

b) Il existe un nombre entier $n_0 \geqslant 1$ tel que, pour tout $n \geqslant n_0$, $A^n = \begin{pmatrix} 0 & 0 \\ 0 & 0 \end{pmatrix}$.

c) Il existe un n, $A^n = \begin{pmatrix} 2^n & 5^n \\ 0 & (-3)^n \end{pmatrix}$.

d) Pour tout n, $B^n = \begin{pmatrix} 1 & 0 & 0 \\ 0 & (-2)^n & 0 \\ 0 & 0 & 4^n \end{pmatrix}$.

68 Quantificateurs

$$A = \begin{pmatrix} 2 & 1 & 1 \\ 1 & 2 & 1 \\ 1 & 1 & 2 \end{pmatrix}$$

Sébastien affirme : « Pour tout nombre entier naturel n, il existe des nombres α_n et β_n tels que $M^n = \alpha_n M + \beta_n I_n$ ». Qu'en pensez-vous ?

Exercices d'approfondissement

Pour aller plus loin

69 Avec un guide

Une certaine espèce de scarabées ne vit au maximum que trois ans. Une année (année 0), on considère une famille de ces scarabées, composée de trois groupes d'âges :

- x scarabées sont dans leur première année ;
- y scarabées sont dans leur deuxième année ;
- z scarabées sont dans leur troisième année.

On note cette composition à l'aide de la matrice ligne :

$$X_0 = \begin{pmatrix} x & y & z \end{pmatrix}$$

Pour cette espèce de scarabées, on a observé que :
- la moitié des scarabées meurent durant leur première année ;
- parmi les survivants, les deux tiers meurent durant leur deuxième année ;
- ceux qui restent la troisième année donnent naissance à 6 scarabées avant de mourir.

1. Déterminer, en fonction de x, y et z, la composition de la famille au bout d'un an.

2. On note X_n la matrice ligne donnant la composition de la famille au bout de n années.

a) Déterminer la matrice A telle que $X_{n+1} = X_n A$.

b) Vérifier que $A^3 = I_3$ où I_3 est la matrice identité.

c) En déduire la répartition des groupes d'âges, en fonction de x, y et z, après n années (distinguer les cas $n = 3k$, $n = 3k + 1$ et $n = 3k + 2$, pour k nombre entier naturel).

Guide de résolution

2. a) On peut s'aider d'un arbre de probabilité ou d'un graphe probabiliste à trois sommets.

c) Utiliser la propriété démontrée à la question précédente.

70 Le bouche à oreille

Au cours d'une réunion d'experts en environnement, une personnalité X annonce à une première personne A_0 qu'il sera certainement le prochain ministre de l'Environnement.

Le problème est que, bien souvent, les informations sont mal transmises…

On admet donc qu'une personne a 2 chances sur 5 de transmettre un message contraire à celui qu'elle a reçu.

P_n est la matrice ligne donnant dans cet ordre les probabilités que la personne A_n pense que X sera le prochain ministre de l'Environnement ou pense qu'il ne le sera pas.

Ainsi, $P_0 = \begin{pmatrix} 1 & 0 \end{pmatrix}$ car A_0 a reçu l'information de X lui-même, et $P_1 = \begin{pmatrix} \frac{3}{5} & \frac{2}{5} \end{pmatrix}$ d'après la règle énoncée ci-dessus.

a) Donner la matrice A telle que $P_{n+1} = P_n A$.

b) Expliquer pourquoi $P_n = P_0 A^n$.

c) Donner les probabilités que la 3e personne, la 9e personne et la 13e personne sachent que X sera le prochain ministre de l'Environnement.

d) Conjecturer le pourcentage de personnes qui, au bout d'un grand nombre de transmissions, pensera que X sera le prochain ministre de l'Environnement.

e) Ce pourcentage sera-t-il différent si X transmet l'information contraire, c'est-à-dire s'il dit qu'il ne sera pas le prochain ministre de l'Environnement ?

71 Exode rural

La population d'une île vit dans une ville principale ou dans un des villages de campagne.

Des études ont montré que, d'une année sur l'autre :
- 10 % de la population de la ville part vivre à la campagne ;
- 20 % de la population rurale part habiter en ville.

En 2010, 8 000 individus habitaient en ville et 2 000 à la campagne. On suppose que le nombre d'habitants de l'île reste constant au cours des années.

Pour un nombre entier naturel n, on note a_n (resp. b_n) le nombre d'individus, en milliers, qui habitent la ville (resp. la campagne) en $2010 + n$.

On se propose de trouver une formule donnant le nombre d'individus habitant en ville, quelle que soit l'année.

Partie A – Modélisation à l'aide de suites

1. a) Donner a_0 et b_0 puis a_1 et b_1.

b) Montrer que, pour tout n de $\mathbb{N}$:

$$\begin{pmatrix} a_{n+1} \\ b_{n+1} \end{pmatrix} = A \begin{pmatrix} a_n \\ b_n \end{pmatrix}$$

avec une matrice carrée A que l'on précisera.

c) Démontrer par récurrence que, pour tout $n \geqslant 1$:

$$\begin{pmatrix} a_n \\ b_n \end{pmatrix} = A^n \begin{pmatrix} a_0 \\ b_0 \end{pmatrix}$$

2. $P = \begin{pmatrix} -1 & 2 \\ 1 & 1 \end{pmatrix}$

a) Avec un logiciel de calcul formel, montrer que :

$$P^{-1} \times A \times P = D \quad \text{où} \quad D = \begin{pmatrix} \lambda_1 & 0 \\ 0 & \lambda_2 \end{pmatrix}$$

avec λ_1 et λ_2 des nombres réels que l'on précisera.

b) En déduire que $A = PDP^{-1}$, puis, par récurrence que, pour tout $n \geqslant 1$:

$$A^n = P \begin{pmatrix} \lambda_1^n & 0 \\ 0 & \lambda_2^n \end{pmatrix} P^{-1}$$

c) En déduire une expression de A^n en fonction de n.

Partie B – Nombre de citadins

a) Utiliser la partie **A** pour exprimer a_n, puis b_n en fonction de n.

b) Selon ce modèle, combien y aura-t-il d'habitants en ville :

• en 2015 ? • en 2020 ?

72 Vente promotionnelle

Un magasin est spécialisé dans la vente d'ordinateurs. On s'intéresse à un modèle donné comportant trois éléments : l'unité centrale, l'ensemble clavier-souris, l'écran. Ces éléments peuvent être vendus séparément.

Partie A - Bilan du premier trimestre

Les tableaux ci-dessous indiquent le relevé des ventes de chaque élément, ainsi que le montant total TTC (Toutes Taxes Comprises) des ventes, en euros, pour le premier trimestre.

	Unité centrale	Clavier-souris	Écran	Montant total des ventes
Janvier	23	25	18	11 766
Février	12	14	10	6 380
Mars	30	28	24	14 848

Utiliser le calcul matriciel pour déterminer le prix de chacun des éléments durant ce premier trimestre.

Partie B – Vente promotionnelle

Suite à une augmentation de TVA (Taxe sur la Valeur Ajoutée), le gérant du magasin a modifé ses affichages de prix. Afin de compenser cette hausse de TVA, il a proposé, sur trois mois successifs, les promotions suivantes :

• **avril :** une remise de 10 % sur le prix de l'unité centrale et de 10 % sur l'ensemble clavier-souris faisaient le modèle complet (unité centrale, clavier-souris et écran) à 511,24 € TTC ;

• **mai :** une remise de 20 % sur le prix de l'unité centrale et de 10 % sur l'ensemble clavier-souris faisaient le modèle complet à 489,05 € TTC ;

• **juin :** une remise de 10 % sur le prix de l'unité centrale et de 20 % sur l'ensemble clavier-souris faisaient le modèle complet à 498,13 € TTC.

a) Quel est le prix TTC de chacun des éléments après cette augmentation de TVA ?

b) Sachant que le taux de l'ancienne TVA était de 19,6 % et que le gérant n'a pas modifié ses prix HT (Hors Taxes), déterminer le taux de la nouvelle TVA.

73 Avec un arbre de probabilité

Une marche aléatoire à trois sommets numérotés 1, 2 et 3 est schématisée par l'arbre de probabilité ci-après dans lequel on note X_n la variable aléatoire égale à 1 (resp. 2 et 3) si l'on se trouve sur le sommet 1 (resp. 2 et 3) à la n-ième étape.

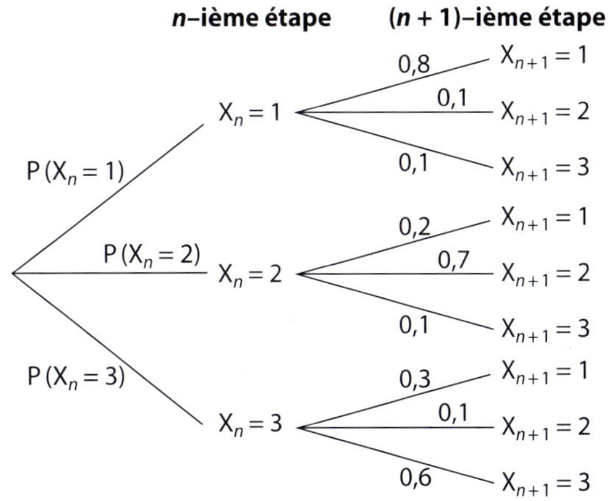

On se propose de déterminer, en fonction de n, la probabilité de se trouver au sommet 1 à la n-ième étape sachant que la marche a commencé au sommet 3.

a) Représenter la situation à l'aide d'un graphe probabiliste dont on précisera la matrice M de transition.

b) $P = \begin{pmatrix} 1 & 1 & 1 \\ 1 & 1 & -3 \\ 1 & -4 & 1 \end{pmatrix}$ et $D = \begin{pmatrix} 1 & 0 & 0 \\ 0 & 0{,}5 & 0 \\ 0 & 0 & 0{,}6 \end{pmatrix}$.

Calculer PDP^{-1}. En déduire, à l'aide d'un raisonnement par récurrence que, pour tout n de $\mathbb{N}^*$, $M^n = PD^nP^{-1}$.

c) Quelle est la probabilité de se trouver au sommet 1 à la n-ième étape ?

74 Problème ouvert

Lors d'une loterie, chaque billet correspond à la tête, le corps ou les membres inférieurs d'un pantin. Un joueur gagne lorsqu'il parvient à constituer l'intégralité du pantin. Le règlement stipule que chacune des trois images est bien uniformément répartie sur l'ensemble des billets. Sur 1 000 personnes ayant acheté un carnet de 10 billets, 49 n'ont pas gagné de lot. La distribution est-elle bien uniforme comme le précise le règlement ?

75 Défi

Un jeu de l'oie simplifié est constitué de six cases numérotées de 1 à 6 :

1	2	3	4	5	6

On part de la case 1 et on arrive à la case 6.

Le déplacement d'un pion se fait à l'aide d'un dé (à 6 faces) : le pion avance d'autant de cases que le nombre indiqué par la face supérieure du dé. Le jeu s'arrête lorsque le pion arrive sur la case 6, sinon il recule.

Par exemple, si l'on est sur la case 5 et si le dé tombe sur 4, alors le pion retourne sur la case 3. Lorsque le jeu s'arrête, on suppose que les positions suivantes du dé sont toujours 6.

Quelle est la probabilité d'atteindre la case 6 en trois coups exactement ?

HISTOIRE DES MATHS

76 Lester S. Hill

Info

Le mathématicien américain Lester S. Hill (1891-1961) s'est intéressé aux applications mathématiques dans la communication et notamment aux problèmes de chiffrement, de détections d'erreurs dans les communications.

Le chiffrement de Hill est un chiffrement polygraphique, c'est-à-dire que l'on ne (dé)chiffre pas les lettres les unes après les autres, mais par paquets, ici de deux lettres.

1. Codage

On remplace les lettres par leur rang dans l'alphabet (on ne tient pas compte ici des accents) :

A	B	C	D	E	…	X	Y	Z
1	2	3	4	5	…	24	25	26

Les lettres L_k et L_{k+1} du texte seront chiffrées C_k et C_{k+1} par :

$$\begin{pmatrix} C_k \\ C_{k+1} \end{pmatrix} \equiv \begin{pmatrix} 9 & 4 \\ 5 & 7 \end{pmatrix} \begin{pmatrix} L_k \\ L_{k+1} \end{pmatrix} [26]$$

ce qui signifie que :

$$C_k \equiv 9L_k + 4L_{k+1} [26] \quad \text{et} \quad C_{k+1} \equiv 5L_k + 7L_{k+1} [26]$$

Coder les mots « noel » et « math ».

2. Décodage

On se propose « d'inverser la matrice A » dans un sens précisé par la suite.

a) $A = \begin{pmatrix} 9 & 4 \\ 5 & 7 \end{pmatrix}$. Justifier que $A^{-1} = \dfrac{1}{43}\begin{pmatrix} 7 & -4 \\ -5 & 9 \end{pmatrix}$.

(A^{-1} n'est pas une matrice dont les coefficients sont des nombres entiers naturels).

b) On se propose de déterminer une matrice B telle que :

$$\begin{pmatrix} L_k \\ L_{k+1} \end{pmatrix} \equiv B \begin{pmatrix} C_k \\ C_{k+1} \end{pmatrix} [26]$$

B est la matrice de décryptage et représente l'inverse de A « modulo 26 ».

Déterminer l'inverse de 43 modulo 26, c'est-à-dire, s'il existe, un nombre entier naturel a tel que $43a \equiv 1$ [26].

c) Déterminer $23\begin{pmatrix} 7 & -4 \\ -5 & 9 \end{pmatrix}$ modulo 26 et donner B la matrice de décryptage.

d) Décoder le message « FG XGE D SPGV ».

EXERCICES POST BAC

77 $I_3 = \begin{pmatrix} 1 & 0 & 0 \\ 0 & 1 & 0 \\ 0 & 0 & 1 \end{pmatrix}$, $A = \begin{pmatrix} 0 & 1 & 0 \\ 0 & 0 & 1 \\ 0 & 0 & 0 \end{pmatrix}$ et $O = \begin{pmatrix} 0 & 0 & 0 \\ 0 & 0 & 0 \\ 0 & 0 & 0 \end{pmatrix}$

1. Calculer A^2 et A^3 ; en déduire pour tout nombre entier $n > 3$, la valeur de A^n.

(On rappelle que, pour tout nombre entier naturel k non nul, $A^k = A^{k-1} \times A_1$.)

2. À tout nombre réel x, on associe la matrice notée $M(x)$ où $M(x) = I_3 + xA + \dfrac{x^2}{2}A^2$ **(R₁)**.

a) Déterminer M(0) et B = M(4).

b) x et y étant deux nombres réels quelconques, calculer en utilisant la relation **(R_1)**, le produit $M(x) \times M(y)$.

c) Montrer l'égalité $M(x) \times M(y) = M(x + y)$ **(R_2)**.

3. a) Vérifier que $M(x) = \begin{pmatrix} 1 & x & \frac{x^2}{2} \\ 0 & 1 & x \\ 0 & 0 & 1 \end{pmatrix}$

b) n désigne un nombre entier naturel non nul. Calculer $(M(x))^n$.

4. a) Application numérique : $P = \begin{pmatrix} 1 & 4 & 8 \\ 0 & 1 & 4 \\ 0 & 0 & 1 \end{pmatrix}$.

Calculer P^{50}.

b) En utilisant les résultats de la question **2.**, déterminer le nombre réel x' tel que $M(x) \times M(x') = I_3$.

En déduire une matrice B' telle que $BB' = I_3$.

D'après *BTS Informatique de gestion*

78 Une urne contient une boule rouge et deux boules blanches.

On effectue au hasard des tirages d'une boule selon la procédure suivante :

- si la boule tirée est rouge, elle est remise dans l'urne ;
- si la boule tirée est blanche, elle n'est pas remise dans l'urne.

n désigne un nombre entier naturel non nul.

On note B_n (resp. R_n) l'événement « On obtient une boule blanche (resp. rouge) au n-ième tirage ».

On note X_n la variable aléatoire qui donne le nombre de boules blanches qui restent dans l'urne après le n-ième tirage. Ainsi $P(X_0 = 2) = 1$.

On définit la matrice colonne $U_n = \begin{pmatrix} P(X_n = 0) \\ P(X_n = 1) \\ P(X_n = 2) \end{pmatrix}$.

a) Utiliser un arbre de probabilité pour montrer que, pour tout nombre entier naturel n :

$$U_{n+1} = MU_n$$

où M est une matrice carrée que l'on déterminera.

b) En déduire que, pour tout n de $\mathbb{N}$, $U_n = M^nU_0$.

c) À l'aide de la calculatrice, déterminer $P(X_4 = 0)$, $P(X_4 = 1)$ et $P(X_4 = 2)$.

Extrait *EDHEC*

Chapitre

5 Suites de matrices

Le plus célèbre des modèles de dynamique de deux populations en interaction est celui de Lotka-Volterra (1925 et 1926). Dans ce modèle, les prédateurs prospèrent lorsque les proies sont nombreuses, mais finissent par épuiser leurs ressources et commencent à décliner. Lorsque la population de prédateurs a suffisamment diminué, les proies se reproduisent et leur population augmente à nouveau. Cette dynamique se poursuit ainsi en un cycle de croissance et déclin. C'est de cette façon que les variations cycliques des populations de lièvres des neiges et de lynx suivies au Canada depuis 1825 ont été modélisées.

Énigme ★

Voici le carré magique chinois ; c'est le plus ancien connu.

4	3	8
9	5	1
2	7	6

➤ ***Est-il possible de le reconstituer en combinant les trois carrés magiques suivants ?***

1	1	1
1	1	1
1	1	1

0	1	–1
–1	0	1
1	–1	0

–1	1	0
1	0	–1
0	–1	1

Énigme ★★

On applique cet algorithme à une feuille de papier.

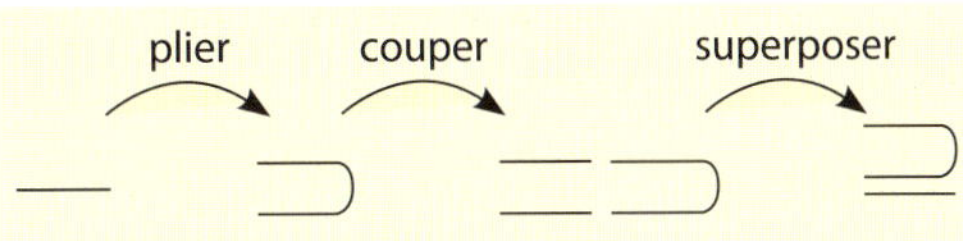

Et on recommence.

➤ ***Combien y a-t-il de morceaux (et de quelle nature) à la 10e étape de cet algorithme ?***

Thème 1 Étude asymptotique d'une marche aléatoire

Résoudre des problèmes

Problème 1 Réaction chimique

Objectif
Étudier l'évolution à long terme d'une marche aléatoire sur un graphe à deux sommets.
Approcher l'état stable d'une marche aléatoire.

Note
Une matrice associée à un graphe probabiliste est composée de nombres compris entre 0 et 1, et la somme de chacune de ses lignes (resp. de ses colonnes) vaut 1. Une telle matrice est dite **stochastique** (ou antistochastique).

Le glucose admet deux isomères : le dextrose (il dévie la lumière vers la droite) et le lévulose (il dévie la lumière vers la gauche).
La réaction chimique sur le glucose, dite de Pierre Landin, modifie les proportions de ses deux isomères.
En une heure, 60 % des molécules de dextrose se transforment en lévulose et 65 % des molécules de lévulose se transforment en dextrose.

On cherche à déterminer l'évolution des proportions de chacun des isomères au cours du temps.

1 Modélisation de la situation

a) Schématiser la situation à l'aide d'un graphe probabiliste à deux sommets.
b) n désigne un nombre entier naturel.
On note respectivement d_n et ℓ_n les proportions de dextrose et de lévulose présentes dans le glucose au bout de n heures. On note U_n la matrice ligne $\begin{pmatrix} d_n & \ell_n \end{pmatrix}$ et on suppose que $d_0 = 1$ et $\ell_0 = 0$.
- Écrire la matrice de transition A de cette marche aléatoire.
- Montrer que, pour tout nombre entier naturel n, $U_{n+1} = U_n A$.
- En déduire une relation entre U_n et U_0, pour tout nombre entier naturel n.

Justifier la réponse par un raisonnement par récurrence.

2 Expérimentation

a) Calculer U_1, U_2 et U_3 à la main et interpréter les résultats.
b) À l'aide de la calculatrice, calculer U_{10}, U_{15} et U_{20}. Quelle conjecture peut-on émettre quant à la proportion de chaque isomère à long terme ?
c) Faire varier les conditions initiales. L'évolution est-elle influencée par celles-ci ?
d) Choisir $U_0 = \begin{pmatrix} 0{,}52 & 0{,}48 \end{pmatrix}$ comme vecteur initial. Qu'observe-t-on ?

3 Justification

a) Démontrer qu'il existe une unique matrice ligne $S = \begin{pmatrix} x & y \end{pmatrix}$ avec $x + y = 1$ telle que $SA = 5$.
b) Voici comment justifier la convergence de la suite des matrices lignes (U_n) vers l'état stable S.
- Vérifier que $A = B + \frac{1}{4}C$ avec $B = \begin{pmatrix} 0{,}52 & 0{,}48 \\ 0{,}52 & 0{,}48 \end{pmatrix}$ et $C = \begin{pmatrix} -0{,}48 & 0{,}48 \\ 0{,}52 & -0{,}52 \end{pmatrix}$.
- Calculer B^2, C^2, BC et CB. Vérifier que $A^2 = B - \left(-\frac{1}{4}\right)^2 C$.
- Démontrer par récurrence que, pour tout nombre entier naturel n, $A^n = B - \left(-\frac{1}{4}\right)^n C$.

Exprimer les coefficients de la matrice A^n en fonction de n.
- En déduire les expressions de d_n et ℓ_n en fonction de n, d_0 et ℓ_0.

En déduire que les suites (d_n) et (ℓ_n) convergent vers des nombres réels à préciser.
Quelle est alors la limite de la suite (U_n) ?

Info

On peut démontrer, et on admet ici, que pour un graphe probabiliste de matrice de transition A, s'il existe une puissance A^k dont tous les coefficients sont strictement positifs, alors il existe un unique état stable S, c'est-à-dire tel que SA = S et, quel que soit l'état initial, le système converge rapidement vers cet état stable.

Problème 2 Doudou le hamster

Objectif

Étudier l'évolution à long terme d'une marche aléatoire sur un graphe à 3 sommets.

Doudou, le hamster paresseux, ne connaît que trois endroits dans sa cage : les copeaux où il dort, la mangeoire où il mange et la roue où il fait de l'exercice. Ses journées sont semblables les unes aux autres : **toutes les minutes**, il peut soit changer d'activité, soit continuer celle qu'il était en train de faire.

- « Quand il dort, il a 9 chances sur 10 de ne pas se réveiller la minute suivante. Quand il se réveille, il y a 1 chance sur 2 qu'il aille manger et 1 chance sur 2 qu'il parte faire de l'exercice.
- Le repas ne dure qu'une minute, après il fait autre chose. Après avoir mangé, il y a 3 chances sur 10 qu'il parte courir dans sa roue, mais surtout 7 chances sur 10 qu'il retourne dormir.
- Courir est fatigant, il y a 8 chances sur 10 qu'il retourne dormir au bout d'une minute. Sinon, il continue à faire de l'exercice en oubliant qu'il est déjà un peu fatigué.

On se propose d'étudier l'évolution du pourcentage du temps que Doudou passe à dormir dans une journée.

1 Modélisation de la situation à l'aide de matrices lignes

a) Recopier et compléter le graphe ci-contre qui traduit la situation.

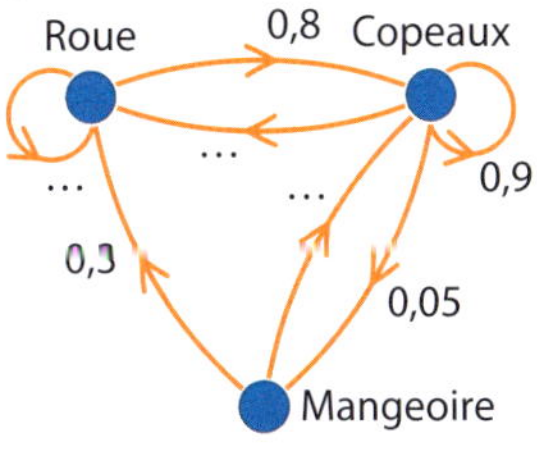

b) Donner la matrice de transition A de ce système (les lignes et les colonnes correspondent dans l'ordre aux états C (copeaux), M (mangeoire), R (roue) ; le nombre a_{ij} de A est égal à la probabilité de passer de l'état i à l'état j où a_{ij} est le terme figurant en ligne i et en colonne j).

2 Expérimentation

a) On suppose que Doudou dort au départ de l'étude. À l'aide de la calculatrice, déterminer A^2, A^5, A^{10}, A^{20} puis $X_0 A^2$, X_0A^{10}, X_0A^{20} où $X_0 = \begin{pmatrix} 1 & 0 & 0 \end{pmatrix}$.

b) Faire varier les conditions initiales, et réitérer les calculs précédents.

c) Conjecturer la réponse au problème posé.

3 Recherche de l'état stable

Ce graphe probabiliste admet un état stable $S = \begin{pmatrix} c & m & r \end{pmatrix}$, c'est-à-dire tel que $SA = S$.

a) Expliquer pourquoi :

$$\begin{cases} -0{,}1c + 0{,}7m + 0{,}8r = 0 \\ 0{,}05c - m = 0 \\ 0{,}05c + 0{,}3m - 0{,}8r = 0 \\ c + m + r = 1 \end{cases}$$

b) Montrer que ce système équivaut au système **(Σ)** :

$$\begin{cases} 0{,}65c - 0{,}8r = 0 \\ 0{,}05c - m = 0 \\ c + m + r = 1 \end{cases}$$

c) Ce système **(Σ)** s'écrit $SB = \begin{pmatrix} 0 & 0 & 1 \end{pmatrix}$ où B est une matrice carrée d'ordre 3 à préciser.
Calculer alors S et vérifier la cohérence du résultat avec le **2**.

Problème 3 Modèle de diffusion d'Ehrenfest

Objectif
Observer des phénomènes d'oscillations d'une matrice aléatoire.

On considère l'expérience suivante :
une enceinte hermétique est séparée en deux compartiments A et B de taille égale.
On remplit A d'un gaz ; assez rapidement, les molécules de gaz migrent d'un compartiment à l'autre. Et cela, jusqu'à atteindre une situation d'équilibre où il y aura autant de molécules de gaz dans chaque compartiment.
Or, toutes les lois de la mécanique sont réversibles par rapport au temps. Ainsi, le système devrait revenir à son état initial ; or cela ne se produit pas.

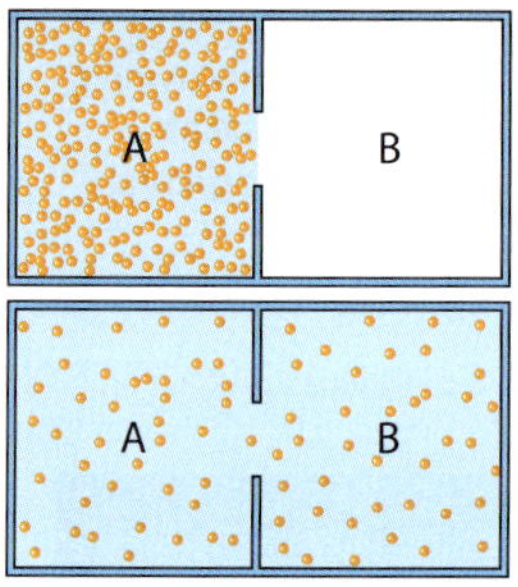

On se propose d'étudier ce paradoxe à l'aide de la modélisation imaginée par les époux Paul et Tatiana Ehrenfest (1907).

1 Le modèle d'Ehrenfest

On considère deux urnes A et B : l'urne A contient N boules numérotées et l'urne B est vide.
On tire ensuite **au hasard**, de façon équiprobable un numéro entre 1 et N, et la boule ayant ce numéro change d'urne.

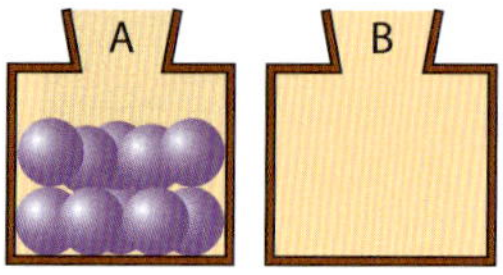

a) Télécharger le fichier Ehrenfest.sce (programme Scilab) sur le site compagnon. Exécuter ce programme pour certaines valeurs de N et pour $n = 1\,000$ tirages.
b) Constater que pour de petites valeurs de N (2 ou 3 ou 4…) des retours à l'état initial sont possibles.
c) Constater que pour de grandes valeurs de N (500 ou 600 ou …) le nombre de boules dans chaque urne oscille autour d'une position d'équilibre (la moitie des boules dans chaque urne).

2 Étude du cas N = 2

À chaque étape, la répartition dans les urnes A et B est l'une des trois suivantes :

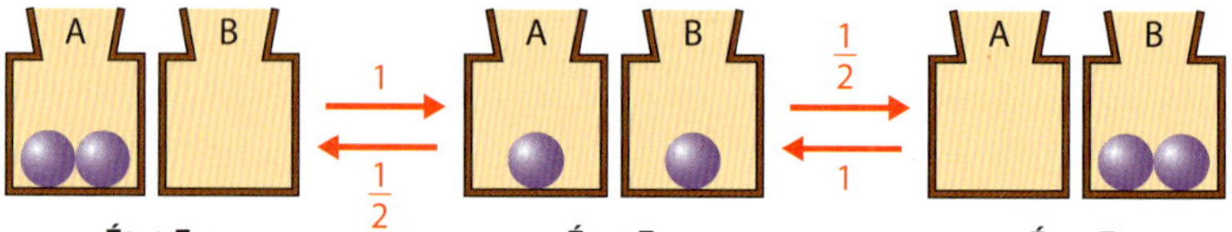

État E_0 **État E_1** **État E_2**

Les flèches indiquent les probabilités de passage d'un état à l'autre.

a) On schématise cette situation par le graphe à 3 sommets ci-contre.
Recopier et compléter ce graphe.

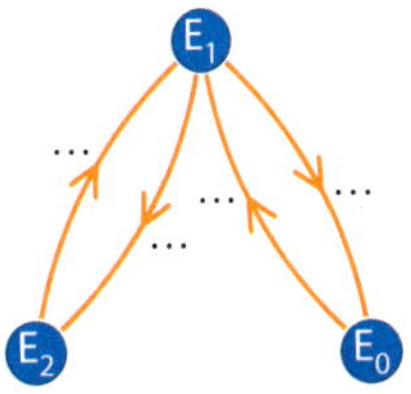

b) On modélise l'état probabiliste à l'étape n par la matrice colonne $U_n = \begin{pmatrix} a_n \\ b_n \\ c_n \end{pmatrix}$ où a_n, b_n, c_n représentent respectivement les probabilités d'être dans l'état E_0, dans l'état E_1, dans l'état E_2.
Ainsi, $a_0 = 1$, $b_0 = 0$ et $c_0 = 0$.
Donner la matrice de transition M telle que, pour tout nombre entier naturel n :

$$U_{n+1} = MU_n \quad \text{ou} \quad U_n = M^n U_0.$$

c) À l'aide de la calculatrice, déterminer M^2, M^3 et en déduire M^n pour tout nombre entier naturel n. En déduire U_1, U_2, U_3, U_4, U_{10} et U_{11}.

d) Démontrer par récurrence que, pour tout nombre entier naturel $n \geqslant 1$:

- $U_n = \begin{pmatrix} 0 \\ 1 \\ 0 \end{pmatrix}$ pour n impair
- $U_n = \begin{pmatrix} 0{,}5 \\ 0 \\ 0{,}5 \end{pmatrix}$ pour n pair

La suite des matrices (U_n) est-elle convergente quand n tend vers $+\infty$?

e) Montrer que ce processus admet un état stable $S = \begin{pmatrix} x \\ y \\ z \end{pmatrix}$ avec $x + y + z = 1$ tel que $S = MS$ que l'on déterminera. Vérifier que cette loi de probabilité stable S est la loi binomiale de paramètres N (ici N = 2) et $\frac{1}{2}$.

f) On considère $2n$ tirages et on note T_n la variable aléatoire égale au premier tirage où l'urne revient à l'état initial (état E_0). Recopier et compléter le tableau qui résume la loi de probabilité de T_n. Expliquer les résultats.

Instant	0	1	2	3	4	…	$2n$
Probabilité	1	0	…	…	…	…	…

Donner $E(T_n)$.
Utiliser l'écran de calculatrice formelle ci-dessous pour exprimer $E(T_n)$ en fonction de n.
Étudier la limite de la suite $(E(T_n))$.
Interpréter ce résultat et observer sa cohérence avec le **1 b)**.

Info

Dans le cas général, on peut montrer (mais admis ici) que le temps moyen de retour à l'état E_0 vaut 2^N à raison d'un tirage par seconde.
Ainsi, le gaz finira par se retrouver uniquement dans le compartiment A au bout d'environ 2^N secondes. Mais que vaut N ? N est de l'ordre du nombre d'Avogadro $6{,}02 \times 10^{23}$.
*On peut constater que **l'irréversibilité n'est qu'illusoire** car $2^{6{,}02 \times 10^{23}}$ est immensément plus grand que 15 milliards d'années qui représente l'âge de l'univers.*

Étude asymptotique

n et N désignent des nombres entiers naturels non nuls.

1 Suite de matrices

L'état probabiliste à l'étape n d'une marche aléatoire simple sur un graphe à N sommets est décrit par une matrice colonne (ou une matrice ligne) P_n dont les coefficients sont des nombres réels compris entre 0 et 1, de somme égale à 1.
Ainsi, la loi de probabilité d'une telle marche aléatoire est décrite par une suite de matrices colonnes (ou lignes) (P_n) de format (N, 1) (ou (1, N)).

DÉFINITION La suite (P_n) de matrices colonnes (ou de matrices lignes) est définie par la donnée de P_0 et par la relation de récurrence, pour tout nombre entier naturel n, $\mathbf{P_{n+1} = AP_n}$ (ou $P_{n+1} = P_n A$) où A est la matrice de transition du graphe associé à la marche aléatoire (A est une matrice carrée d'ordre N).

2 État stable

DÉFINITION Un processus modélisable par une marche aléatoire a pour matrice de transition A. Dire que ce processus admet un état stable S signifie que **AS = S** (resp. **SA = S)** si les états probabilistes sont décrits par des matrices colonnes (resp. lignes).

Remarque : S est indépendant de l'état initial P_0.

3 Convergence vers un état stable

DÉFINITION Dire qu'une suite de matrices (M_n) (matrices colonnes, matrices lignes ou matrices carrées) converge vers une matrice L (de même format) signifie que chaque nombre de la matrice M_n converge, quand n tend vers $+\infty$, vers le nombre correspondant (placé à la même ligne et la même colonne) de la matrice L.

THÉORÈME (ADMIS) Si la matrice de transition A d'un processus, modélisable par une marche aléatoire, admet une puissance dont tous les coefficients sont strictement positifs, alors :
- le processus admet un unique état stable S ;
- la suite (P_n) des états probabilistes converge vers l'état stable S et ceci, indépendamment de l'état initial P_0.

Dans ce cas, pour une marche aléatoire à N sommets, on peut montrer que :

- Si $S = \begin{pmatrix} a_1 \\ a_2 \\ \vdots \\ a_N \end{pmatrix}$ alors la suite (A^n) converge vers la matrice L ci-contre.

$$L = \begin{pmatrix} a_1 & a_1 & \cdots & a_1 \\ a_2 & a_2 & \cdots & a_2 \\ \vdots & \vdots & \cdots & \vdots \\ a_N & a_N & a_N & a_N \end{pmatrix}$$

- Si $S = \begin{pmatrix} a_1 & a_2 & \cdots & a_N \end{pmatrix}$ alors la suite (A^n) converge vers $L = \begin{pmatrix} a_1 & a_2 & \cdots & a_N \\ a_1 & a_2 & \cdots & a_N \\ \vdots & \vdots & \cdots & \vdots \\ a_1 & a_2 & \cdots & a_N \end{pmatrix}$

1 Exercice résolu Convergence d'une marche aléatoire

n désigne un nombre entier naturel.

Une urne A contient 2 boules blanches et une urne B contient 4 boules rouges. À chaque minute n, on procède au tirage simultané d'une boule de chaque urne et les boules extraites sont changées d'urne.

a) Expliquer pourquoi ce processus peut être assimilé à une marche aléatoire sur un graphe à 3 sommets.

b) On note par une matrice ligne P_n l'état probabiliste à la minute n. Ainsi $P_0 = \begin{pmatrix} 1 & 0 & 0 \end{pmatrix}$.

On suppose que la suite (P_n) converge vers un état stable S.

Déterminer S et en déduire la probabilité que le système revienne à l'état initial à long terme.

Solution

a) Le processus transite d'une étape (minute n) à la suivante (minute $n+1$) selon la situation schématisée par le graphe ci-après.

Dans l'état J, les tirages possibles sont au nombre de 4 :

❍ dans A et ❍ dans B : on reste à l'état J

❍ dans A et ● dans B : on passe à l'état K

● dans A et ❍ dans B : on passe à l'état I

● dans A et ● dans B : on reste à l'état J

d'où les probabilités de passage :

- de l'état J à l'état J : $\frac{1}{2} \times \frac{1}{4} + \frac{1}{2} \times \frac{3}{4} = \frac{1}{2}$
- de l'état J à l'état K : $\frac{1}{2} \times \frac{3}{4} = \frac{3}{8}$
- de l'état J à l'état I : $\frac{1}{2} \times \frac{1}{4} = \frac{1}{8}$

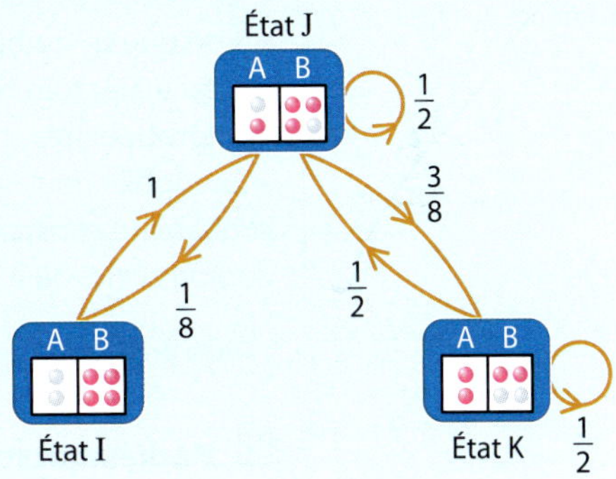

b) La matrice de transition A est donnée ci-contre (les lignes et les colonnes correspondent dans l'ordre aux états I, J, K).

$$A = \begin{pmatrix} 0 & 1 & 0 \\ \frac{1}{8} & \frac{1}{2} & \frac{3}{8} \\ 0 & \frac{1}{2} & \frac{1}{2} \end{pmatrix}$$

> Avec la calculatrice, on peut déterminer par exemple l'état probabiliste après 15 min. On obtient :
> $P_{15} = P_0 A^{15}$
> soit environ
> $\begin{pmatrix} 0{,}067 & 0{,}533 & 0{,}400 \end{pmatrix}$.

Pour toute minute n, $P_n = P_0 A^n$

La suite (P_n) converge vers l'état stable

$S = \begin{pmatrix} i & j & k \end{pmatrix}$ avec $i + j + k = 1$ tel que $SA = S$.

$$\begin{cases} \frac{1}{8} j = i \\ i + \frac{1}{2} j + \frac{1}{2} k = j \\ \frac{3}{8} j + \frac{1}{2} k = k \\ i + j + k = 1 \end{cases} \text{ équivaut à } \begin{cases} i = \frac{1}{8} j \\ k = \frac{3}{4} j \\ i + j + k = 1 \end{cases} \text{ équivaut à } \begin{cases} i = \frac{1}{15} \\ j = \frac{8}{15} \\ k = \frac{2}{5} \end{cases}$$

Donc $S = \begin{pmatrix} \frac{1}{15} & \frac{8}{15} & \frac{2}{5} \end{pmatrix}$; cela signifie qu'à long terme la probabilité que le système revienne à l'état initial (état I) est $\frac{1}{15}$.

> On peut noter que :
> $\frac{1}{15} \approx 0{,}067$

Pour s'exercer

2

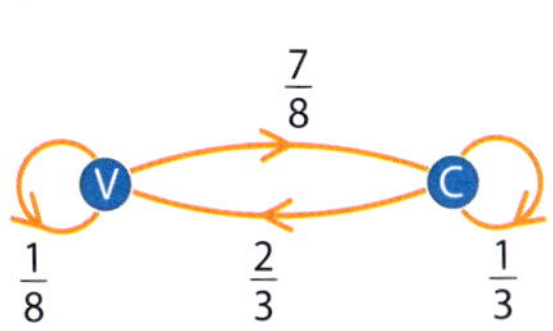

En lisant un poème de Pouchkine, Markov a constaté que les voyelles (V) et les consonnes (C) se succédaient suivant le graphe probabiliste ci-contre.

On note par une matrice colonne P_n l'état probabiliste à la n-ième lettre du livre. On suppose que la suite (P_n) converge vers un état stable. Prévoir la répartition des consonnes et des voyelles dans le livre entier.

Thème 2 Suites de matrices colonnes

Résoudre des problèmes

Problème 4 Marche aléatoire sur un tétraèdre avec saut direct

Objectif

Approcher la notion de suite de matrices colonnes (U_n) vérifiant une relation de récurrence du type $U_{n+1} = AU_n + C$.

n désigne un nombre entier naturel.
p désigne un nombre réel de l'intervalle $]0 ; 1[$.
Les sommets d'un tétraèdre sont numérotés 1, 2, 3 et 4.
Un mobile se déplace sur les sommets de ce tétraèdre suivant le protocole ci-dessous.

- Le mobile est sur le sommet 1 au départ.
- Lorsque le mobile est, à un instant donné n, sur un sommet du tétraèdre, il se déplace aléatoirement à l'instant suivant $n + 1$, sur un autre sommet et ceci avec équiprobabilité.
- Le mobile peut aussi à tout instant quitter le sommet où il se trouve et ce avec une probabilité constante p, pour sauter sur n'importe quel sommet choisi au hasard (y compris celui où il se trouve). On nomme ce déplacement « saut direct ».

On se propose de savoir où se trouve le mobile à long terme.

1 Mathématisation du problème

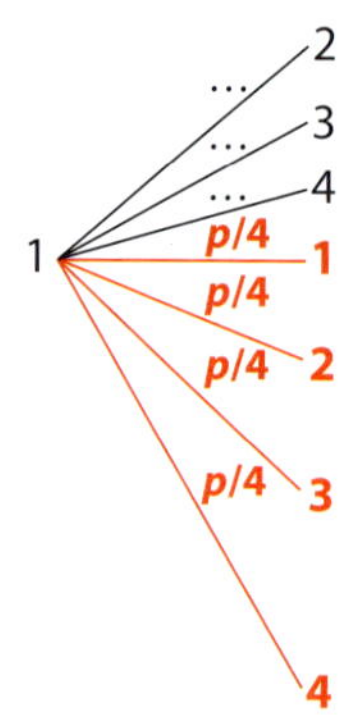

a) L'arbre ci-contre illustre la situation lors du passage de l'instant $n = 0$ à l'instant $n = 1$.

- Les branches rouges illustrent le « saut direct ».

Justifier les probabilités inscrites sur ces branches.

- Les branches noires illustrent le déplacement d'un sommet vers un autre sommet. Expliquer pourquoi la somme des probabilités inscrites sur ces branches est $1 - p$.
- Recopier et compléter cet arbre.

b) De la même façon, illustrer la situation lors du passage de l'instant n à l'instant $n + 1$ à l'aide d'un arbre pondéré.

c) On considère la variable aléatoire X_n valant respectivement 1, 2, 3, 4 selon que le mobile est en 1, 2, 3, 4 à l'instant n. Ainsi $X_0 = 1$.

Montrer que, pour tout nombre entier naturel n :

$$P(X_{n+1} = 1) = \frac{1-p}{3}\left(P(X_n = 2) + P(X_n = 3) + P(X_n = 4)\right) + \frac{p}{4}$$

Donner les trois autres relations analogues.

d) Réaliser, avec un tableur, la feuille de calcul ci-dessous. Automatiser le choix de p.

	A	B	C	D	E	F	G	H
1	n	P(Xn=1)	P(Xn=2)	P(Xn=3)	P(Xn=4)		p=	0,2
2	0	1	0	0	0			
3	1	0,05	0,31666667	0,31666667	0,31666667			
4	2	0,30333333	0,23222222	0,23222222	0,23222222			
5	3	0,23577778	0,25474074	0,25474074	0,25474074			
6	4	0,25379259	0,2487358	0,2487358	0,2487358			
7	5	0,24898864	0,25033712	0,25033712	0,25033712			

Conjecturer une réponse au problème posé.

2 Avec l'outil matriciel

On pose $U_n = \begin{pmatrix} P(X_n = 1) \\ P(X_n = 2) \\ P(X_n = 3) \\ P(X_n = 4) \end{pmatrix}$. Ainsi $U_0 = \begin{pmatrix} 1 \\ 0 \\ 0 \\ 0 \end{pmatrix}$.

a) Vérifier que, pour tout nombre entier naturel n :

$$U_{n+1} = (1-p)\,T\,U_n + \frac{p}{4}S \quad \text{où} \quad T = \begin{pmatrix} 0 & \frac{1}{3} & \frac{1}{3} & \frac{1}{3} \\ \frac{1}{3} & 0 & \frac{1}{3} & \frac{1}{3} \\ \frac{1}{3} & \frac{1}{3} & 0 & \frac{1}{3} \\ \frac{1}{3} & \frac{1}{3} & \frac{1}{3} & 0 \end{pmatrix} \quad \text{et} \quad S = \begin{pmatrix} 1 \\ 1 \\ 1 \\ 1 \end{pmatrix}$$

b) On cherche s'il existe une matrice colonne L constante vérifiant la relation de récurrence, c'est-à-dire telle que **(1)** : $L = (1-p)\,T\,L + \frac{p}{4}S$.

- Montrer que l'égalité matricielle **(1)** revient à $(I_4 - (1-p)T)L = \frac{p}{4}S$ où I_4 est la matrice identité d'ordre 4.
- Décrire le programme ci-dessous.

```
Prog  Edit  Ajouter
Suite():={
        local p, L;
        saisir("valeur de p",p);
        L:=(I4-(1-p)*T)^(-1)*(p/4)*S;
        return(L);
        }
:;
```

Entrer ce programme sous Xcas. Que retourne-t-il ?

Vérifier que la matrice L retournée par le programme répond à la question.

c) On se propose de conjecturer la convergence de la suite des matrices (U_n).

- Décrire le programme ci-dessous.

```
Prog  Edit  Ajouter      1      nxt      OK (F9)
SuiteRecurente():={
        local p,n,U0, k, U;
        saisir("Valeur de p",p,"Valeur de n",n);
        U0:=[[1],[0],[0],[0]];
        for (k:=1;k<=n;k:=k+1) {U0:=(1-p)*T*U0+(p/4)*S; afficher("U"+k+" ="+U0)}
      }
```

- Entrer ce programme sous Xcas. Émettre une conjecture sur la convergence de la suite (U_n).

d) Pour aller plus loin

On pose, pour tout nombre entier naturel n :

$$V_n = U_n - L$$

- Démontrer que, pour tout nombre entier naturel n :

$$V_{n+1} = (1-p)\,T\,V_n$$

- En déduire que, pour tout nombre entier naturel n :

$$V_n = (1-p)^n\,T^n\,V_0$$

- On admet que la suite (T^n) de matrices converge vers la matrice $\frac{1}{4}\begin{pmatrix} 1 & 1 & 1 & 1 \\ 1 & 1 & 1 & 1 \\ 1 & 1 & 1 & 1 \\ 1 & 1 & 1 & 1 \end{pmatrix}$.

Conclure sur la limite de (V_n) quand n tend vers $+\infty$ et sur la convergence de (U_n).

Problème 5 Pertinence d'une page web

Objectif
Donner une idée de la façon d'attribuer une mesure de pertinence à une page web par un moteur de recherche.

Info
Le web n'est pas une simple bibliothèque de pages web. Les pages web comportent des liens qui permettent d'accéder directement de l'une à l'autre. On peut considérer le web comme un graphe dont chaque page web est un sommet et chaque lien est une arête.

On considère quatre pages web numérotées de 1 à 4, reliées entre elles par des liens hypertextes permettant à un surfeur aléatoire de passer d'une page à l'autre selon le graphe ci-dessous.

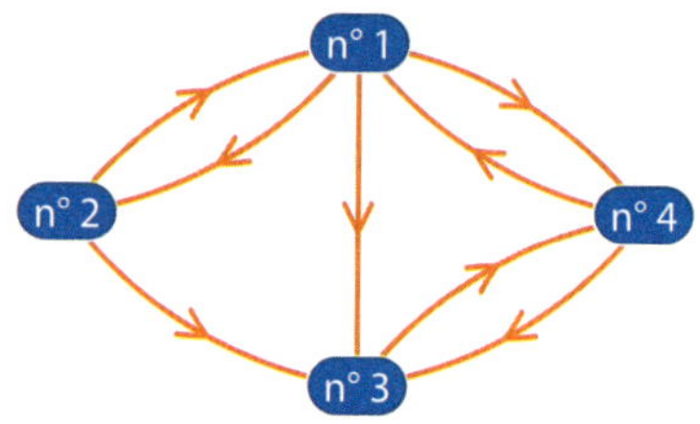

La probabilité pour un surfeur aléatoire qui se trouverait à la page j (j nombre entier naturel compris entre 1 et 4) de suivre le lien qui l'emmènerait à la page i (i nombre entier naturel compris entre 1 et 4) est définie de la façon suivante :
si ω liens (ω nombre entier naturel non nul) sont issus de la page j, alors la probabilité pour que le surfeur du web passe de la page j à l'une des pages vers lesquelles elle pointe est égale à $\frac{1}{\omega}$.

On se propose de mesurer la pertinence de chaque page.

1 Première approche

a) Reproduire et compléter le graphe précédent en notant les probabilités définies précédemment.

b) On note X_n la variable aléatoire indiquant la position (numéro de page) du surfeur aléatoire après n clics.
Montrer que pour tout nombre entier naturel n :

$$P(X_{n+1} = 1) = \frac{1}{2} P(X_n = 2) + \frac{1}{2} P(X_n = 4)$$

Donner les trois autres relations analogues.

c) On pose $U_n = \begin{pmatrix} P(X_n = 1) \\ P(X_n = 2) \\ P(X_n = 3) \\ P(X_n = 4) \end{pmatrix}$.

Vérifier que, pour tout nombre entier naturel n :

$$U_{n+1} = AU_n \text{ où } A = \begin{pmatrix} 0 & \frac{1}{2} & 0 & \frac{1}{2} \\ \frac{1}{3} & 0 & 0 & 0 \\ \frac{1}{3} & \frac{1}{2} & 0 & \frac{1}{2} \\ \frac{1}{3} & 0 & 1 & 0 \end{pmatrix}$$

d) En déduire que, pour tout nombre entier naturel n, $U_n = A^n U_0$.

e) À l'aide d'un logiciel de calcul formel, ou de la calculatrice, constater que la limite de la suite (U_n) de matrices semble être la matrice $L = \begin{pmatrix} \frac{3}{13} & \frac{3}{13} & \frac{3}{13} & \frac{3}{13} \\ \frac{1}{13} & \frac{1}{13} & \frac{1}{13} & \frac{1}{13} \\ \frac{4}{13} & \frac{4}{13} & \frac{4}{13} & \frac{4}{13} \\ \frac{5}{13} & \frac{5}{13} & \frac{5}{13} & \frac{5}{13} \end{pmatrix}$.

On admet que cette conjecture est vraie.

f) Conclure que, quelle que soit la situation initiale U_0, on a $LU_0 = \begin{pmatrix} \frac{3}{13} \\ \frac{1}{13} \\ \frac{4}{13} \\ \frac{5}{13} \end{pmatrix}$.

On attribue ainsi aux pages n° 1, n° 2, n° 3, n° 4 les indices de pertinence $\frac{3}{13}, \frac{1}{13}, \frac{4}{13}, \frac{5}{13}$.

2 Deuxième approche

Afin de mieux coller à la réalité, on introduit de plus la possibilité de quitter à tout instant une page quelconque pour se diriger vers une autre page (y compris elle-même) choisie au hasard, et ce avec une probabilité égale à p (p nombre réel compris entre 0 et 1). C'est le modèle avec « saut direct » du **problème 4**.

a) On note Y_n la variable aléatoire indiquant la position (numéro de page) du surfeur aléatoire après n clics.

Montrer que, pour tout nombre entier naturel n :

$$P(Y_{n+1} = 1) = (1 - p)\left[\frac{1}{2}P(Y_n = 2) + \frac{1}{2}P(Y_n = 4)\right] + \frac{p}{4}[P(Y_n = 1) + P(Y_n = 2) + P(Y_n = 3) + P(Y_n = 4)]$$

Donner les trois autres relations analogues.

b) On choisit ici $p = \frac{1}{5}\cdot$ On pose $V_n = \begin{pmatrix} P(Y_n = 1) \\ P(Y_n = 2) \\ P(Y_n = 3) \\ P(Y_n = 4) \end{pmatrix}$.

Démontrer que, pour tout nombre entier naturel n :

$$V_{n+1} = \left(\frac{1}{20}J + \frac{4}{5}A\right)V_n \quad \text{avec } J = \begin{pmatrix} 1 & 1 & 1 & 1 \\ 1 & 1 & 1 & 1 \\ 1 & 1 & 1 & 1 \\ 1 & 1 & 1 & 1 \end{pmatrix}$$

où A est la matrice donnée au **1 c)**.

c) En déduire que, pour tout nombre entier naturel n :

$$V_n = \left(\frac{1}{20}J + \frac{4}{5}A\right)^n V_0$$

d) Avec un logiciel de calcul formel, conjecturer la matrice limite de la suite (V_n) de matrices.

Attribuer avec ce modèle, à chaque page des indices de pertinence.

Comparer ces indices à ceux trouvés en **1 f)**.

Problème 6 Propagation d'une note – Le PageRank™ de Larry Page

Objectif
Générer une suite de matrices colonnes à partir d'une situation concrète.
Étude de la convergence.

Note
Dans l'exemple, le Web ne comporte que 5 pages et un tableur suffit pour faire des itérations, mais en réalité le Web comporte plus de 21 milliards de pages, d'où la présence de « fermes d'ordinateurs » pour effectuer entre autres ces calculs.

Les moteurs de recherche classiques s'appuient essentiellement sur la fréquence d'utilisation des mots sur les pages web. L'un d'entre eux utilise une méthode plus élaborée qui tient compte de l'importance d'une page par rapport à une autre afin de fournir les pages les plus pertinentes. Cet outil, appelé le PageRank, fut inventé par Larry Page en 1997. Voici un exemple pour illustrer son procédé. On suppose que le web est composé de 5 pages A, B, C, D et E où les liens d'une page à l'autre sont représentés par le graphe ci-contre.

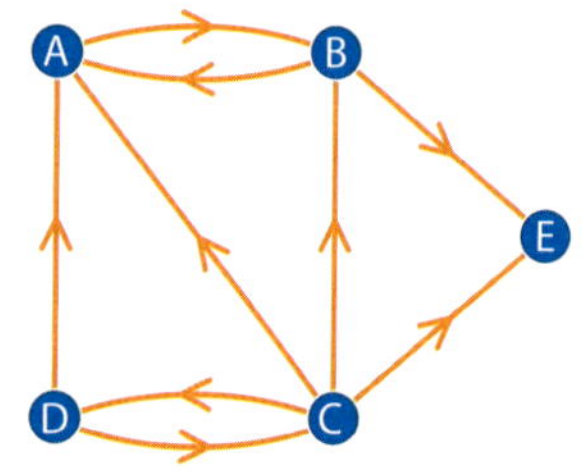

Le PageRank d'une page peut être calculé de manière itérative : chaque page a la même note $k = \dfrac{0{,}15}{\text{nombre de pages}}$ (0,15 est appelé *coefficient d'échappement*).

D'une étape à la suivante, chaque page reçoit une nouvelle note héritée des pages qui lui donnent accès.

(1) Chaque page donne 85 % de sa note précédente aux pages dont elle donne accès et ce de manière équitable entre celles-ci.

(2) Chaque page reçoit en supplément la note k.

On se propose de déterminer le PageRank de chaque page.

1 Mathématisation de la situation

a) Pour la page C, le point **(1)** se traduit ainsi : la page C donne accès à quatre pages (A, B, D, E), elle partage donc de manière équitable, 85 % de sa note entre ces quatre pages. Elle reverse donc 21,25 % de sa note à chaque page. Ainsi, par exemple, on note 0,2125 sur le lien C ⟶ A du graphe.

Faire de même pour les autres pages et compléter le graphe précédent en notant sur les liens les parts de notes reversées.

b) On note respectivement a_n, b_n, c_n, d_n et e_n les notes des pages A, B, C, D et E à l'étape n.

Montrer que, pour tout nombre entier naturel n :

$$a_{n+1} = 0{,}03 + 0{,}425b_n + 0{,}2125c_n + 0{,}425d_n$$

c) Déterminer de même les relations de récurrence concernant les autres suites.

d) On pose, pour tout nombre entier naturel n, $N_n = \begin{pmatrix} a_n \\ b_n \\ c_n \\ d_n \\ e_n \end{pmatrix}$.

- Que représente cette suite de matrices ?
- Démontrer que, pour tout nombre entier naturel n, $N_{n+1} = AN_n + C$ où A est une matrice carrée d'ordre 5 et C une matrice colonne que l'on déterminera.

2 Étude de la convergence de la suite (N_n)

Le PageRank d'une page est la note obtenue par celle-ci après un nombre infini d'étapes.

a) Conjecturer, à l'aide d'un outil au choix (tableur, logiciel, calculatrice), le PageRank de chaque page du graphe (on prendra différentes matrices N_0).

b) Déterminer avec la calculatrice ou un logiciel de calcul formel la matrice L telle que $L = AL + C$ (les nombres seront arrondis à 10^{-3} près).

c) On pose, pour tout nombre entier naturel n, $V_n = N_n - L$.
Démontrer que, pour tout nombre entier naturel n, $V_{n+1} = AV_n$.
En déduire que, pour tout nombre entier naturel n, $V_n = A^n \times V_0$.
d) On admet que la suite (A^n) converge vers la matrice nulle. Conclure sur la convergence de la suite (V_n) de matrices, puis sur celle de la suite (N_n) de matrices.
e) Donner alors la page qui a le plus d'importance.
Expliquer le résultat en visualisant simplement le graphe.

Problème 7 Une population de rongeurs (modèle de Leslie)

Objectif
Découvrir des modèles utilisés dans la dynamique de population.
Étude à long terme.

On s'intéresse à une population de rongeurs ayant un cycle de reproduction de 3 ans, répartie en trois catégories : juvéniles (J), pré-adultes (P) (rongeurs de 1 an) et adultes (A) (rongeurs de 2 ans).
On ne considère ici que la sous-population formée des individus femelles. On suppose que chaque femelle donne en moyenne naissance à 6 femelles durant sa deuxième année et à 10 femelles durant sa troisième année. Cependant, une femelle sur deux survit au-delà de sa première année et 40 % de celles qui survivent la deuxième année survivront jusqu'à la troisième année.
En 2012, cette population de rongeurs comportait 30 juvéniles, 50 pré-adultes et 50 adultes.

On se propose d'étudier l'évolution de cette population de rongeurs.

1 Avec un graphe pondéré

a) On traduit cette situation par le graphe pondéré ci-contre. n désigne un nombre entier naturel.

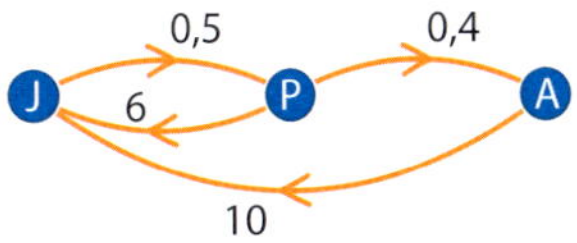

On désigne respectivement par j_n, p_n et a_n le nombre de femelles juvéniles, pré-adultes et adultes en $2012 + n$.
Exprimer $j_{n+1}, p_{n+1}, a_{n+1}$ en fonction de j_n, p_n, a_n.
b) En notant X_n la matrice ligne $\begin{pmatrix} j_n & p_n & a_n \end{pmatrix}$ donnant la répartition de la population en $2012 + n$, montrer que $X_{n+1} = X_nM$ où M est une matrice carrée d'ordre 3 que l'on déterminera.
c) En déduire par récurrence que, pour tout nombre entier naturel n, $X_n = X_0M^n$.
d) Donner grâce à la calculatrice le nombre de rongeurs dans chaque catégorie en 2027.

Note
Cette matrice M est appelée **matrice de Leslie**.

Note
Le statisticien anglais Patrick Leslie a développé en 1945 un modèle pour décrire l'évolution du nombre de femelles chez les rongeurs qui provoquent de gros dégâts dans les réserves alimentaires.
Ce modèle est adopté par de nombreux biologistes.

2 Avec un tableur

On souhaite conjecturer l'évolution de cette population à l'aide d'un tableur.
a) Réaliser cette feuille de calcul. Saisir la formule adéquate dans la cellule E2, puis les formules adéquates dans la plage B3:E3, puis recopier vers le bas.

	A	B	C	D	E	F
1	Rang de l'année	Juvéniles	Pré adultes	Adultes	Nombre total de rongeurs	Rapport
2	0	30	50	50	130	
3	1	800	15	20	835	6,42307692
4	2					

b) Retrouver le nombre de rongeurs dans chaque catégorie en 2027.
c) Pour avoir une idée de l'évolution de cette population, représenter dans une même fenêtre graphique l'allure du nuage de points correspondant aux trois catégories ainsi qu'à la population totale. De quel type d'évolution s'agit-il ?

d) Dans la colonne F, on décide de faire apparaître les rapports entre le nombre total de rongeurs et le nombre total de rongeurs l'année précédente.

- Saisir en F3 la formule adéquate afin d'obtenir, par recopie vers le bas, ce rapport au cours des années suivantes.
- Quelle conjecture peut-on émettre sur l'évolution de ce rapport ?
La représenter dans une nouvelle fenêtre graphique.
- Émettre alors une conjecture sur l'évolution de cette population de rongeurs.

Problème 8 Une population de chouettes et de souris

Objectif

Observer l'évolution couplée de deux suites récurrentes dans un modèle proie-prédateur discrétisé.

On s'intéresse à l'évolution couplée de deux populations : des chouettes et des souris. On note respectivement C_n et S_n le nombre, en milliers, de chouettes et de souris au 1er juin de l'année 2010 + n (où n désigne un nombre entier naturel).

Les scientifiques modélisent la prédation entre ces deux espèces (chouettes et souris) de la manière suivante.

Pour tout n nombre entier naturel :

$$\begin{cases} C_{n+1} = 0{,}5\ C_n + 0{,}4\ S_n \\ S_n = -0{,}104\ C_n + 1{,}1\ S_n \end{cases}$$

Les coefficients 0,5 et 1,1 indiquent la croissance de chaque espèce en isolation. Les chouettes disparaissent sans nourriture tandis que les souris augmentent sans prédateurs.

Les deux autres nombres 0,4 et – 0,104 mesurent la conséquence de la prédation : positif pour les chouettes et négatif pour les souris.

En 2010, on comptait 3 000 chouettes et 2 000 souris.

On se propose d'étudier l'évolution de ces populations à long terme.

1 Expérimentation avec un tableur

a) Réaliser la feuille de calcul ci-contre. Que remarque-t-on ? Quelle conjecture peut-on émettre quant à la proportion de chaque espèce à long terme ?

b) L'évolution est-elle influencée par les conditions initiales ?

	A	B	C	D	E
1	Co=	3		S0=	2
2					
3	n	Cn	Sn	rapport Sn/Cn	
4	0	3	2	0,666666667	
5	1	2,3	1,888	0,820869565	
6	2	1,9052	1,8376	0,964518161	
7	3	1,68764	1,8232192	1,080336565	
8	4	1,57310768	1,83002656	1,163319322	
9	5	1,51856446	1,84942602	1,217877845	
10	6	1,49905264	1,87643791	1,251749182	

2 Justification avec l'outil matriciel

On note U_n la matrice colonne $\begin{pmatrix} C_n \\ S_n \end{pmatrix}$.

a) Montrer que, pour tout nombre entier naturel n, $U_{n+1} = AU_n$ où A est une matrice carrée d'ordre 2 que l'on déterminera.

b) En déduire une relation liant U_n et U_0.

c) On donne les matrices $P = \begin{pmatrix} 10 & 5 \\ 13 & 1 \end{pmatrix}$ et $D = \begin{pmatrix} 1{,}02 & 0 \\ 0 & 0{,}58 \end{pmatrix}$.

Démontrer que $PDP^{-1} = A$, puis que pour tout nombre entier naturel n :

$$A^n = PD^nP^{-1}$$

d) En déduire les coefficients de la matrice U_n en fonction de n.

e) Déterminer la limite de chacune des suites (C_n), (S_n) et $\left(\dfrac{S_n}{C_n}\right)$.

f) Répondre au problème posé et vérifier la cohérence avec les conjectures émises au 1.

Note

A s'appelle la matrice « proie-prédateur ».

Problème 9 Modèle proie-prédateur

Objectif
Observer diverses évolutions de populations sur le long terme en fonction d'un paramètre de prédation.

Dans les grandes et vieilles forêts de sapins, les chouettes tachetées s'offrent des écureuils volants comme dîner.
On suppose que la matrice proie-prédateur entre ces deux espèces est $A = \begin{pmatrix} 0,4 & 0,3 \\ -p & 1,2 \end{pmatrix}$
où p est un nombre réel strictement positif, appelé le paramètre de prédation.

1 Mathématiser la situation à l'aide d'une suite de matrices colonnes.

2 Utiliser la calculatrice ou un outil logiciel au choix pour répondre aux questions suivantes.
a) Constater que si le paramètre de prédation est $p = 0,325$, alors les deux populations croissent. Estimer le taux de croissance, à long terme, et le rapport final « chouettes-écureuils volants ».
b) Constater que si le paramètre de prédation est $p = 0,5$, alors les deux espèces finissent par s'éteindre.
c) Chercher une valeur du paramètre p pour laquelle les deux populations tendent vers des niveaux constants.
Quelles sont les tailles relatives des populations dans ce cas-là ?

3 Quelques justifications
a) Pour quelle valeur de p existe-t-il un état stable, c'est-à-dire une matrice colonne $S = \begin{pmatrix} a \\ b \end{pmatrix}$ avec $a + b = 1$ telle que $S = AS$?
b) Confronter avec la conjecture émise à la question **2 c)**.

Problème 10 Proies et prédateurs : le modèle de Lotka-Volterra

Objectif
Découvrir un modèle important non linéaire.
Étudier le problème linéarisé au voisinage du point d'équilibre.

On s'intéresse à l'évolution de la population de truites (les proies) et de brochets (les prédateurs) dans la Meuse.
On désigne par T_n et B_n le nombre respectif de truites et de brochets dans la Meuse le premier juin de l'année $2001 + n$.
On sait qu'entre une année $2001 + n$ et la suivante :
- le nombre de truites augmente de 10 % mais lors des $T_n \times B_n$ rencontres possibles entre les deux espèces, seules 0,1 % ont effectivement lieu et à chacune d'entre elles la truite est dévorée par le brochet ;
- parmi les B_n brochets, 5 % meurent uniquement à cause de leur sensibilité à la toxicité de l'eau de la Meuse mais le fait de dévorer des truites permet aux brochets de se reproduire (naissance de nouveaux brochets). Ainsi, le nombre de nouveaux brochets est estimé à 5 % du nombre de truites dévorées.

1 Étude des suites
a) Vérifier que, pour tout nombre entier naturel n :

$$(1) \begin{cases} T_{n+1} = 1,1T_n - 0,001T_n \times B_n \\ B_{n+1} = 0,95B_n + 0,0005T_n \times B_n \end{cases}$$

b) Quelle est la nature de la suite (T_n) lorsqu'il n'y a pas de prédateurs ?
Quels sont son sens de variation et sa limite ?

c) Quelle est la nature de la suite (B_n) lorsqu'il n'y a pas de proies ?
Quels sont son sens de variation et sa limite ?
d) Montrer que, pour tout nombre entier naturel n :

$$\begin{cases} T_{n+1} - T_n = T_n(0{,}1 - 0{,}001B_n) \\ B_{n+1} - B_n = B_n(-0{,}05 + 0{,}0005\,T_n) \end{cases}$$

En supposant qu'il y ait des proies et des prédateurs, quels auraient dû être les nombres de truites et de brochets initialement dans la Meuse pour que ceux-ci soient constants ?

Note

Durant la Première Guerre mondiale, la pêche dans la mer Adriatique avait été restreinte.
Le zoologiste italien Umberto d'Ancona remarqua que le pourcentage de poissons était supérieur à celui du début de la guerre.
Il demanda à Vito Volterra de construire un modèle mathématique qui expliquerait ces observations.

2 À l'aide d'un tableur

En 2001, dans le secteur étudié, on comptait 210 truites et 50 brochets.
a) Créer à l'aide d'un tableur, en utilisant la fonction de recopie vers le bas, deux colonnes contenant respectivement le nombre de proies (truites) et le nombre de prédateurs (brochets) au cours des 200 années suivant 2001.
b) Pour avoir une idée de l'évolution de ces deux populations, représenter dans une même fenêtre graphique l'allure du nuage de points correspondant aux truites d'une part et aux brochets d'autre part.
De quel type d'évolution s'agit-il ?
Pour s'en convaincre, représenter le nuage de points de coordonnées $(T_n\,;\,B_n)$.
c) Interpréter concrètement cette évolution.
d) Faire varier les données initiales. L'évolution est-elle fortement influencée par celles-ci ?
e) Illustrer le résultat de la question **2 d)**.

3 Étude du problème linéarisé au voisinage du point d'équilibre

On note U_n la matrice colonne $\begin{pmatrix} T_n \\ B_n \end{pmatrix}$, pour tout nombre entier naturel n.

a) Déterminer une matrice constante $U = \begin{pmatrix} T \\ B \end{pmatrix}$ vérifiant le système **(1)**.
U est appelée le point d'équilibre.
b) On se place au voisinage du point d'équilibre en posant $t_n = T_n - 100$ et $b_n = B_n - 100$, pour tout nombre entier naturel n.
Montrer que le système **(1)** (question **1 a)**) équivaut au système :

$$\begin{cases} t_{n+1} = t_n - 0{,}1b_n - 0{,}001t_nb_n \\ b_{n+1} = 0{,}05\,t_n + b_n + 0{,}0005\,t_nb_n \end{cases}$$

On peut considérer le terme t_nb_n comme négligeable au voisinage du point d'équilibre.
Ainsi, le système **(1)** peut être approximé par le système **(2)** :

$$\begin{cases} t_{n+1} = t_n - 0{,}1b_n \\ b_{n+1} = 0{,}05\,t_n + b_n \end{cases}$$

c) On note u_n la matrice colonne $\begin{pmatrix} t_n \\ b_n \end{pmatrix}$, pour tout nombre entier naturel n.
Montrer que le système **(2)** revient à résoudre le système matriciel suivant :

$$u_{n+1} = Au_n$$

où A est une matrice carrée que l'on déterminera.
En déduire que pour tout nombre entier naturel n : $u_{n+1} = A^n u_0$.
d) En calculant, à l'aide d'un logiciel de calcul formel, les puissances successives de la matrice A conforter ou invalider les conjectures émises.

Problème 11 Suite de Fibonacci et matrices

Objectif
Approcher la diagonalisation d'une matrice carrée d'ordre 2.

Note
On dit qu'une matrice carrée A est **diagonalisable** lorsqu'il existe une matrice carrée P et des nombres réels α et β tels que :
$A = P\begin{pmatrix} \alpha & 0 \\ 0 & \beta \end{pmatrix}P^{-1}$.

La **suite de Fibonacci** tient son nom du mathématicien italien Leonardo Fibonacci, qui a vécu à Pise au XIIe siècle (1175-1240).
La suite de Fibonacci est définie par $u_0 = 1$, $u_1 = 1$, et, pour tout nombre entier naturel n, $u_{n+2} = u_{n+1} + u_n$.

a) À l'aide d'une feuille de calcul, afficher les termes de la suite $\left(\dfrac{u_{n+1}}{u_n}\right)$.
Conjecturer la limite de cette suite « quotient ».

b) Montrer que l'on peut écrire, avec le calcul matriciel $\begin{pmatrix} u_{n+2} \\ u_{n+1} \end{pmatrix} = \begin{pmatrix} 1 & 1 \\ 1 & 0 \end{pmatrix}\begin{pmatrix} u_{n+1} \\ u_n \end{pmatrix}$.

c) Montrer que la matrice $F = \begin{pmatrix} 1 & 1 \\ 1 & 0 \end{pmatrix}$ peut être écrite $P\begin{pmatrix} \alpha & 0 \\ 0 & \beta \end{pmatrix}P^{-1}$

où $P = \begin{pmatrix} \dfrac{\sqrt{5}+1}{2} & \dfrac{1-\sqrt{5}}{2} \\ 1 & 1 \end{pmatrix}$ en précisant les nombres réels α et β.

d) Démontrer à l'aide d'un raisonnement par récurrence que, pour tout nombre entier naturel n, $\begin{pmatrix} u_{n+1} \\ u_n \end{pmatrix} = \begin{pmatrix} 1 & 1 \\ 1 & 0 \end{pmatrix}^n \begin{pmatrix} u_1 \\ u_0 \end{pmatrix}$ c'est-à-dire :

$$\begin{pmatrix} u_{n+1} \\ u_n \end{pmatrix} = \begin{pmatrix} \dfrac{\sqrt{5}+1}{2} & \dfrac{1-\sqrt{5}}{2} \\ 1 & 1 \end{pmatrix} \begin{pmatrix} \left(\dfrac{1+\sqrt{5}}{2}\right)^n & 0 \\ 0 & \left(\dfrac{1-\sqrt{5}}{2}\right)^n \end{pmatrix} \begin{pmatrix} \dfrac{1}{\sqrt{5}} & \dfrac{\sqrt{5}-1}{2\sqrt{5}} \\ -\dfrac{1}{\sqrt{5}} & \dfrac{\sqrt{5}+1}{2\sqrt{5}} \end{pmatrix} \begin{pmatrix} u_1 \\ u_0 \end{pmatrix}$$

e) Conclure que, pour tout n, $u_n = \dfrac{1}{\sqrt{5}}\left(\dfrac{1+\sqrt{5}}{2}\right)^{n+1} - \dfrac{1}{\sqrt{5}}\left(\dfrac{1-\sqrt{5}}{2}\right)^{n+1}$.

f) Justifier alors la limite de la suite « quotient » $\left(\dfrac{u_{n+1}}{u_n}\right)$.

Info

Le nombre d'or, noté Φ (en l'honneur de Phidias, architecte du Parthénon à Athènes), est le nombre irrationnel $\dfrac{1+\sqrt{5}}{2}$.
Sa première trace écrite remonte en 300 av. J.-C. dans les Éléments d'Euclide.
En 1576, le cosmographe de Philippe II traduit une phrase de cet ouvrage par : « Une droite est divisée en moyenne et extrême raison quand la longueur totale de la droite est à la grande partie ce que cette dernière est à la petite ».
Cela signifie, avec les notations ci-contre, que :

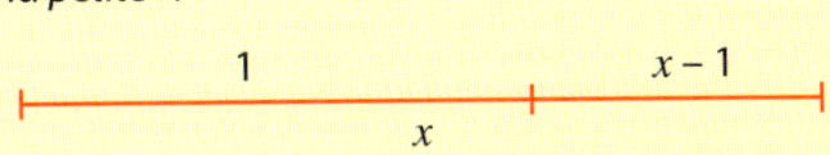

$$\frac{x}{1} = \frac{1}{x-1}.$$

Cette équation équivaut donc à $x^2 - x - 1 = 0$, dont la solution positive est justement le nombre d'or (ou divine proportion).
Le nombre d'or est présent dans de nombreux domaines.

En peinture

L'homme de Vitruve de Léonard de Vinci est inséré dans un carré et un cercle dont le quotient du côté par le rayon est égal au nombre d'or.

Dans la nature

Les nombres de spirales d'une pomme de pin sont, dans les deux sens, deux nombres de la suite de Fibonacci, 8 et 13. Il en est de même pour les nombres de spirales d'une fleur de tournesol, 21 et 34.

Suites de matrices colonnes

n et N désignent des nombres entiers naturels.

1 Suite de matrices générée par une relation de récurrence

On s'intéresse ici à la suite de matrices colonnes (U_n) (ayant N lignes) définie par son premier terme U_0 et pour tout nombre entier naturel n, $U_{n+1} = AU_n + C$ où A est une matrice carrée d'ordre N et C une matrice colonne ayant N lignes.

2 État stable

L'état stable est une suite de matrices colonnes S, non nulle, constante vérifiant la relation de récurrence. S'il existe, l'état stable vérifie $S = AS + C$, c'est-à-dire $(I - A)S = C$ où I est la matrice identité d'ordre N.

PROPRIÉTÉ Si la matrice $(I - A)$ est inversible, c'est-à-dire qu'elle admet une matrice inverse, alors il existe un état stable S tel que $S = (I - A)^{-1} \times C$.

3 Étude de la convergence

Les outils logiciels seront utilisés pour observer les tendances à long terme.
Lorsque l'étude le permet et qu'il existe un état stable S, il est intéressant d'étudier la suite de matrices colonnes (V_n) telle que, pour tout nombre entier naturel n, $V_n = U_n - S$.

En effet, $\begin{cases} U_{n+1} = AU_n + C \\ S = AS + C \end{cases}$ équivaut par soustraction à $\begin{cases} U_{n+1} - S = A(U_n - S) \\ S = AS + C \end{cases}$ c'est-à-dire $\begin{cases} V_{n+1} = AV_n \\ S = AS + C \end{cases}$

Par récurrence, on se ramène à l'étude de la suite (V_n) telle que, pour tout nombre entier naturel n :

$$V_n = A^n V_0$$

4 Utilisation d'un logiciel de calcul formel

EXEMPLE : (U_n) est la suite de matrices colonnes définie par la donnée de $U_0 = \begin{pmatrix} a \\ b \end{pmatrix}$ et pour tout nombre entier naturel n, $U_{n+1} = \begin{pmatrix} 1 & -0{,}1 \\ 0{,}05 & 1 \end{pmatrix} U_n + \begin{pmatrix} 10 \\ -5 \end{pmatrix}$.

Pour représenter graphiquement cette suite, on peut entrer le programme suivant sous Xcas.

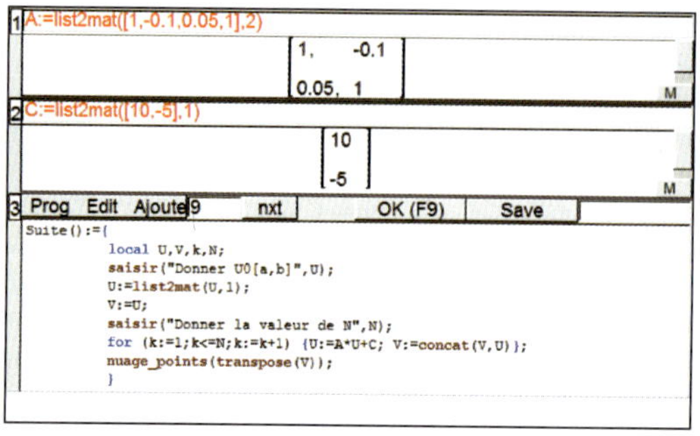

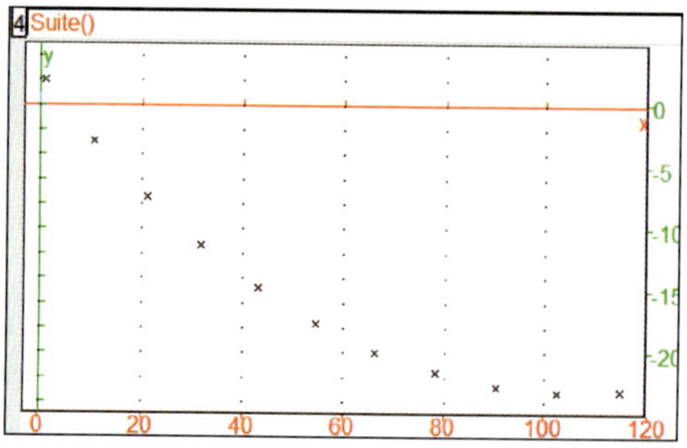

3 Exercice résolu — Recherche d'un état stable, s'il existe

La suite de matrices colonnes (U_n) est définie par son premier terme U_0 et pour tout nombre entier naturel n :

$$U_{n+1} = AU_n + C$$

Dans chaque cas, déterminer l'état stable s'il existe.

a) $A = \begin{pmatrix} 0 & 0 & 1 \\ 0,5 & 0 & 0 \\ 0,5 & 1 & 0 \end{pmatrix}$ et $C = \begin{pmatrix} 0 \\ 0 \\ 0 \end{pmatrix}$

b) $A = \begin{pmatrix} 1 & -1 & -2 \\ -1 & 1 & -3 \\ -4 & 3 & -7 \end{pmatrix}$ et $C = \begin{pmatrix} 1 \\ 0 \\ 1 \end{pmatrix}$

Solution

a) On pose $S = \begin{pmatrix} a \\ b \\ c \end{pmatrix}$ avec a, b et c nombres réels.

On cherche S telle que $S = AS + C$ c'est-à-dire :

$$\begin{cases} a = c \\ b = 0,5a \\ c = 0,5a + b \end{cases} \quad \text{soit} \quad \begin{cases} c = a \\ b = 0,5a \end{cases}$$

Ainsi, toute suite de matrices colonnes $S = \begin{pmatrix} a \\ 0,5a \\ a \end{pmatrix}$ avec $a \neq 0$, donne un état stable.

b) On note I_3 la matrice identité d'ordre 3.

Avec la calculatrice, on constate que la matrice $I_3 - A$ est inversible et que :

$$(I_3 - A)^{-1} = \begin{pmatrix} -4,5 & 7 & -1,5 \\ -2 & 4 & -1 \\ 1,5 & -2 & 0,5 \end{pmatrix}$$

On sait qu'alors il existe un état stable S et que $S = (I_3 - A)^{-1} \times C$.

On obtient alors $S = \begin{pmatrix} -6 \\ -3 \\ 2 \end{pmatrix}$: c'est l'unique état stable de cette suite de matrices (U_n).

> Un état stable s'il existe est une suite constante, non nulle, de matrices colonnes S telle que :
> $$S = AS + C$$

> Si la suite (U_n) illustre un processus probabiliste, alors $a + b + c = 1$ et donc $a + 0,5a + a = 1$ soit $a = 0,4$.
> Dans ce cas il existe un seul état stable :
> $$S = \begin{pmatrix} 0,4 \\ 0,2 \\ 0,4 \end{pmatrix}$$

> On peut aussi utiliser la même méthode qu'au **a)**, et résoudre le système :
> $$\begin{cases} a = a - b - 2c + 1 \\ b = -a + b - 3c \\ c = -4a + 3b - 7c + 1 \end{cases}$$
> Ce système a pour seule solution le triplet (–6 ; –3 ; 2).

Pour s'exercer

4 Des scientifiques ont modélisé la prédation entre mouches et poissons archers, dans un milieu fermé, de la manière suivante :

pour tout nombre entier naturel n :

$$\begin{cases} P_{n+1} = 0,7\,P_n + 0,6\,M_n \\ M_{n+1} = -0,2\,P_n + 1,5\,M_n \end{cases}$$

où P_n, respectivement M_n, est le nombre de poissons archers, respectivement de dizaines de mouches, présents dans ce milieu fermé le n-ième jour.

On note U_n la matrice colonne $\begin{pmatrix} P_n \\ M_n \end{pmatrix}$.

a) Montrer que, pour tout n de $\mathbb{N}$:

$$U_{n+1} = AU_n$$

avec une matrice carrée A que l'on précisera.

b) Chaque jour, les scientifiques retirent dix mouches de ce milieu fermé.

Déterminer la matrice C telle que :

$$U_{n+1} = AU_n + C.$$

c) Après avoir justifié son existence, déterminer l'état stable S, puis interpréter le résultat obtenu.

Exercices d'application

Pour créer des automatismes

Étude asymptotique d'une marche aléatoire

5 $A = \begin{pmatrix} 0,5 & 0,5 \\ 0,3 & 0,7 \end{pmatrix}$

(P_n) est la suite de matrices définies par P_0 et, pour tout n de $\mathbb{N}$, $P_n = P_0 A^n$.
À l'aide de la calculatrice, conjecturer la limite de la suite (P_n) :

a) lorsque $P_0 = \begin{pmatrix} 1 & 0 \end{pmatrix}$;

b) lorsque $P_0 = \begin{pmatrix} 0 & 1 \end{pmatrix}$.

6 $M = \begin{pmatrix} 0,1 & 0 & 0,9 \\ 0,2 & 0,2 & 0,6 \\ 0,5 & 0,5 & 0 \end{pmatrix}$

(X_n) est la suite de matrices définie par X_0 et, pour tout n de $\mathbb{N}$, $X_n = X_0 M^n$.
À l'aide de la calculatrice, conjecturer la limite de la suite (X_n) :

a) lorsque $X_0 = \begin{pmatrix} 0 & 1 & 0 \end{pmatrix}$;

b) lorsque $X_0 = \begin{pmatrix} \frac{1}{3} & \frac{1}{3} & \frac{1}{3} \end{pmatrix}$.

7 Une marche aléatoire entre deux sommets ① et ② est donnée par la matrice de transition :

$$A = \begin{pmatrix} 0,7 & 0,3 \\ 0,4 & 0,6 \end{pmatrix}$$

À l'aide de la calculatrice, conjecturer la probabilité de se trouver sur le sommet ① au bout d'un grand nombre d'étapes :

a) si la marche démarre du sommet ① ;

b) si la marche démarre du sommet ②.

Pour les exercices 8 et 9, écrire la matrice M du graphe probabiliste, puis conjecturer à l'aide de la calculatrice l'état probabiliste au bout d'un grand nombre d'étapes.
On suppose que la suite des états probabilistes converge vers un état stable.
Le déterminer par le calcul.

8

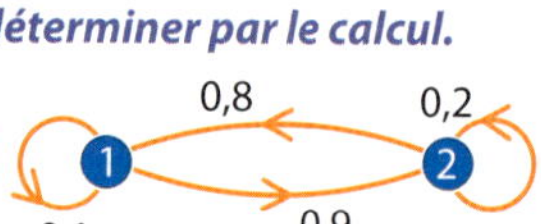

et $P_0 = \begin{pmatrix} 1 & 0 \end{pmatrix}$

9

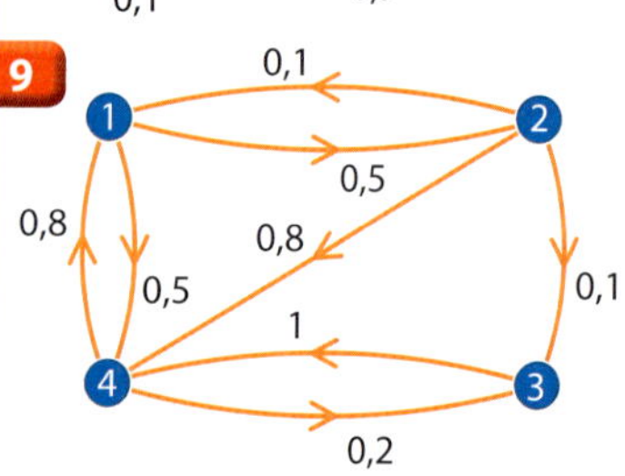

et $X_0 = \begin{pmatrix} 0,25 \\ 0,25 \\ 0,25 \\ 0,25 \end{pmatrix}$

10 A est la matrice de transition suivante associée à une marche aléatoire à deux sommets.

$$A = \begin{pmatrix} 0,75 & 0,25 \\ 0,5 & 0,5 \end{pmatrix}$$

On admet que ce processus a un état stable $P = \begin{pmatrix} x & y \end{pmatrix}$ avec $x + y = 1$.

a) Montrer que déterminer P revient à résoudre :

$$\textbf{(S)} \begin{cases} -0,25x + 0,25y = 0 \\ x + y = 1 \end{cases}$$

b) Résoudre ce système **(S)** et en déduire l'état stable P.

11 M est la matrice de transition suivante associée à une marche aléatoire à deux sommets.

$$M = \begin{pmatrix} 0,1 & 0,9 \\ 0,65 & 0,35 \end{pmatrix}$$

On admet que ce processus a un état stable :

$$X = \begin{pmatrix} a & b \end{pmatrix} \text{ avec } a + b = 1.$$

Déterminer cet état stable X.

12 Un professeur demande à ses élèves de déterminer par le calcul l'état stable $P = \begin{pmatrix} x & y \end{pmatrix}$, avec $x + y = 1$, du graphe probabiliste ci-dessous.

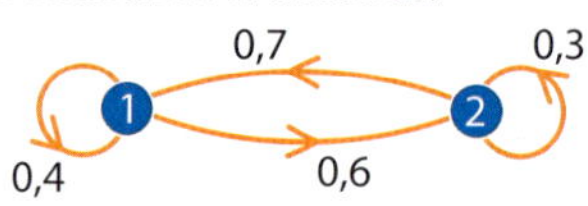

Voici les commentaires de deux élèves.
Nadia : « Mes calculs donnent $P = \begin{pmatrix} 0,625 & 0,375 \end{pmatrix}$ ».
Sophia : « Tu as dû te tromper, regarde ce que j'obtiens ».
Expliquer le raisonnement de Sophia, puis répondre à la question du professeur.

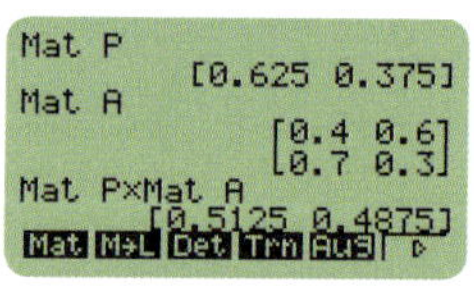

13 Dans chacun des cas, A est la matrice de transition associée à une marche aléatoire.
Déterminer, par le calcul, l'état stable correspondant et en déduire la limite de la suite (A^n) de matrices.

a) $A = \begin{pmatrix} \frac{1}{2} & \frac{1}{2} \\ \frac{1}{2} & \frac{1}{2} \end{pmatrix}$

b) $A = \begin{pmatrix} \frac{1}{2} & \frac{1}{4} & \frac{1}{4} \\ \frac{1}{4} & \frac{1}{2} & \frac{1}{4} \\ \frac{1}{4} & \frac{1}{4} & \frac{1}{2} \end{pmatrix}$

14 Lire sur les écrans ci-dessous les matrices lignes donnant l'état stable du processus dont la matrice de transition est A ou B.

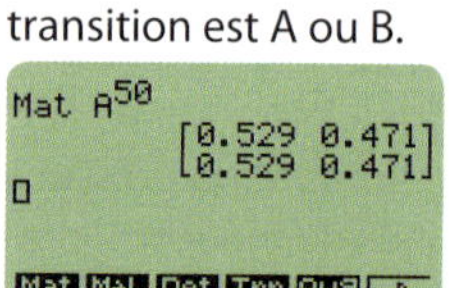

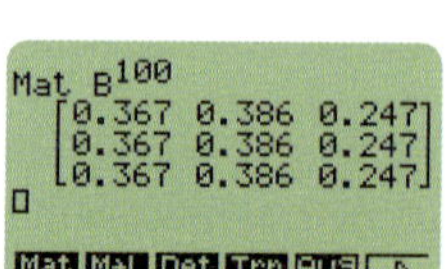

15 A est une matrice associée à une marche aléatoire entre deux sommets qui démarre au sommet ②.
Utiliser l'affichage ci-dessous, obtenu avec Xcas, pour déterminer la probabilité de se trouver sur le sommet ① :
a) au bout de deux déplacements ;
b) au bout d'un grand nombre de déplacements.

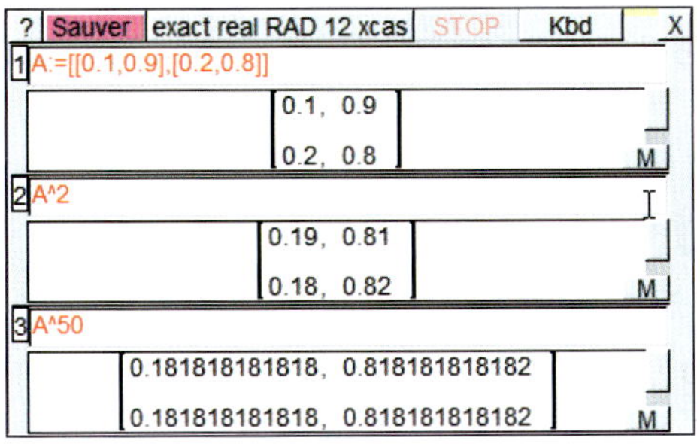

c) Retrouver le résultat du **b)** par un calcul.

16 Une marche aléatoire sur un triangle ABC est donnée par la matrice de transition :

$$T = \begin{pmatrix} 1/2 & 1/3 & 1/6 \\ 3/4 & 0 & 1/4 \\ 0 & 1 & 0 \end{pmatrix}$$

a) La marche aléatoire part du sommet A. Quelle est la probabilité d'être sur le sommet C après 2 étapes ? 3 étapes ?
b) À l'aide d'un logiciel de calcul formel, donner la probabilité de revenir au sommet A après 100 étapes.
c) Déterminer, par le calcul, l'état stable de T.
d) Au bout d'un très grand nombre d'étapes, sur quel sommet a-t-on le plus de chances de se trouver ?

17 Trois jeunes enfants viennent d'arriver à la garderie. Ils sont répartis entre les deux salles A et B.

Chaque demi-heure, on choisit au hasard un enfant, que l'on change de salle.
On note X_n la variable aléatoire qui compte le nombre d'enfants dans la salle A au bout de n demi-heures.
a) Reproduire et compléter le graphe probabiliste ci-dessous qui schématise le nombre d'enfants présents dans la salle A au bout de n demi-heures et leurs déplacements possibles.

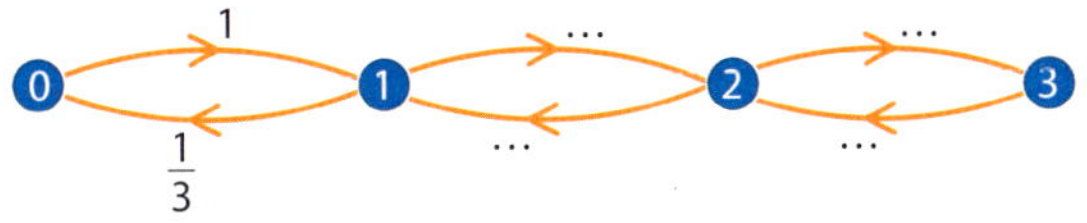

b) On note :
$P_n = \big(P(X_n = 0) \quad P(X_n = 1) \quad P(X_n = 2) \quad P(X_n = 3) \big)$
Déterminer la matrice A telle que, pour tout nombre entier naturel n, $P_{n+1} = P_n A$.
c) On admet que ce processus possède un état stable S. Déterminer S.
Quelle est la probabilité de ne trouver qu'un seul enfant dans la salle A en fin de journée ?

18 Une boîte contenant 4 balles est divisée en deux compartiments A et B. On ne donne pas la répartition initiale des balles dans les compartiments. Chaque seconde une balle est choisie au hasard et changée de compartiment.
On note X_n la variable aléatoire qui compte le nombre de balles dans A à l'instant n.

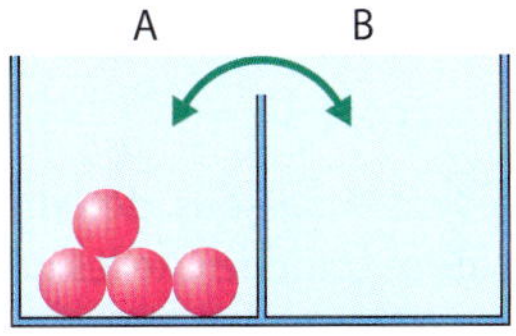

a) Dessiner un graphe qui schématise la situation précédente.
b) On note :
$P_n = \big(P(X_n = 0) \;\; P(X_n = 1) \;\; P(X_n = 2) \;\; P(X_n = 3) \;\; P(X_n = 4)\big)$.
Déterminer la matrice A telle que, pour tout nombre entier naturel n, $P_{n+1} = P_n \times A$.
c) On admet que ce processus possède un état stable S. Déterminer S et interpréter le résultat obtenu.

19 Trois enfants Juliette, Michel et Zinedine se font des passes avec un ballon de football. Juliette passe toujours le ballon à Michel, Michel à Zinedine et Zinedine passe le ballon 1 fois sur 3 à Michel.

a) Justifier que la situation précédente peut être décrite à l'aide d'une matrice de transition A que l'on déterminera.
b) On admet que la suite (A^n) de matrices converge. Déterminer sa limite.
c) Interpréter concrètement le résultat précédent.

20 $M = \begin{pmatrix} 1 & 0 & 0 \\ 0{,}25 & 0{,}5 & 0{,}25 \\ 0 & 0 & 1 \end{pmatrix}$ est la matrice de transition associée à une marche aléatoire.
a) Démontrer par récurrence que, pour tout nombre entier naturel n non nul :

$$M^n = \begin{pmatrix} 1 & 0 & 0 \\ \frac{1}{2} - \frac{1}{2^{n+1}} & \frac{1}{2^n} & \frac{1}{2} - \frac{1}{2^{n+1}} \\ 0 & 0 & 1 \end{pmatrix}$$

b) En déduire la limite de la suite (M^n).
c) Déterminer, si elles existent, les matrices lignes stables par M.

Suite de matrices colonnes

21 u et v sont des suites définies sur $\mathbb{N}$ et, pour tout nombre entier naturel n, on pose $U_n = \begin{pmatrix} u_n \\ v_n \end{pmatrix}$.
Dans chacun des cas ci-dessous, déterminer la matrice carrée A et la matrice colonne C telles que :
$$U_{n+1} = AU_n + C$$
a) Pour tout n de $\mathbb{N}$, $\begin{cases} u_{n+1} = 2u_n + 3 \\ v_{n+1} = 4v_n - 1 \end{cases}$

b) Pour tout n de $\mathbb{N}$, $\begin{cases} u_{n+1} = u_n - 5 \\ v_{n+1} = -v_n + 1 \end{cases}$

22 u est une suite définie sur $\mathbb{N}$ et, pour tout nombre entier naturel n, on pose $U_n = \begin{pmatrix} u_{n+1} \\ u_n \end{pmatrix}$.
Dans chacun des cas ci-dessous, déterminer la matrice carrée A et la matrice colonne C telles que :
$$U_{n+1} = AU_n + C$$
a) Pour tout n de $\mathbb{N}$, $u_{n+2} = 3u_{n+1} - 2u_n + 7$.
b) Pour tout n de $\mathbb{N}$, $u_{n+2} = 2u_{n+1} + u_n - 1$.

23 (U_n) est la suite de matrices colonnes définie par U_0 et pour tout nombre entier naturel n, $U_{n+1} = AU_n + C$.
a) Justifier que s'il existe, l'état stable S vérifie :
$(I - A) \times S = C$ où I est la matrice identité.
b) Utiliser l'affichage ci-dessous pour déterminer l'état stable dans les cas suivants :

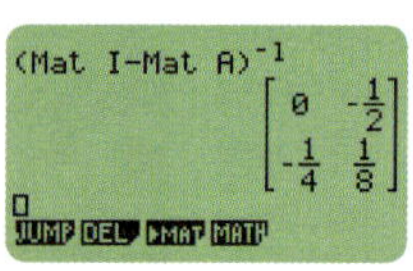

• $C = \begin{pmatrix} 2 \\ 1 \end{pmatrix}$

• $C = \begin{pmatrix} 3 \\ -5 \end{pmatrix}$

24 Dans chaque cas, déterminer après avoir justifié son existence, l'état stable S en utilisant la calculatrice.
a) (U_n) est la suite de matrices colonnes définie par U_0 et $U_{n+1} = AU_n + C$ pour tout n de $\mathbb{N}$, avec :
$$A = \begin{pmatrix} 1 & 0 & 2 \\ 1 & -3 & 4 \\ 2 & 1 & 3 \end{pmatrix} \text{ et } C = \begin{pmatrix} 1 \\ 0 \\ 2 \end{pmatrix}$$
b) (u_n) et (v_n) sont des suites telles que, pour tout n de $\mathbb{N}$, $u_{n+1} = 7u_n - 3$ et $v_{n+1} = 2v_n + 4$ et on pose $U_n = \begin{pmatrix} u_n \\ v_n \end{pmatrix}$.

25 $A = \begin{pmatrix} 1 & -1 \\ 2 & 3 \end{pmatrix}$, $C = \begin{pmatrix} 4 \\ 1 \end{pmatrix}$ et on note (U_n) la suite de matrices colonnes définie sur $\mathbb{N}$ par U_0 et :
$$U_{n+1} = AU_n + C$$
a) Montrer que la matrice colonne $S = \begin{pmatrix} x \\ y \end{pmatrix}$ est l'état stable de la suite de matrices (U_n) si, et seulement si :
$$\textbf{(S)} \begin{cases} -y + 4 = 0 \\ 2x + 2y + 1 = 0 \end{cases}$$
b) Résoudre ce système **(S)** et en déduire l'état stable.

Pour les exercices 26 et 27 :
a) déterminer les matrices A et C telles que, pour tout nombre entier naturel n de $\mathbb{N}$, $U_{n+1} = AU_n + C$;
b) on note $S = \begin{pmatrix} x \\ y \end{pmatrix}$ l'état stable de la suite (U_n), écrire un système d'équations vérifié par x et y ;
c) résoudre ce système et donner S.

26 Pour tout n de $\mathbb{N}$, $\begin{cases} u_{n+1} = 3u_n + 2 \\ v_{n+1} = -2v_n + 1 \end{cases}$ et on pose $U_n = \begin{pmatrix} u_n \\ v_n \end{pmatrix}$.

27 Pour tout n de $\mathbb{N}$, $u_{n+2} = u_{n+1} - 4u_n + 5$ et on pose $U_n = \begin{pmatrix} u_{n+1} \\ u_n \end{pmatrix}$.

28 (U_n) est la suite de matrices définie sur $\mathbb{N}$ par :
$$U_{n+1} = AU_n + C$$
a) Peut-on déduire, de l'écran Xcas ci-dessous, un état stable de la suite (U_n) ?

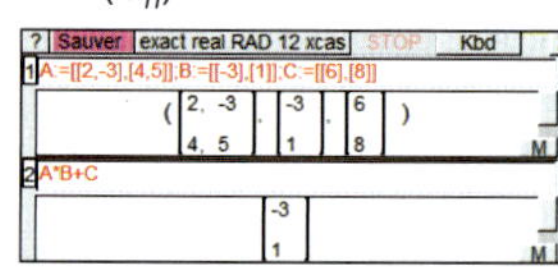

b) Retrouver ce résultat par un calcul.

29 (U_n) est la suite de matrices définie sur $\mathbb{N}$ par :
$U_0 = \begin{pmatrix} -1 \\ 2 \end{pmatrix}$ et, pour tout n de $\mathbb{N}$, $U_{n+1} = AU_n + C$
avec $A = \begin{pmatrix} 1 & 1 \\ 1 & 1 \end{pmatrix}$ et $C = \begin{pmatrix} 3 \\ -4 \end{pmatrix}$.
a) Après avoir justifié son existence, déterminer par le calcul l'état stable S de la suite de matrices (U_n).
b) Déterminer par récurrence que, pour tout n de $\mathbb{N}$:
$$A^n = \begin{pmatrix} 2^{n-1} & 2^{n-1} \\ 2^{n-1} & 2^{n-1} \end{pmatrix}$$
c) Démontrer par récurrence que, pour tout n de $\mathbb{N}$:
$$U_n = A^n(U_0 - S) + S$$
d) En déduire une expression de U_n en fonction de n.

30 (U_n) est la suite de matrices colonnes définie par U_0 et, pour tout n de $\mathbb{N}$, $U_{n+1} = AU_n + C$. On note $V_n = U_n - S$ où S est l'état stable associé à la suite (U_n).
a) Montrer que, pour tout n de $\mathbb{N}$, $V_{n+1} = AV_n$.
b) Démontrer que, pour tout n de $\mathbb{N}$, $V_n = A^nV_0$.
c) On donne $U_0 = \begin{pmatrix} 2 \\ 3 \\ 1 \end{pmatrix}$, $C = \begin{pmatrix} 4 \\ 0 \\ 2 \end{pmatrix}$ et, pour tout $n \in \mathbb{N}$:
$$A^n = \begin{pmatrix} 2^{n-1} + 4^{n-1} & \frac{4^n}{2} & -2^{n-1} + 4^{n-1} \\ 4^{n-1} & \frac{4^n}{2} & 4^{n-1} \\ -2^{n-1} + 4^{n-1} & \frac{4^n}{2} & 2^{n-1} + 4^{n-1} \end{pmatrix}$$
Calculer l'état stable S. En déduire une expression de U_n en fonction de n.

31 Un point lumineux se déplace de manière aléatoire entre les sommets du triangle ci-contre, selon les modalités suivantes :

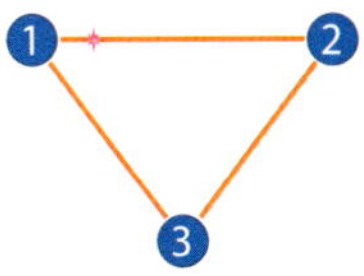

- étant sur un sommet à l'instant n, il peut avec une probabilité de 0,6 se déplacer de manière équiprobable vers un des deux sommets voisins ;
- à tout instant, le point lumineux peut quitter avec une probabilité de 0,4 le sommet où il se trouve pour sauter de manière équiprobable sur l'un des trois sommets.

On note X_n la variable aléatoire égale au numéro du sommet où se trouve le point lumineux à l'instant n.

a) À l'instant n, le point lumineux est en ❶, expliquer pourquoi :

$$P(X_{n+1}=1)=\frac{0,4}{3}$$

À l'instant n, le point lumineux est en ❷, expliquer pourquoi :

$$P(X_{n+1}=1)=\frac{0,4}{3}+\frac{1-0,4}{2}$$

À l'instant n, le point lumineux est en ❸, expliquer pourquoi :

$$P(X_{n+1}=1)=\frac{0,4}{3}+\frac{1-0,4}{2}$$

b) En déduire que :

$$P(X_{n+1}=1)=\frac{1-0,4}{2}\big(P(X_n=2)+P(X_n=3)\big)+\frac{0,4}{3}$$

c) Écrire des relations analogues pour $P(X_{n+1}=2)$, puis $P(X_{n+1}=3)$.

d) On pose $U_n=\begin{pmatrix} P(X_n=1) \\ P(X_n=2) \\ P(X_n=3) \end{pmatrix}$.

Montrer que, pour tout n de $\mathbb{N}$, $U_{n+1}=AU_n+C$ avec des matrices A et C que l'on précisera.

32 Un mobile se déplace sur les sommets d'un triangle selon le protocole ci-dessous :

- le mobile est sur le sommet ① au départ ;
- lorsqu'il se trouve, à un instant donné, sur un sommet, il se déplace avec une probabilité de 0,8 aléatoirement à l'instant suivant sur un autre sommet, de manière équiprobable ;
- à tout instant, il peut sauter du sommet où il se trouve pour atterrir sur n'importe lequel des trois sommets avec une probabilité de 0,2.

On note X_n la variable aléatoire égale à 1 (resp. 2 ou 3), lorsque le mobile se trouve sur le sommet 1 (resp. 2 ou 3) à l'instant n.

a) Déterminer X_0.

b) Justifier que, pour tout n de $\mathbb{N}$:

$$P(X_{n+1}=1)=\frac{0,8}{2}\big(P(X_n=2)+P(X_n=3)\big)+\frac{0,2}{3}$$

Écrire des relations analogues pour :

$$P(X_{n+1}=2) \text{ puis } P(X_{n+1}=3)$$

c) On note $U_n=\begin{pmatrix} P(X_n=1) \\ P(X_n=2) \\ P(X_n=3) \end{pmatrix}$.

Montrer que, pour tout n de $\mathbb{N}$, $U_{n+1}=AU_n+C$ avec des matrices A et C que l'on précisera.

d) Après avoir justifié son existence, déterminer l'état stable S de la suite (U_n) de matrices.

33 Des botanistes ont modélisé la prédation entre coccinelles et pucerons, sur un rosier, de la manière suivante : pour tout nombre entier naturel n,

$$\begin{cases} C_{n+1}=0,4C_n+0,8P_n \\ P_{n+1}=-0,1C_n+1,2P_n \end{cases}$$

où C_n, respectivement P_n, est le nombre de dizaines de coccinelles, respectivement de pucerons, sur le rosier le n-ième jour.

On note U_n la matrice colonne $\begin{pmatrix} C_n \\ P_n \end{pmatrix}$.

a) Montrer que, pour tout n de $\mathbb{N}$, $U_{n+1}=AU_n$ avec une matrice carrée A que l'on précisera.

b) Chaque jour, les botanistes ajoutent une coccinelle sur le rosier.

Déterminer la matrice C telle que $U_{n+1}=AU_n+C$.

c) Après avoir justifié son existence, déterminer l'état stable S.

34 Une substance B, présente dans le corps d'un animal, utilise une partie d'une autre substance, notée A. En temps normal, le bon équilibre se crée entre ces substances et l'animal est en bonne santé.

Chez un animal malade, on a modélisé l'évolution entre les substances A et B, de la manière suivante, pour tout nombre entier naturel n :

$$\begin{cases} A_{n+1}=0,3A_n+0,7B_n \\ B_{n+1}=-0,2A_n+1,3B_n \end{cases}$$

où A_n, respectivement B_n, est le nombre de mg par litre de sang, chez cet animal, le n-ième mois.

On note U_n la matrice colonne $\begin{pmatrix} A_n \\ B_n \end{pmatrix}$.

a) Montrer que, pour tout n de $\mathbb{N}$, $U_{n+1}=AU_n$ avec une matrice carrée A que l'on précisera.

b) Afin de le soigner, on lui administre chaque mois par intraveineuse une quantité q, en mg par litre de sang, de la substance A.

Déterminer la matrice C telle que $U_{n+1}=AU_n+C$.

c) Justifier l'existence d'un état stable S.

Déterminer S.

d) Pour qu'il soit en bonne santé, la quantité de substance B doit se stabiliser autour de 1 000 mg par litre de sang.

Quelle quantité de substance A faut-il administrer chaque mois ? Quelle est alors la quantité de substance A présente dans son sang ?

Objectif Bac

QCM

35 Pour chaque question, il y a une seule réponse correcte. Le candidat doit indiquer par **a)**, **b)** ou **c)** la réponse qu'il juge correcte. Aucune justification n'est demandée.

1. $A = \begin{pmatrix} 0,5 & 0,5 \\ 0,5 & 0,5 \end{pmatrix}$. La suite de matrices (A^n) :

a) converge vers la matrice $\begin{pmatrix} 0 & 0 \\ 0 & 0 \end{pmatrix}$ **b)** converge vers la matrice A **c)** ne converge pas

2. La population de deux villes A et B est de 3 000 habitants. Chaque année :
- 44 % des habitants de A partent dans la ville B ;
- 4 % des habitants de B partent dans la ville A.

Au bout d'une période très longue :

a) la ville A n'aura plus d'habitants **b)** les populations des deux villes vont s'équilibrer **c)** la ville B comptera environ 2 750 habitants

3. La loi de probabilité d'une marche aléatoire est décrite par une suite de matrices colonnes (P_n) vérifiant pour tout n de $\mathbb{N}$: $P_{n+1} = AP_n$ où $A = \begin{pmatrix} 0,7 & 0,15 \\ 0,3 & 0,85 \end{pmatrix}$. L'état stable P est la matrice :

a) $\begin{pmatrix} \frac{2}{3} \\ \frac{1}{3} \end{pmatrix}$ **b)** $\begin{pmatrix} \frac{1}{3} \\ \frac{2}{3} \end{pmatrix}$ **c)** $\begin{pmatrix} \frac{1}{3} & \frac{2}{3} \end{pmatrix}$

4. Une suite de matrices colonnes est définie par son premier terme U_0 et pour tout nombre entier naturel n, $U_{n+1} = AU_n + C$ où $A = \begin{pmatrix} 0 & -2 \\ -3 & -3 \end{pmatrix}$ et $C = \begin{pmatrix} 1 \\ 2 \end{pmatrix}$.

a) il n'existe pas d'état stable associé à cette situation **b)** l'état stable est $S = \begin{pmatrix} 0,5 \\ 0,5 \end{pmatrix}$ **c)** l'état stable est $S = \begin{pmatrix} 0 \\ 0,5 \end{pmatrix}$

Aide
Pour répondre à ces questions, il faut utiliser la calculatrice pour accélérer les calculs.

Vrai-Faux

36 Pour chacune des trois affirmations, dire si elle est vraie ou fausse. Justifier. (a_n) et (b_n) sont des suites vérifiant les relations pour tout nombre entier naturel n :

$$\begin{cases} a_n + b_n = 1 \\ a_{n+1} = 0,2a_n + 0,8b_n \\ b_{n+1} = 0,4a_n + 0,6b_n \end{cases}$$

1. $\begin{pmatrix} a_n \\ b_n \end{pmatrix} = \begin{pmatrix} a_0 \\ b_0 \end{pmatrix}\begin{pmatrix} 0,2 & 0,8 \\ 0,4 & 0,6 \end{pmatrix}$

2. La suite de terme général $v_n = b_n - \frac{1}{2}$ est géométrique de raison 0,2.

3. Les deux suites convergent.

Aide
Revoir le cours p. 130 sur l'étude asymptotique d'une marche aléatoire.

37 Le candidat portera sur sa copie, en regard du numéro de l'affirmation, et avec le plus grand soin, la mention Vrai ou Faux.

(U_n) est la suite de matrices colonnes définie par $U_0 = \begin{pmatrix} 3 \\ 1 \end{pmatrix}$ et, pour tout nombre entier naturel n :

$$U_{n+1} = AU_n + C$$

avec $A = \begin{pmatrix} 2 & 1 \\ 3 & -1 \end{pmatrix}$ et $C = \begin{pmatrix} 4 \\ -1 \end{pmatrix}$.

1. $U_3 = \begin{pmatrix} 4 \\ 7 \end{pmatrix}$

2. L'état stable S, s'il existe, vérifie $(A - I)S = C$.

3. L'état stable S est égal à $\begin{pmatrix} -1,4 \\ -2,6 \end{pmatrix}$.

4. La suite (V_n) de matrices colonnes définie sur $\mathbb{N}$ par $V_n = U_n - S$, vérifie, pour tout n de $\mathbb{N}$:

$$V_n = A^n V_0$$

Vérifier les réponses p. 156

38 Avec un graphe probabiliste

Chaque année, une association de cyclotourisme prépare de nouveaux circuits. Pour satisfaire ses nombreux membres, elle élabore des circuits de différents niveaux : ❶ « niveau facile », ❷ « niveau moyen » et ❸ « niveau difficile ».

Au premier janvier 2012, l'association a fait son bilan : 20 % des adhérents ont choisi le niveau facile ; 70 % le niveau moyen et le reste, le niveau difficile.

Une enquête a été effectuée et a montré que, d'une année sur l'autre :

- parmi les adhérents ayant choisi le niveau ❶, 40 % restent à ce niveau et 60 % passent au niveau ❷ ;
- parmi les adhérents ayant choisi le niveau ❷, 70 % restent à ce niveau et 20 % reviennent au niveau ❶ et les autres passent au niveau ❸ ;
- parmi les adhérents ayant choisi le niveau ❸, 85 % restent à ce niveau et les autres reviennent au niveau ❷.

1. Reproduire et compléter le graphe probabilité ci-dessous qui illustre la situation.

2. On choisit au hasard un adhérent de l'association. On note X_n la variable aléatoire égale au niveau choisi par le client à l'année 2012 + n.

a) Déterminer $P(X_0 = 1)$, $P(X_0 = 2)$ et $P(X_0 = 3)$.

b) Pour n nombre entier naturel, on note :

$$P_n = (P(X_n = 1) \quad P(X_n = 2) \quad P(X_n = 3))$$

Justifier que, pour tout n de $\mathbb{N}$:

$$P(X_{n+1} = 1) = 0{,}4\,P(X_n = 1) + 0{,}2\,P(X_n = 2)$$

c) Montrer que, pour tout n de $\mathbb{N}$, $P_{n+1} = P_n M$ avec une matrice M que l'on précisera.

d) Démontrer par récurrence que, pour tout n de $\mathbb{N}$:

$$P_n = P_0 M^n$$

3. a) Quel niveau comptera le plus d'adhérents en 2015 ?

b) Justifier l'existence d'un état stable et le déterminer. Interpréter ce résultat.

D'après *Bac*

Aide

2. c) Écrire au préalable les relations, analogues à celle du **b)**, donnant $P(X_{n+1} = 2)$ et $P(X_{n+1} = 3)$.

3. b) L'état stable $P = (x \quad y \quad z)$ vérifie $P = PM$ avec $x + y + z = 1$.

39 Avec une démonstration par récurrence

Le graphe probabiliste ci-après schématise une marche aléatoire entre deux sommets dans laquelle tous les déplacements sont équiprobables.

1. a) Déterminer la matrice de transition A associée à ce graphe.

b) Calculer A^2, A^3, A^4. Conjecturer une expression de A^n en fonction de n (avec n nombre entier naturel).

c) Démontrer par récurrence la conjecture précédente.

d) En déduire que la suite de matrices (A^n) converge vers une matrice L que l'on précisera.

2. Sans effectuer de calcul supplémentaire, déterminer l'état stable de ce graphe.

Aide

1. b) Utiliser les puissances de $\frac{1}{2}$: $\left(\frac{1}{2}\right)^n$.

2. La réponse se trouve dans la matrice L.

40 Avec une suite récurrente de matrices

Le colza a des aptitudes particulières à disperser ses gènes. Deux espèces différentes A et B de colza sont plantées dans un même champ.

Une étude montre que si a_n et b_n sont les proportions respectives des espèces A et B dans ce champ l'année n où n désigne un nombre entier naturel, on a :

$$\begin{cases} a_{n+1} = 0{,}7a_n - 0{,}2b_n + 0{,}07 \\ b_{n+1} = -0{,}4a_n + 0{,}7b_n + 0{,}1 \end{cases}$$

On note pour tout nombre entier naturel n, $U_n = \begin{pmatrix} a_n \\ b_n \end{pmatrix}$.

Partie A

1. Donner les matrices A et C telles que, pour tout nombre entier naturel n, $U_{n+1} = AU_n + C$.

2. Déterminer l'état stable, c'est-à-dire la matrice S qui vérifie $S = AS + C$, après avoir justifié son existence.

Partie B

Étude de la convergence de la suite (U_n)

1. a) On pose $V_n = U_n - S$. Montrer que pour tout nombre entier naturel n, $V_{n+1} = AV_n$.

b) En déduire que pour tout nombre entier naturel n, $V_n = A^n V_0$, puis que $U_n = A^n(U_0 - S) + S$.

2. En 2012, il y avait une proportion égale à 0,2 pour l'espèce A et à 0,3 pour l'espèce B.

a) Quelle sera la proportion de l'espèce A :

- en 2013 ?
- en 2016 ?

b) Utiliser la calculatrice pour déterminer la proportion de l'espèce A sur le long terme.

Aide

A. 1. A est une matrice carrée et C une matrice colonne.

2. Résoudre cette équation matricielle en S en détaillant les étapes, puis en effectuant les calculs à la calculatrice.

B. 2. Utiliser le **1. b)** et la réponse fournie au A. **2**.

Voir p. 156 et site compagnon

Exercices

Exercices d'entraînement

Pour développer ses compétences

Résoudre des problèmes

41 Parts de marché

Les produits référencés ①, ② et ③ se partagent le marché. Un consommateur utilise, chaque mois, un seul de ces produits. Pour n nombre entier naturel, on note x_n, y_n et z_n la probabilité qu'il utilise le produit ①, ②, ③ le n-ième mois. Au départ, le produit ① possèdait 10 % des parts du marché contre 20 % pour le produit ② et 70 % pour le produit ③. Une enquête de consommation a permis d'obtenir le graphe ci-dessous qui indique le comportement des consommateurs d'un mois sur l'autre.

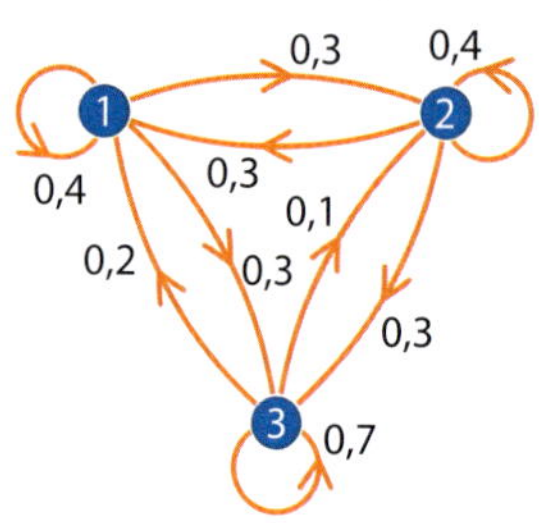

On se propose d'étudier le comportement des consommateurs à long terme.

1. Exprimer x_{n+1}, y_{n+1} et z_{n+1} en fonction de x_n, y_n, et z_n.

2. a) Exprimer z_n en fonction de x_n et y_n.

b) En déduire que, pour tout n de $\mathbb{N}$, $U_{n+1} = AU_n + B$ où $U_n = \begin{pmatrix} x_n \\ y_n \end{pmatrix}$, A et B sont des matrices que l'on précisera.

3. Déterminer une matrice colonne C telle que :

$$C = AC + B$$

4. On note V_n la matrice $V_n = U_n - C$.

Démontrer que, pour tout n de $\mathbb{N}$, $V_{n+1} = AV_n$ puis en déduire V_n en fonction de V_0.

5. $P = \begin{pmatrix} 1 & 1 \\ -1 & 2 \end{pmatrix}$

a) Calculer $D = P^{-1}AP$.

b) En déduire l'expression de A^n en fonction de n.

c) En déduire les valeurs de x_n et y_n, puis de z_n en fonction de n.

d) Quelles sont à long terme les probabilités d'utiliser les produits ①, ② et ③ ?

42 Prolifération des souris

Grâce à des expériences en laboratoire, on a pu constater qu'une souris femelle survivait à une deuxième année seulement dans un cas sur quatre et ne survivait jamais au-delà. Par ailleurs, lors de la première année, une femelle donne naissance en moyenne à une femelle et lors de la deuxième année à huit femelles.

On appelle souris juvénile une souris âgée de moins de 1 an et adulte une souris dont l'âge est compris entre un et deux ans. On notera j_n le nombre de souris juvéniles, a_n le nombre de souris adultes et T_n le nombre total de souris lors de l'année n, pour n nombre entier naturel.

Au départ, il y a 20 souris juvéniles et aucune adulte.

On se propose d'étudier la prolifération des souris.

1. Conjecture

a) Reproduire et compléter le tableur ci-dessous.

	A	B	C	D	E	F	G
1	n	a_n	j_n	T_n	j_n/T_n	a_n/T_n	T_{n+1}/T_n
2	0						
3	1						
4	2						
5	3						

b) Que peut-on conjecturer pour n assez grand ?

2. Démonstration

Pour n nombre entier naturel, on note $U_n = \begin{pmatrix} j_n \\ a_n \end{pmatrix}$.

a) Déterminer la matrice L carrée d'ordre 2, appelée matrice de Leslie, telle que $U_{n+1} = LU_n$.

b) En déduire que $U_{n+1} = L^n U_0$.

3. Pour calculer L^n, on pose $P = \begin{pmatrix} 8 & -4 \\ 1 & 1 \end{pmatrix}$.

a) Déterminer la matrice P^{-1}, inverse de la matrice P.

b) Calculer $P^{-1}LP$.

c) En déduire une relation donnant L en fonction de P, P^{-1} et une matrice diagonale.

d) Calculer L^2 puis L^n.

e) Donner une expression de j_n, a_n et T_n en fonction de n.

4. a) Exprimer les quotients $\frac{j_n}{T_n}$, $\frac{a_n}{T_n}$ et $\frac{T_{n+1}}{T_n}$ en fonction de n.

b) En déduire $\lim\limits_{n \to +\infty} \frac{j_n}{T_n}$, $\lim\limits_{n \to +\infty} \frac{a_n}{T_n}$ et $\lim\limits_{n \to +\infty} \frac{T_{n+1}}{T_n}$.

Interpréter les résultats obtenus.

D'après *ECRICOME*

43 Marche aléatoire

Une fourmi se déplace sur les bords d'un triangle ABC et change de sommet à chaque seconde.

On se propose d'étudier la position de la fourmi au bout de n secondes.

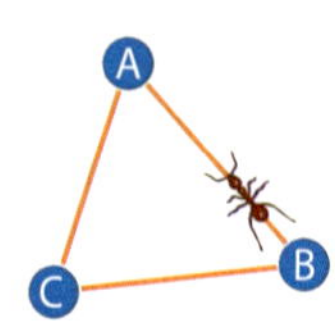

a) Donner la matrice de transition M et le graphe probabiliste associés à une marche aléatoire.

b) À l'aide de la matrice M, déterminer la probabilité que la fourmi soit en C au bout de 5 secondes alors qu'elle était partie au point A.

c) Que se passe-t-il au bout d'un grand laps de temps ?

d) Démontrer à l'aide d'un raisonnement par récurrence que pour tout nombre entier naturel n, on a :

$$A^n = \frac{1}{3}M + \frac{(-1)^n}{2^n}I - \frac{(-1)^n}{3\times 2^n}M,$$

où M désigne la matrice d'ordre 3 n'ayant que des 1 et I la matrice identité d'ordre 3.

44 Limite d'une suite de matrices

$$M = \begin{pmatrix} 1 & 0 & 0 \\ \frac{1}{4} & \frac{3}{4} & 0 \\ \frac{1}{8} & \frac{1}{8} & \frac{3}{4} \end{pmatrix}, P = \begin{pmatrix} 1 & 0 & 0 \\ 1 & 0 & 1 \\ 1 & \frac{1}{8} & 0 \end{pmatrix}, T = \begin{pmatrix} 1 & 0 & 0 \\ 0 & \frac{3}{4} & 1 \\ 0 & 0 & \frac{3}{4} \end{pmatrix}$$

On se propose d'étudier la convergence de la suite (M^n) de matrices.

a) Calculer $P \times T \times P^{-1}$.

b) On écrit $T = D + E$, où $E = \begin{pmatrix} 0 & 0 & 0 \\ 0 & 0 & 1 \\ 0 & 0 & 0 \end{pmatrix}$. Déterminer D et vérifier que $DE = ED$.

c) Montrer que, pour tout nombre entier naturel n non nul :

$$T^n = D^n + nD^{n-1}E$$

En déduire l'expression de T^n puis de M^n en fonction de n.

d) Déterminer la limite de la suite (M_n) lorsque n tend vers $+\infty$. Conclure.

45 Équilibre dans un écosystème

Dans un pré, une espèce de lézards (les prédateurs) et d'insectes (les proies) cohabitent. On note ℓ_n et i_n le nombre, en centaines d'individus, de lézards et d'insectes dans ce pré à une année 2000 + n fixée.

On sait que, d'une année sur l'autre :

- le nombre d'insectes augmente de 10 %, mais lors des $\ell_n \times i_n$ rencontres possibles entre les deux espèces, seules 4 % ont effectivement lieu et l'insecte est alors mangé par le lézard ;
- parmi les ℓ_n lézards, 8 % meurent chaque année ;
- la population de lézards augmente chaque année de 5 % du nombre d'insectes mangés.

On a observé que, durant les dernières années, ces deux populations sont restées stables. On se propose de déterminer le nombre de lézards et d'insectes dans ce pré.

a) Vérifier que, pour tout nombre entier naturel n :

$$i_{n+1} = 1{,}1 i_n - 0{,}04\,\ell_n \times i_n$$

Exprimer ℓ_{n+1} en fonction de ℓ_n et i_n.

b) Quelle serait la nature de la suite (i_n) s'il n'y avait pas de lézards ? Déterminer son sens de variation et sa limite.

c) Quelle serait la nature de la suite (ℓ_n) s'il n'y avait pas d'insectes ? Déterminer son sens de variation et sa limite.

d) Montrer que, pour tout nombre entier naturel n :

$$\begin{cases} i_{n+1} - i_n = i_n(0{,}1 - 0{,}04\ell_n) \\ \ell_{n+1} - \ell_n = \ell_n(-0{,}08 + 0{,}002 i_n) \end{cases}$$

Sachant que ces dernières années, les deux populations sont restées stables, déterminer le nombre de lézards et d'insectes dans ce pré.

46 Marche aléatoire sur un tétraèdre

On se déplace sur les sommets d'un tétraèdre ABCD en partant du sommet A ; on suppose qu'à chaque seconde, on change de sommet ; chaque sommet ayant la même probabilité d'être atteint.

On se propose de déterminer la probabilité que le marcheur se trouve au sommet A au bout d'un grand nombre de déplacements.

1. Déterminer la matrice de transition T associée à cette marche aléatoire.

2. a) Vérifier que $T = \frac{1}{3}(M - I_4)$, où M désigne la matrice $M = \begin{pmatrix} 1 & 1 & 1 & 1 \\ 1 & 1 & 1 & 1 \\ 1 & 1 & 1 & 1 \\ 1 & 1 & 1 & 1 \end{pmatrix}$ et I_4 la matrice identité d'ordre 4.

b) À l'aide d'un raisonnement par récurrence, justifier que, pour tout nombre entier naturel n non nul :

$$M^n = 4^{n-1}M$$

c) Montrer que, pour tout nombre entier naturel n :

$$T^n = (-3)^n I_4 + \frac{1}{4}\left(1 - (-3)^{-n}\right)M$$

d) En déduire que la probabilité d'être en A au bout de n secondes est :

$$a_n = \frac{1-(-3)^{-n+1}}{4}$$

et que la probabilité d'être sur l'un des trois autres sommets est :

$$b_n = \frac{1-(-3)^{-n}}{4}$$

3. Déterminer les limites des suites (a_n) et (b_n) lorsque n tend vers $+\infty$ et interpréter la réponse obtenue.

47 Oiseaux migrateurs

On souhaite étudier une population d'oiseaux migrateurs. Une étude menée en janvier 2000 a montré qu'un quart de la population séjournait dans la région nord. Le taux de migration vers le nord est égal à 0,2 et le taux de migration vers la région sud à 0,1. On notera N_n la proportion d'oiseaux vivant dans la région nord et S_n la proportion d'oiseaux vivant dans la région sud le mois suivant le n-ième mois de janvier 2000.

1. Donner deux relations liant N_{n+1} et S_{n+1} à N_n et S_n.

2. On note O_n la matrice colonne $\begin{pmatrix} S_n \\ N_n \end{pmatrix}$.

Déterminer la matrice carrée A d'ordre 2 telle que :

$$O_{n+1} = AO_n$$

3. a) à l'aide de la calculatrice, calculer A^{10} et A^{20}. Que peut-on conjecturer ?

b) On pose $B = \begin{pmatrix} \frac{2}{3} & \frac{2}{3} \\ \frac{1}{3} & \frac{1}{3} \end{pmatrix}$ et $C = A - B$.

Calculer C^2 et déterminer le réel λ tel que $C^2 = \lambda C$.

c) Vérifier que $CB = BC = 0$, puis que $B^2 = B$.

En déduire que $A^2 = \lambda C + B$.

d) Démontrer par récurrence que, pour tout n de $\mathbb{N}^*$:

$$A^n = \lambda^{n-1}C + B$$

4. a) Donner les valeurs de S_n et N_n en fonction de n.

b) Que peut-on en déduire quant à la proportion d'oiseaux dans chacune des régions au bout d'un grand nombre de mois ?

48 Marche aléatoire avec saut

Un mobile se déplace sur les sommets d'un triangle selon le protocole ci-dessous :

- lorsqu'il se trouve, à l'instant n, sur un sommet, il se déplace, à l'instant $n+1$, vers l'un des deux autres, de manière équiprobable ;
- à tout instant n, il peut également sauter du sommet où il se trouve pour atterir, sur n'importe lequel des trois sommets, avec une probabilité de 0,6.

On note X_n la variable aléatoire égale à 1 (resp. 2 ou 3), lorsque le mobile se trouve sur le sommet 1 (resp. 2 ou 3) à l'instant n.

On se propose d'étudier la position du mobile à long terme sachant qu'il a démarré sa marche aléatoire au sommet 2.

1. a) On note S l'événement « Le mobile effectue un saut » et $\overline{S}$ l'événement contraire.

Reproduire et compléter l'arbre de probabilité ci-dessous.

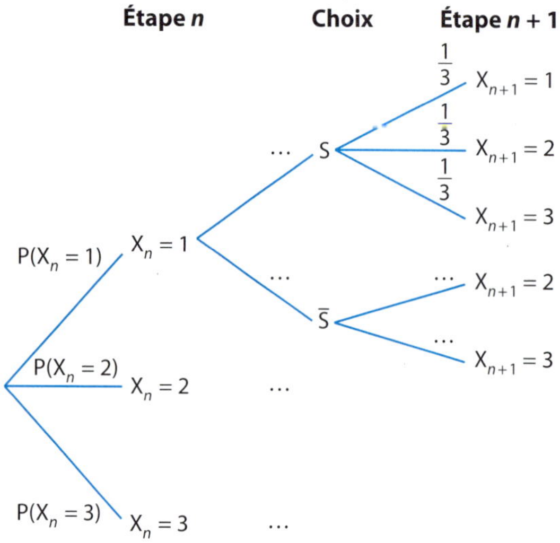

b) En déduire une expression de $P(X_{n+1} = 1)$ en fonction de $P(X_n = 1)$, $P(X_n = 2)$ et $P(X_n = 3)$.

Écrire les expressions analogues pour $P(X_{n+1} = 2)$, puis $P(X_{n+1} = 3)$.

c) On pose $U_n = \begin{pmatrix} P(X_n = 1) \\ P(X_n = 2) \\ P(X_n = 3) \end{pmatrix}$.

Montrer que, pour tout n de $\mathbb{N}$, $U_{n+1} = AU_n + C$ avec des matrices A et C que l'on précisera.

2. a) Déterminer U_0.

b) Quelle est la probabilité que le mobile se trouve au sommet 2 :

- au bout de deux étapes ? • au bout de trois étapes ?

c) Déterminer l'état stable de la suite (U_n) de matrices. Interpréter le résultat obtenu.

49 Hérédité

On suppose que l'hérédité d'une maladie chez un individu est déterminée par deux gènes A et B. Chaque individu peut présenter une association de type AA, AB (les types AB et BA sont équivalents) ou BB. On suppose, en outre, que le gène A est dominant.

Un individu est dit :

- dominant (D) s'il possède l'association AA ;
- hybride (H) s'il possède l'association AB (ou BA) ;
- récessif (R) s'il possède l'association BB.

On admet que les gènes transmis sont répartis aléatoirement et de façon équiprobable. Chaque parent transmet l'un des deux gènes.

On se propose d'étudier l'évolution génétique dans cette situation.

a) Construire un graphe probabiliste dont les sommets sont les trois états possibles d'un descendant et les probabilités sont les probabilités d'être dominant, hybride ou récessif suivant que l'un des parents est l'un de ces trois types.

b) En considérant les éventualités D, H, R dans cet ordre, déterminer la matrice de transition M de ce graphe.

c) À l'aide d'un raisonnement par récurrence, montrer que, pour tout nombre entier naturel n non nul :

$$M^n = \begin{pmatrix} \frac{2^{n-1}+1}{2^{n+1}} & \frac{1}{2} & \frac{2^{n-1}-1}{2^{n+1}} \\ \frac{1}{4} & \frac{1}{2} & \frac{1}{4} \\ \frac{2^{n-1}-1}{2^{n+1}} & \frac{1}{2} & \frac{2^{n-1}+1}{2^{n+1}} \end{pmatrix}$$

d) Étudier la convergence de la suite de matrices (M^n).

e) Interpréter le résultat précédent. En particulier, la convergence de la suite (M^n) dépend-elle de l'état initial ?

f) On suppose maintenant que l'un des parents est dominant (on ne sait rien de l'autre parent).

Étudier l'évolution génétique de ce croisement.

50 Avec deux urnes

1. $A = \begin{pmatrix} \frac{1}{3} & \frac{2}{3} \\ \frac{2}{3} & \frac{1}{3} \end{pmatrix}$.

Montrer que, pour tout n de $\mathbb{N}$:

$$A^n = \frac{1}{2 \times 3^n} \begin{pmatrix} 3^n + (-1)^n & 3^n - (-1)^n \\ 3^n - (-1)^n & 3^n + (-1)^n \end{pmatrix}$$

2. On dispose de deux urnes.

Une urne rouge contenant une boule rouge et deux boules vertes.

Une urne verte contenant deux boules rouges et une boule verte.

On effectue une suite de tirages avec remise de la façon suivante :

- le premier tirage se fait dans l'urne rouge ;
- n désigne un nombre entier non nul, lors du n-ième tirage :

– si la boule tirée est rouge (événement R_n), le tirage suivant se fait dans l'urne rouge ;

– si la boule tirée est verte (événement V_n), le tirage suivant se fait dans l'urne verte.

a) Déterminer $P(R_{n+1})$ et $P(V_{n+1})$ en fonction de $P(R_n)$ et de $P(V_n)$.

b) En déduire que, pour tout n de $\mathbb{N}^*$:

$$\begin{pmatrix} P(R_{n+1}) \\ P(V_{n+1}) \end{pmatrix} = A \begin{pmatrix} P(R_n) \\ P(V_n) \end{pmatrix}$$

En déduire que, pour tout nombre entier naturel n :

$$\begin{pmatrix} P(R_n) \\ P(V_n) \end{pmatrix} = A^n \begin{pmatrix} 1 \\ 0 \end{pmatrix}$$

Exprimer alors $P(R_n)$ et $P(V_n)$ en fonction de n.

c) Déterminer enfin la limite de ces probabilités, quand n tend vers $+\infty$.

Porter un regard critique

51 Corriger des erreurs

La matrice M est celle d'un graphe probabiliste qui modèlise les déplacements d'un mobile entre deux points ① et ②.

$$M = \begin{pmatrix} 0,7 & 0,3 \\ 0,4 & 0,6 \end{pmatrix}$$

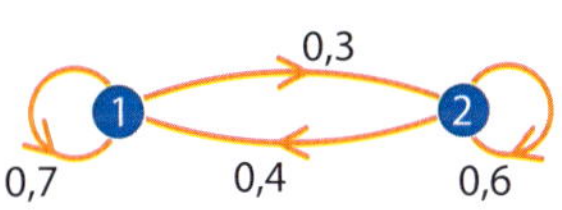

Au départ, le mobile se trouve au point ①.

Le professeur demande à ses élèves d'étudier l'emplacement du mobile au bout de 5 déplacements puis de déterminer l'état stable.

Voici les réponses d'un élève et les commentaires du professeur.

• ~~$P_1 = (0 \quad 1)$~~ L'état initial est $P_0 = (1 \quad 0)$

donc $P_5 = P_1 \times M^4 \approx (0,567 \quad 0,433)$.

• Les calculs me donnent l'état stable :

$P = \begin{pmatrix} \frac{4}{7} & \frac{3}{7} \end{pmatrix}$ C'est correct malgré l'erreur initiale.

a) Expliquer et corriger les erreurs commises par l'élève aux premiers calculs.

b) Expliquer pourquoi, malgré l'erreur initiale, le résultat de l'élève est juste. Retrouver P en détaillant les calculs.

Communiquer à l'écrit, à l'oral

52 Déplacement de molécules

On modélise le mouvement de 7 molécules entre deux compartiments A et B de la façon suivante : chaque seconde, une molécule choisie au hasard change de compartiment.

On note X_n la variable aléatoire égale au nombre de molécules présentes dans le compartiment A à l'instant n.

Utiliser la calculatrice ou un logiciel de calcul formel pour discuter de la répartition des molécules au bout d'un grand laps de temps.

53 Math in english

$A = \begin{pmatrix} 1 & 0 \\ 0,5 & 0,5 \end{pmatrix}$

The aim of this exercise is to study the convergence of the sequence (A^n).

a) Let Q be the matrix $\begin{pmatrix} 0,5 & 0 \\ 0,5 & 1 \end{pmatrix}$. Give Q^{-1}.

b) Complete $D = Q^{-1} \times A \times Q$ and justify that, for any integer n, $D^n = Q^{-1} \times A^n \times Q$.

c) Write D^n using n ; then deduce A^n using n.

d) Study the convergence of the sequence (A^n).

S'initier à la logique

54 Implications

Dans chacun des cas ci-dessous, dire si les implications proposées sont vraies ou fausses. Justifier.

P : « $A = \begin{pmatrix} \frac{1}{3} & \frac{2}{3} \\ \frac{1}{2} & \frac{1}{2} \end{pmatrix}$, $I = \begin{pmatrix} 1 & 0 \\ 0 & 1 \end{pmatrix}$ »

Q : « Il existe deux nombres réels a et b tels que :

$$A^2 = aA + bI \text{ »}$$

R : « Pour tout n de $\mathbb{N}$, $A^n = a_n A + b_n I$ avec :

$$a_{n+1} = -\frac{1}{6} a_n + 1 \text{ et } b_n = -\frac{1}{6} b_n + \frac{1}{6} \text{ ».}$$

a) Si P, alors Q. **b)** Si Q, alors P.

c) Si Q, alors R. **d)** Si R, alors Q.

Exercices d'approfondissement

Pour aller plus loin

55 Avec un guide

Dans sa cage, un hamster peut se trouver en trois lieux : sa litière (L), sa mangeoire (M) ou son espace de jeu (J). On a observé ses déplacements ; ceux-ci sont résumés par le graphe ci-contre.

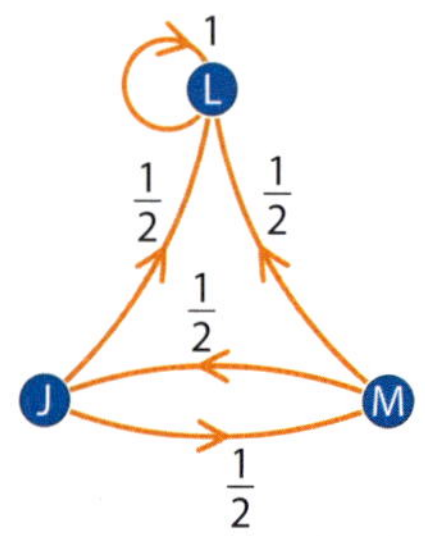

On note X_n la variable aléatoire qui prend la valeur 0 si le hamster est en L à la n-ième étape, la valeur 1 s'il est en M et la valeur 2 s'il est en J.

Au départ, le hamster est à sa mangeoire.

1. a) Exprimer $P(X_{n+1}=0)$, $P(X_{n+1}=1)$ et $P(X_{n+1}=2)$ en fonction de $P(X_n=0)$, $P(X_n=1)$ et $P(X_n=2)$.

b) On pose $U_n = \begin{pmatrix} P(X_n=0) \\ P(X_n=1) \\ P(X_n=2) \end{pmatrix}$.

Montrer que, pour tout n de $\mathbb{N}$, $U_{n+1} = AU_n$ avec une matrice A que l'on précisera.

En déduire que, pour tout n de $\mathbb{N}^*$, $U_n = A^n U_0$.

c) $P = \begin{pmatrix} 1 & 0 & -2 \\ 0 & 1 & 1 \\ 0 & -1 & 1 \end{pmatrix}$. Calculer $P^{-1}AP$ et en déduire que, pour tout nombre entier naturel n non nul :

$$A^n = \begin{pmatrix} 1 & 1-\frac{1}{2^n} & 1-\frac{1}{2^n} \\ 0 & \frac{1}{2^{n+1}}(1+(-1)^n) & \frac{1}{2^{n+1}}(1-(-1)^n) \\ 0 & \frac{1}{2^{n+1}}(1-(-1)^n) & \frac{1}{2^{n+1}}(1+(-1)^n) \end{pmatrix}$$

d) En déduire $P(X_n=0)$, $P(X_n=1)$ et $P(X_n=2)$, en fonction de n.

e) Déterminer la limite de $P(X_n=0)$ lorsque n tend vers $+\infty$.

Interpréter concrètement la réponse.

2. *Dans cette question, toute trace de recherche, même incomplète, ou d'initiative, même non fructueuse, sera prise en compte dans l'évaluation.*

On note Y la variable aléatoire qui donne le rang de l'étape où le hamster arrive à sa litière pour la première fois et est égale à 0 si cela n'arrive pas.

Montrer que $P(Y=n) = \frac{1}{2^n}$.

En déduire $P(Y=0)$.

Guide de résolution

1. a) Réaliser un arbre de probabilité.

c) Noter $D = P^{-1}AP$; puis calculer D^2, D^3,...

Déterminer D^n, puis exprimer A^n en fonction de D^n.

56 PageRank™

On suppose que le web est composé de 4 pages A, B, C, D.

Les liens entre ces pages sont représentés par le graphe ci-contre.

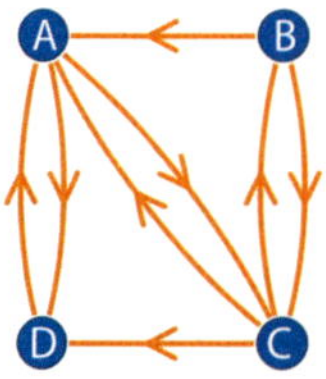

Le PageRank peut être calculé de la façon suivante :

d'une étape à la suivante, chaque page reçoit une nouvelle note héritée des pages qui lui donnent accès :

- chaque page donne 84 % de sa note précédente aux pages dont elle donne accès et ce de manière équitable entre celles-ci ;
- chaque page reçoit en supplément la note $k = 0{,}04$.

On se propose de déterminer le PageRank de chaque page. On note respectivement a_n, b_n, c_n, d_n les notes des pages A, B, C, D à l'étape n.

1. a) Reproduire et compléter le graphe avec les parts des notes reversées.

b) Montrer que, pour tout n de $\mathbb{N}$:

$$a_{n+1} = 0{,}04 + 0{,}42\, b_n + 0{,}28\, c_n + 0{,}84\, d_n$$

Déterminer des relations analogues pour b_{n+1}, c_{n+1} et d_{n+1}.

2. a) Pour n dans $\mathbb{N}$, on pose $U_n = \begin{pmatrix} a_n \\ b_n \\ c_n \\ d_n \end{pmatrix}$.

Démontrer que, pour tout n de $\mathbb{N}$, $U_{n+1} = AU_n + C$ avec des matrices A et C que l'on précisera.

b) Déterminer l'état stable S de la suite de matrices (U_n).

c) On admet que la suite (U_n) converge vers S. En déduire le PageRank de chaque page.

57 Problème ouvert

Une urne A contient 2 boules blanches et une urne B contient 4 boules rouges.

On procède au tirage aléatoire simultané d'une boule de chaque urne et la boule extraite est changée d'urne. Quelle est la probabilité qu'il y ait, au bout d'un grand nombre de tirages, 2 boules rouges dans l'urne A ?

58 Défi

ABC est un triangle.

Dans une marche aléatoire, on passe de manière équiprobable d'un sommet à un autre. On part de A, démontrer par récurrence que la probabilité de revenir en A en n déplacements est :

$$\frac{1}{3} + \frac{2}{3} \times \left(-\frac{1}{2}\right)^{n-1}$$

et celle de revenir en B est $\frac{1}{3}\left(1-\left(-\frac{1}{2}\right)^n\right)$.

HISTOIRE DES MATHS

59 Alfred James Lotka : statisticien

Info

Alfred Lotka est né en 1880 à Lviv, en Ukraine. De parents américains, il généralisera les travaux de Pierre François Verhulst et Vita Volterra sur la dynamique des populations.

Une étude est menée dans le massif du Mercantour pour mesurer l'effet de l'introduction de loups sur la population d'ongulés.

a) Les loups adultes sont résistants, leur taux de mortalité est de 0,03, mais les jeunes ont besoin de nourriture et leur taux de survie est proportionnel à la quantité d'ongulés avec un coefficient égal à 0,000 2.

On note u_n (resp. v_n) la quantité de loups (resp. ongulés) recensée l'année n.

Montrer que pour tout nombre entier naturel n :

$$u_{n+1} = 0{,}97 + 0{,}000\,2\, u_n v_n$$

b) Les ongulés, mangés par les loups, ont un taux de mortalité proportionnel au nombre de loups avec un coefficient de 0,001, mais leur taux de natalité est 0,05 (indépendant du nombre de loups).

Donner l'expression de v_{n+1} en fonction de u_n et v_n pour tout nombre entier naturel n.

c) À l'aide d'un tableur, on trace les nuages de points correspondant aux deux suites.

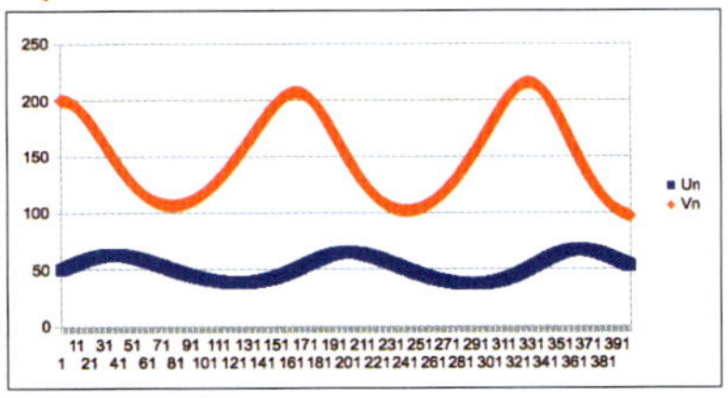

Que remarque-t-on ? Déterminer graphiquement la période des oscillations, les tailles maximale et minimale ainsi que la valeur moyenne de l'effectif de chacune des populations.

d) Une association écologique locale souhaiterait introduire plus de loups.

Les scientifiques montrent alors que le coefficient de mortalité des ongulés augmenterait jusqu'à la valeur 0,002 5. Tracer le nuage de points. Que remarque-t-on ?

e) Déterminer l'état stable du système initial. On le notera $S = \begin{pmatrix} u \\ v \end{pmatrix}$.

f) On admet qu'étudier le système initial au voisinage du point d'équilibre revient à étudier le système matriciel $V_{n+1} - V_n = JV_n$, où $U_n = \begin{pmatrix} u_n \\ v_n \end{pmatrix}$, $V_n = U_n - S$,

et $J = \begin{pmatrix} 0 & 0{,}01 \\ -0{,}15 & 0 \end{pmatrix}$. Donner alors le système linéaire vérifié par les deux suites.

g) Le système peut s'écrire $U_{n+1} = JU_n + C$. Montrer que $V_{n+1} = J^n V_0$. À l'aide d'un logiciel de calcul formel, étudier le comportement de la suite (V_n).

EXERCICES POST BAC

60 Partie A – Relation entre matrices

$$J = \begin{pmatrix} 0 & 1 & 0 & 1 \\ 1 & 0 & 1 & 0 \\ 0 & 1 & 0 & 1 \\ 1 & 0 & 1 & 0 \end{pmatrix} \quad K = \begin{pmatrix} 0 & 0 & 1 & 0 \\ 0 & 0 & 0 & 1 \\ 1 & 0 & 0 & 0 \\ 0 & 1 & 0 & 0 \end{pmatrix} \quad P = \begin{pmatrix} 1 & 1 & 1 & 1 \\ 1 & -1 & 1 & -1 \\ 1 & 1 & -1 & 1 \\ 1 & -1 & -1 & 1 \end{pmatrix}$$

a) Calculer P^{-1} puis $P^{-1}JP$ et $P^{-1}KP$ à l'aide de la calculatrice.

b) En déduire une matrice $D(\alpha, \beta)$ diagonale telle que $\alpha J + \beta K = P \times D(\alpha, \beta) \times P^{-1}$, où α et β désignent deux nombres réels.

Partie B – Étude d'un mouvement aléatoire

Dans cette partie, p désigne un nombre réel de $[0 ; 1[$.

Les sommets d'un carré sont numérotés 1, 2, 3 et 4 de telle façon que les côtés du carré relient le sommet 1 au sommet 2, le sommet 2 au sommet 3, le sommet 3 au sommet 4, le sommet 4 au sommet 1, les diagonales reliant le sommet 1 au sommet 3, ainsi que le sommet 2 au sommet 4.

Un pion se déplace sur les sommets du carré selon la règle suivante :

– le pion est sur le sommet 1 au départ ;

– lorsque le pion est à un instant donné sur un sommet du carré, il se déplace à l'instant suivant vers un sommet voisin (relié par un côté) avec la probabilité p ou vers un sommet opposé (relié par une diagonale) avec la probabilité $1 - 2p$.

On note X_n la variable aléatoire égale au numéro du sommet sur lequel se trouve le pion à l'instant n.

On a donc $X_0 = 1$.

1. a) Écrire la matrice de transition A associée à la marche aléatoire décrite ici.

b) Vérifier qu'il existe des nombres réels α et β tels que :

$$A = \alpha J + \beta K$$

2. Pour tout nombre entier naturel n, on pose :

$$C_n = \begin{pmatrix} P(X_n = 1) \\ P(X_n = 2) \\ P(X_n = 3) \\ P(X_n = 4) \end{pmatrix}$$

a) Justifier que $C_{n+1} = AC_n$.

b) En déduire que $C_n = \frac{1}{4} P(D(p, 1-2p))^n PC_0$, où $D(p, 1-2p)$ est la matrice trouvée à la partie **A**, puis donner la loi de probabilité de X_n pour tout nombre entier naturel n non nul.

D'après *EML*

Corrigés

Pour s'exercer

Chapitre 1

3 • Si n divise $n + 12$, comme n divise n, alors n divise la différence $(n + 12) - n$ c'est-à-dire n divise 12.
• Réciproquement, si n divise 12, comme n divise n, alors n divise la somme $n + 12$.
Conclusion : n divise $n + 12$ si, et seulement si, n divise 12.
n est donc l'un des nombres de l'ensemble $\{-12\,;-6\,;-4\,;-3\,;-2\,;-1\,;1\,;2\,;3\,;4\,;6\,;12\}$.

5 $(x-1)^2$ et y sont des diviseurs associés de 18. Les diviseurs de 18 dans $\mathbb{Z}$ sont :
$-18\,;-9\,;-6\,;-3\,;-2\,;-1\,;1\,;2\,;3\,;6\,;9\,;18$.

On a $\begin{cases}(x-1)^2 = 1\\ y = 18\end{cases}$ ou $\begin{cases}(x-1)^2 = 9\\ y = 2\end{cases}$

Conclusion : $(x\,;y)$ est l'un des couples $(0\,;18)$, $(2\,;18)$, $(4\,;2)$, $(-2\,;2)$.

12

	A	B	C	D
1	n	4n-3	2n+1	reste
2	0	-3	1	0
3	1	1	3	1
4	2	5	5	0
5	3	9	7	2
6	4	13	9	4
7	5	17	11	6
8	6	21	13	8
9	7	25	15	10
10	8	29	17	12
11	9	33	19	14
12	10	37	21	16
13	11	41	23	18
14	12	45	25	20

On conjecture que pour $n = 0$ ou $n = 1$, le reste vaut n.
Pour $n \geqslant 2$, on conjecture que le reste vaut $2n - 4$.
Pour tout nombre entier naturel n :

$$4n - 3 = 1 \times (2n + 1) + 2n - 4$$

$2n - 4$ est le reste si, et seulement si :

$$0 \leqslant 2n - 4 < 2n + 1$$

$2n - 4$ est le reste si, et seulement si, $2 \leqslant n$.
Pour le cas $n = 0$ et $n = 1$, on peut utiliser le tableau.

18 **a)** $27 \equiv 5[n]$ si, et seulement si :
$27 - 5 = 22$ est un multiple de n,
c'est-à-dire $n = 2$ ou $n = 11$ ou $n = 22$.
b) $1\,000 \equiv 1\,[n]$ si, et seulement si, 999 est un multiple de n, c'est-à-dire :

$$n \in \{3\,;9\,;27\,;37\,;111\,;333\,;999\}$$

c) $121 \equiv 0\,[n]$ si, et seulement si, 121 est un multiple de n, c'est-à-dire $n \in \{11\,;121\}$.

22 $12^{1527} \equiv 2^{1527}\,[5]$
On observe les puissances successives de 2 modulo 5 : $2^4 \equiv 1\,[5]$.
On divise l'exposant 1527 par 4 :

$$1527 = 381 \times 4 + 3$$

$2^{1527} \equiv 1 \times 2^3\,[5]$
$2^{1527} \equiv 3\,[5]$

28 **a)**
$d = \text{PGCD}(1\,386\,;1\,180)$
$= \text{PGCD}(1\,180\,;206) = \text{PGCD}(206\,;150)$
$= \text{PGCD}(150\,;56) = \text{PGCD}(56\,;38)$
$= \text{PGCD}(38\,;18) = \text{PGCD}(18\,;2)$
$= \text{PGCD}(2\,;0) = 2$
b) $d = \text{PGCD}(-6\,292\,;5\,852)$
$= \text{PGCD}(6\,292\,;5\,852) = \text{PGCD}(5\,852\,;440)$
$= \text{PGCD}(440\,;132) = \text{PGCD}(132\,;44)$
$= \text{PGCD}(44\,;0) = 44$

29 **a)** $a = n(n + 3)$ et $b = (n + 3)(n + 2)$
b) $\text{PGCD}(a\,;b) = (n + 3)\,\text{PGCD}(n\,;n + 2)$
Si n pair, $\text{PGCD}(n\,;n + 2) = 2$
donc $\text{PGCD}(a\,;b) = 2(n + 3)$.
Si n impair, $\text{PGCD}(n\,;n + 2) = 1$
donc $\text{PGCD}(a\,;b) = n + 3$.

36 Si $\text{PGCD}(n\,;360) = 180$, alors 180 est un diviseur de n, donc il existe $k \in \mathbb{N}^*$ tel que $n = 180k$.
$\text{PGCD}(180k\,;360) = 180\,\text{PGCD}(k\,;2) = 180$
autrement dit $\text{PGCD}(k\,;2) = 1$.
Donc si $\text{PGCD}(n\,;360) = 180$, alors n est de la forme $180k$ avec k impair.
On vérifie que la réciproque est vraie.

37 **a)** On conjecture que quelque soit le nombre entier naturel n :

$$\text{PGCD}(21n + 4)\,;(16n + 3) = 1$$

n	$21n+4$	$16n+3$	PGCD
0	4	3	1
1	25	19	1
2	46	35	1
3	67	51	1
4	88	67	1
5	109	83	1
6	130	99	1
7	151	115	1
8	172	131	1
9	193	147	1
10	214	163	1
11	235	179	1

b) Pour tout nombre entier naturel n :

$$16(21n + 4) - 21(16n + 3) = 1$$

On note $d = \text{PGCD}(a\,;b)$.
d divise $(21n + 4)$ et d divise $(16n + 3)$, donc d divise toute combinaison linéaire de a et b, en particulier $16a - 21b$, c'est-à-dire 1.
Donc $d = 1$.

Chapitre 2

3 **a)**

Étape	A	B	R
1	257	45	32
2	45	32	13
3	32	13	6
4	13	6	1
5	6	1	0

En écrivant les égalités obtenues :

$$257 = 45 \times 5 + 32$$
$$45 = 32 \times 1 + 13$$
$$32 = 13 \times 2 + 6$$
$$13 = 6 \times 2 + 1$$
$$6 = 1 \times 6 + 0$$

donc le PGCD de A et B est 1.
b) En remontant à partir de l'étape 4 :
étape 4 : $1 = 13 - 6 \times 2$
étape 3 : $6 = 32 - 13 \times 2$
donc $1 = 13 - (32 - 13 \times 2) \times 2$
donc $1 = 5 \times 13 - 2 \times 32$
étape 2 : $13 = 45 - 32 \times 1$
donc $1 = 5 \times (45 - 32 \times 1) - 2 \times 32$
donc $1 = 5 \times 45 - 7 \times 32$
étape 1 : $32 = 257 - 45 \times 5$
donc $1 = 5 \times 45 - 7 \times (257 - 45 \times 5)$
$= 40 \times 45 - 7 \times 257$
donc $1 = (-7) \times 257 + 40 \times 45$.
$\boldsymbol{u = -7}$ **et** $\boldsymbol{v = 40}$

7 **a)** $b - 3a = 1$
b) $2b - 3a = 1$
c) $a - 2nb = 1$

11 **1.** On démontre que a est divisible par 2 en faisant un tableau de congruences modulo 2.

n	0	1
$5n^2 + 1$	1	0
a	0	0

$a \equiv 0\,[2]$ donc a est divisible par 2.
On démontre que a est divisible par 3 en faisant un tableau de congruences modulo 3.

n	0	1	2
$5n^2 + 1$	1	0	0
a	0	0	0

$a \equiv 0[3]$ donc a est divisible par 3.
2 et 3 sont premiers entre eux, donc d'après une conséquence du théorème de Gauss, $2 \times 3 = 6$ divise a.

15 **a)** $(5\,;5)$ est une solution évidente.
b) $(x\,;y)$ est solution de l'équation si, et seulement si, $4x - 3y = 5$, c'est-à-dire $4x - 3y = 4x_0 - 3y_0$ car $4x_0 - 3y_0 = 5$.
Ainsi $(x\,;y)$ est solution de l'équation si, et seulement si, $4(x - x_0) = 3(y - y_0)$.

c) Si $(x\ ;\ y)$ est solution, alors 4 divise $3(y - y_0)$. Comme 4 et 3 sont premiers entre eux, d'après le théorème de Gauss, 4 divise $y - y_0$, donc il existe k nombre entier relatif tel que $y - y_0 = 4k$ soit $y = y_0 + 4k$.
Comme $4(x - x_0) = 3(y - y_0)$, $4(x - x_0) = 3 \times 4k$ donc $x - x_0 = 3k$ et par suite, $x = x_0 + 3k$.
Réciproquement, les couples :

$$(x_0 + 3k\ ;\ y_0 + 4k)$$

sont solution de $4(x - x_0) = 3(y - y_0)$.
Conclusion : L'ensemble des solutions de l'équation **(E)** est formé des couples :

$$(x_0 + 3k\ ;\ y_0 + 4k) \quad \text{avec } k \in \mathbb{Z}.$$

Chapitre 3

3 • $\sqrt{287} \approx 16{,}9$
$287 = 7 \times 41$ donc 287 n'est pas premier.
$\sqrt{467} \approx 21{,}6$ et 467 n'est pas divisible par 2, 3, 5, 7, 11, 13, 17 et 19, donc 467 est premier.

6 $n^2 + 2n + 1 = (n + 1)^2$
• Si $n = 0$, alors $n^2 + 2n + 1$ n'est pas premier
• Si $n \geqslant 1$, alors $n + 1 \geqslant 2$ et par conséquent, $n^2 + 2n + 1$ est le produit de deux nombres entiers supérieurs ou égaux à 2, donc il n'est pas premier.

12 **a)** b est un diviseur de a car tous les nombres premiers intervenant dans la décomposition en facteurs premiers de b sont présents dans celle de a avec un exposant supérieur ou égal.
b) b n'est pas un diviseur de a car 2 est à l'exposant 7 dans la décomposition en facteurs premiers de b tandis qu'il est à l'exposant 6 dans celle de a.

14 **a)** $220 = 2^2 \times 5 \times 11$
Il a $3 \times 2 \times 2 = 12$ diviseurs qui sont :
1, 2, 4, 5, 10, 20, 11, 22, 44, 55, 110, 220
b) $543 = 3 \times 181$
Il a quatre diviseurs qui sont :
1, 3, 181, 543
c) $745 = 5 \times 149$
Il a quatre diviseurs qui sont :
1, 5, 149, 745

Chapitre 4

2 **a)** La distance entre Paris et Strasbourg est 398,5 km. La durée du trajet est 4 h 35 min 40 s.

b) $C = 1{,}43D$

0.0,	96.525,	347.204,	677.105,	183.04
96.525,	0.0,	290.862,	582.153,	140.283
347.204,	290.862,	0.0,	569.855,	164.307
677.105,	582.153,	569.855,	0.0,	603.031
183.04,	140.283,	164.307,	603.031,	0.0

7 $A^{-1} = \begin{pmatrix} 1 & -2 \\ 0 & 1 \end{pmatrix}$

Le déterminant de B est nul, donc B n'est pas inversible.

$C^{-1} = \begin{pmatrix} -3{,}5 & 4{,}5 \\ 4 & -5 \end{pmatrix}$

8 **a)** En notant :
x le nombre d'insectes de type 1,
y le nombre d'insectes de type 2,
z le nombre d'insectes de type 3,
• Il y a 282 insectes au total :

$$x + y + z = 282$$

• Il y a 200 insectes qui possèdent une carapace épaisse. Or tous les insectes de type1, seuls les mâles des insectes de types 2 et 3 en ont une. Le nombre de mâles et celui de femelles sont égaux dans les populations de type 2 et 3 donc :

$$x + \frac{y}{2} + \frac{z}{2} = 200$$

• On note q la quantité journalière consommée par les insectes de type 3 :

$$2xq + 3yq + zq = 424q$$

donc $2x + 3y + z = 424$,
donc :

$$x + y + z = 282$$
$$x + \frac{y}{2} + \frac{z}{2} = 200$$
$$2x + 3y + z = 424$$

Écriture matricielle :

$$\begin{pmatrix} 1 & 1 & 1 \\ 1 & 0{,}5 & 0{,}5 \\ 2 & 3 & 1 \end{pmatrix} \times \begin{pmatrix} x \\ y \\ z \end{pmatrix} = \begin{pmatrix} 282 \\ 200 \\ 424 \end{pmatrix}$$

b)

```
[A]-1
     [[-1  2   0  ]
      [0   -1  .5 ]
      [2   -1  -.5]]
■
```

c) $\begin{pmatrix} x \\ y \\ z \end{pmatrix} = \begin{pmatrix} -1 & 2 & 0 \\ 0 & -1 & 0{,}5 \\ 2 & -1 & -0{,}5 \end{pmatrix} \times \begin{pmatrix} 282 \\ 200 \\ 424 \end{pmatrix}$

$$\begin{pmatrix} x \\ y \\ z \end{pmatrix} = \begin{pmatrix} 118 \\ 12 \\ 152 \end{pmatrix}$$

Donc il y a 118 insectes de type 1, 12 insectes de type 2 et 152 insectes de type 3.

10

```
1 A:=list2mat([1,1,3,5,2,6,-2,-1,-3],3)
                                          1,  1,  3
                                          5,  2,  6
                                          -2, -1, -3
2 A^3
                                          0, 0, 0
                                          0, 0, 0
                                          0, 0, 0
```

Chapitre 5

2 Le processus est modélisable par une marche aléatoire sur un graphe à deux sommets.
On note P_n l'état probabiliste en colonne $\begin{pmatrix} a_n \\ b_n \end{pmatrix}$, on obtient $P_{n+1} = \begin{pmatrix} \frac{1}{8} & \frac{2}{3} \\ \frac{7}{8} & \frac{1}{3} \end{pmatrix} P_n$.

Le processus admet un état stable $\begin{pmatrix} a \\ b \end{pmatrix}$ vérifiant $\begin{pmatrix} a \\ b \end{pmatrix} = \begin{pmatrix} \frac{1}{8} & \frac{2}{3} \\ \frac{7}{8} & \frac{1}{3} \end{pmatrix} \begin{pmatrix} a \\ b \end{pmatrix}$ et $a + b = 1$.

On obtient $a = \frac{16}{37}$ et $b = \frac{21}{37}$.
Conclusion : on peut prévoir une répartition de 43 % de voyelles et 57 % de consonnes approximativement dans le livre tout entier.

4 **a)** $U_{n+1} = AU_n$ avec $A = \begin{pmatrix} 0{,}7 & 0{,}6 \\ -0{,}2 & 1{,}5 \end{pmatrix}$.
b) M_n est exprimé en dizaines de mouches donc $C = \begin{pmatrix} 0 \\ -1 \end{pmatrix}$.
c) L'état stable S est la matrice colonne telle que $S = AS + C$, c'est-à-dire :

$$(I_3 - A)\,S = C$$

où $I_3 = \begin{pmatrix} 1 & 0 & 0 \\ 0 & 1 & 0 \\ 0 & 0 & 1 \end{pmatrix}$

Or la matrice $I_3 - A$ est inversible (on le constate à la calculatrice), donc :

$$S = (I_3 - A)^{-1} \times C = \begin{pmatrix} 20 \\ 10 \end{pmatrix}$$

Ainsi, si, dans ce milieu fermé, les scientifiques introduisent au départ 20 poissons archers et 100 mouches, et qu'ils retirent chaque jour dix mouches, les populations des deux espèces seront stables.

Corrigés

Objectif Bac

Chapitre 1

101 **1.** c). **2.** b). **3.** c). **4.** a). **5.** c). **6.** c).

102 **1. Vrai.** 6 divise $a-b$ donc 2 divise $a-b$ donc a et b ont même parité.
2. Vrai. 6 divise $a-b$ donc 3 divise $a-b$ donc a et b sont congrus modulo 3.
3. Faux. $2 \equiv 8(6)$. 2 et 8 sont pairs et ne sont pas congrus modulo 12.
4. Vrai. 6 divise $a-b$ donc 12 divise $2(a-b)$ donc 12 divise $2a-2b$ donc $2a \equiv 2b \equiv [12]$.
5. Faux. $3 \equiv 9(6)$ et 1 et 3 ne sont pas congrus modulo 6.

103 **1.** Faux. **2.** Faux. **3.** Vrai. **4.** Vrai. **5.** Vrai.

104 **1. a)** Cet algorithme calcule le PGCD de M et N pour les 20 valeurs de n de 1 à 20.
b) On peut conjecturer que si n est impair, alors PGCD (M ; N) vaut 2 sinon il vaut 1.
2. $n = 2p$, p nombre entier naturel.
a) $M = 9(2p) + 1 = 18p + 1$
$N = 9(2p) - 1 = 18p - 1$
Comme $18p$ est un nombre pair, M et N sont impairs.
b) PGCD (M ; N) = PGCD $(18p + 1 ; 18p - 1)$
= PGCD $(18p + 1 - (18p - 1) ; 18p - 1)$
= PGCD $(2 ; 18p - 1)$
Comme $18p - 1$ est un nombre entier impair, PGCD(M ; N) = 1.
3. a) $n = 2p + 1$, p nombre entier naturel.
$M = 9(2p + 1) + 1 = 18p + 10$
$N = 9(2p + 1) - 1 = 18p + 8$
Comme $18p$ est un nombre pair, M et N sont pairs.
b) PGCD(M ; N)
= PGCD $(18p + 10 ; 18p + 8)$
= PGCD $(18p + 10 - (18p + 8) ; 18p + 8)$
= PGCD $(2 ; 18p + 8)$
Comme $18p + 8$ est un nombre entier pair, PGCD(M ; N) = 2.
4. a) $81n^2 - 1 = M \times N$
b) Si n est pair n^2 est pair, alors $81n^2$ est pair donc $81n^2 - 1$ est impair.
c) Si $81n^2 - 1$ est divisible par 4, alors il est pair donc n est impair.
Si n est impair, alors M et N sont divisibles par 2 donc MN est divisible par 4.

Chapitre 2

74 **1.** c). **2.** c). **3.** c). **4.** b). **5.** b).

75 **1. Vrai.** Pour tout nombre entier naturel $1 \times (2n + 1) - 2 \times n = 1$, donc d'après le théorème de Bézout, n et $2n + 1$ sont premiers entre eux.
2. Faux. Contre-exemple : 2 et 3 sont premiers entre eux et $5 \times 2 - 2 \times 3 = 4$.
3. Faux. Contre-exemple : 12 est divisible par 4 et par 6 mais pas par 24.
4. Vrai. On suppose que $2a + b$ et $3a + 2b$ ne sont pas premiers entre eux. Soit k un nombre entier différent de 1.
Si k divise $2a + b$ et $3a + 2b$, alors il divise : $2(3a + 2b) - 3(2a + b)$ qui est égal à b et il divise $-1(3a + 2b) + 2(2a + b)$ qui est égal à a, donc dans ce cas a et b ne sont pas premiers entre eux.
OU : a et b sont premiers entre eux, donc d'après le théorème de Bézout, il existe u et v entiers relatifs tels que $au + bv = 1$.
Or $(2v - u)(3a + 2b) + (-3v + 2u)(2a + b)$
$= au + bv = 1$
donc $3a + 2b$ et $2a + b$ premiers entre eux d'après le théorème de Bézout.

76 **1.** Vrai. **2.** Vrai. **3.** Faux. **4.** Vrai. **5.** Faux. **6.** Faux.

77 **Partie A**
1. On suppose que a et b sont premiers entre eux et que a divise bc.
Le théorème de Bézout permet d'affirmer qu'il existe u et v tels que $au + bv = 1$.
Donc $auc + bvc = c$.
Or par hypothèse a divise bc, donc a divise bvc et a divise auc, donc a divise leur somme, donc a divise c.
2. Si $a \equiv 0\,[p]$, alors p divise a. Il existe donc un nombre entier k tel que $a = kp$.
Si $a \equiv 0\,[q]$, alors q divise a donc q divise kp or q et p sont premiers entre eux donc d'après le théorème de Gauss : q divise k.
Donc il existe un nombre entier k' tel que $k = qk'$ donc $a = kp = qk'p$ donc qp divise a et donc $a \equiv 0\,[pq]$.

Partie B
1. a) 17 et 5 étant premiers entre eux, donc d'après le théorème de Bézout, il existe deux nombres entiers relatifs u et v tel que $17u + 5v = 1$.
b) $n_0 = 3 \times 17u + 9 \times 5v$
donc : $n_0 \equiv 3 \times 17u + 9 \times 5v[17]$
donc : $n_0 \equiv 9 \times (1 - 17u)[17]$
donc : $n_0 \equiv 9[17]$.
De même : $n_0 = 3 \times 17u + 9 \times 5v$
donc : $n_0 \equiv 3 \times 17u + 9 \times 5v[5]$
donc : $n_0 \equiv 3 \times 17u[5]$
donc : $n_0 \equiv 3 \times (1 - 5v)[5]$
donc : $n_0 \equiv 3[5]$
donc n_0 appartient à S.
c) En choisissant $u = -2$ et $v = 7$, on obtient :
$n_0 = 3 \times 17 \times (-2) + 9 \times 5 \times 7$
$n_0 = 213$
2. a) n est un élément de S
donc : $n \equiv 9\,[17]$ or $n \equiv n_0[17]$
donc : $n - n_0 \equiv 0\,[17]$.
n est un élément de S
donc : $n \equiv 3\,[5]$ or $n \equiv n_0[5]$
donc : $n - n_0 \equiv 0\,[5]$.
Comme 5 et 17 sont premiers entre eux, on peut utiliser la question **2** de la **Partie A** et donc $n - n_0 \equiv 0\,[5 \times 17]$.
b) • On suppose que n appartient à S, alors $n \equiv 213\,[85]$ or $213 \equiv 43\,[85]$ car $213 - 43 = 170 = 2 \times 85$.
Donc $n \equiv 43[85]$ donc il existe k nombre entier relatif tel que $n = 43 + 85k$.
• On suppose qu'il existe k nombre entier relatif tel que $n = 43 + 85k$.
Alors $n \equiv 43 + 5 \times 17k$ donc $n \equiv 43\,[5]$ et $n \equiv 43\,[17]$ soit $n \equiv 3\,[5]$ et $n \equiv 9\,[17]$.
Donc $n \in S$.
3. Le nombre de jetons de Zoé est de la forme $43 + 85k$ et il est compris entre 300 et 400, donc il est 383 jetons.

Chapitre 3

68 **1.** b). **2.** c). **3.** b). **4.** c). **5.** c).

69 **1.** c). **2.** a).

70 **1. Faux.** La décomposition en produit de facteurs premiers de 2 045 est 5×409.
2. Vrai. Ces deux nombres sont premiers et leur différence est 2.
3. Vrai. $n!$ est un multiple de k, donc le nombre $n! + k$ est un multiple de k.
$1 < k < n! + k$ donc $n! + k$ n'est pas premier.
4. Vrai. D'après une conséquence du théorème de Gauss, p divise a.

71 **1. Vrai.** Le produit de deux nombres premiers n'est pas premier (la somme peut l'être). **2. Vrai.** **3. Vrai.** **4. Vrai.** **5. Vrai.** **6. Faux** : 18. **7. Faux.**

72 **Partie B**
1.
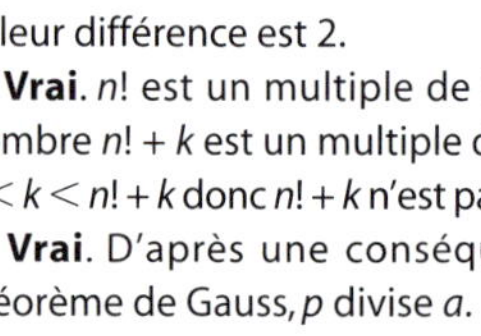

2. Faux car 2 et 10 ne sont pas multiples de 4.
3. a) 2 et 3 divise 48, 5 divise 250, 7 divise 8050. Donc 2, 3, 5 et 7 sont éléments de E.
b) $6u_{p-2} = 6(2^{p-2} + 3^{p-2} + 6^{p-2} - 1)$
$= 3 \times 2^{p-1} + 2 \times 3^{p-1} + 6^{p-1} - 6$
donc $6u_{p-2} = 3 \times (2^{p-1} - 1) + 2 \times (3^{p-1} - 1) + (6^{p-1} - 1)$.

p est un nombre premier strictement supérieur à 3 et donc p ne divise ni 2, ni 3, ni 6.
En utilisant le petit théorème de Fermat, on en déduit que p divise $2^{p-1}-1$, $3^{p-1}-1$ et $6^{p-1}-1$ donc p divise $6u_{p-2}$. Or p et 6 sont premiers entre eux donc p divise u_{p-2}.
Donc p est un élément de E. Donc tout élément premier est un élément de E.
Réciproquement, tout élément de E est par définition un nombre premier.
Donc E est l'ensemble des premiers.

Chapitre 4

48 **1. c).** **2. c).** **3. b).**

49 **1. Vrai.** **2. Faux.** $A = \begin{pmatrix} 4 & 3 \\ 7 & 5 \end{pmatrix}$
3. Vrai.
4. Faux. Le stylo rouge coûte 2,40 € et le stylo bleu 3,25 €.
5. Faux. $B \times M$ ne peut pas être calculé.

50 **1. Faux.** **2. Faux.** $P_1 = \left(0\,;\frac{1}{2}\,;\frac{1}{2}\right)$
3. Faux. La probabilité cherchée est égale à $\frac{3}{8}$.
4. Faux. Pour n grand, P_n est proche de $\left(0\,;\frac{1}{3}\,;\frac{1}{3}\right)$.

51 **1.**

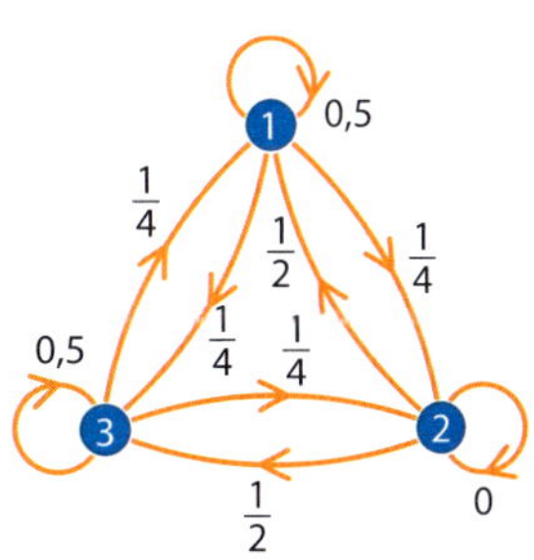

2.

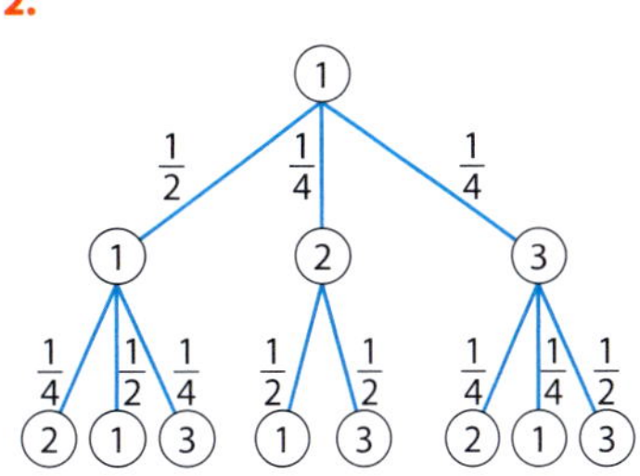

3. $M = \begin{pmatrix} \frac{1}{2} & \frac{1}{4} & \frac{1}{4} \\ \frac{1}{2} & 0 & \frac{1}{2} \\ \frac{1}{4} & \frac{1}{4} & \frac{1}{2} \end{pmatrix}$

4. a) $P_0 = (0 \quad 1 \quad 0)$ car dans la matrice ligne P_n le premier élément correspond à la probabilité qu'il pleuve le jour n, le deuxième à la probabilité qu'il fasse beau et le troisième à la probabilité qu'il neige le jour n.

Alors $P_1 = \begin{pmatrix} \frac{1}{2} & 0 & \frac{1}{2} \end{pmatrix}$.

b) $M^2 = \begin{pmatrix} \frac{7}{16} & \frac{3}{16} & \frac{3}{8} \\ \frac{3}{8} & \frac{1}{4} & \frac{3}{8} \\ \frac{3}{8} & \frac{3}{16} & \frac{7}{16} \end{pmatrix}$

c) $P_2 = P_0 \times M^2 = \begin{pmatrix} \frac{3}{8} & \frac{1}{4} & \frac{3}{8} \end{pmatrix}$

5. a) On démontre par récurrence que pour tout nombre entier naturel n :
$$P_n = P_0M^n$$
Initialisation. On doit vérifier que :
$$P_0 = P_0M^0$$
C'est immédiat car $M^0 = I_3$ (matrice identité d'ordre 3).
Hérédité. On suppose que pour un certain nombre entier naturel n, on a :
$$P_n = P_0M^n$$
On montre que $P_{n+1} = P_0M^{n+1}$.
En effet, on sait que $P_{n+1} = P_nM$.
Ainsi, $P_{n+1} = (P_0M^n)M$ (hypothèse de récurrence).
Ainsi $P_{n+1} = P_0(MM^n) = P_0M^{n+1}$.
C'est ce que l'on voulait montrer.
Ainsi, pour tout nombre entier naturel n :
$$P_n = P_0M^n$$
b) Ici $P_0 = (0 \quad 0 \quad 1)$

Alors $P_2 = P_0 \times M^2 = \begin{pmatrix} \frac{3}{8} & \frac{3}{16} & \frac{7}{16} \end{pmatrix}$.

La probabilité qu'il neige mercredi est $\frac{7}{16}$.
$P_{15} = P_0 \times M^{15} =$
$\begin{pmatrix} \frac{429\,496\,729}{1\,073\,741\,824} & \frac{214\,748\,365}{1\,073\,741\,824} & \frac{214\,748\,365}{536\,870\,912} \end{pmatrix}$
La probabilité qu'il neige dans 15 jours est de $\frac{214\,748\,365}{536\,870\,912} \approx 0{,}40$.

Chapitre 5

35 **1. b).** **2. c).** **3. b).** **4. c).**

36 **1.** Faux. **2.** Vrai. **3.** Vrai.

37 **1.** Faux. **2.** Faux. **3.** Vrai. **4.** Vrai.

38 **1.** Sur l'arête de 2 à 1 : 0,20.
Sur l'arête de 3 à 2 : 0,15.
Sur l'arête de 1 à 2 : 0,6.
Sur l'arête de 2 à 3 : 0,1.
Sur l'arête de 1 à 1 : 0,4.
Sur l'arête de 2 à 2 : 0,7.
Sur l'arête de 3 à 3 : 0,85.

2. a) $P(X_0 = 1) = 0{,}2$; $P(X_0 = 2) = 0{,}7$.
$P(X_0 = 3) = 0{,}1$.

b) $P(X_{n+1} = 1) = P([X_{n+1} = 1] \cap [X_n = 1])$
$\qquad + P([X_{n+1} = 1] \cap [X_n = 2])$

$\mathbf{P(X_{n+1} = 1) = 0{,}4 \times P(X_n = 1) + 0{,}2 \times P(X_n = 2)}$

c) $P(X_{n+1} = 2) = P([X_{n+1} = 2] \cap [X_n = 1])$
$\qquad + P([X_{n+1} = 2] \cap [X_n = 2])$
$\qquad + P([X_{n+1} = 2] \cap [X_n = 3])$

donc
$P(X_{n+1} = 2) = P_{[X_n = 1]}[X_{n+1} = 2] \times P[X_n = 1]$
$\qquad + P_{[X_n = 2]}([X_{n+1} = 2]) \times P[X_n = 2]$
$\qquad + P_{[X_n = 3]}([X_{n+1} = 2]) \times P[X_n = 3]$

$\mathbf{P(X_{n+1} = 2) = 0{,}6 \times P(X_n = 1) + 0{,}7 \times P(X_n = 2) + 0{,}15 \times P(X_n = 3)}$

de même :
$P(X_{n+1} = 3) = P([X_{n+1} = 3] \cap [X_n = 2])$
$\qquad + P([X_{n+1} = 3] \cap [X_n = 3])$

donc
$P(X_{n+1} = 3) = P_{[X_n = 2]}[X_{n+1} = 3] \times P[X_n = 2]$
$\qquad + P_{[X_n = 3]}([X_{n+1} = 3]) \times P[X_n = 3]$

$\mathbf{P(X_{n+1} = 3) = 0{,}1 \times P(X_n = 2) + 0{,}85 \times P(X_n = 3)}$

Conclusion :
$$\mathbf{P_{n+1} = P_n \begin{pmatrix} 0{,}4 & 0{,}6 & 0 \\ 0{,}2 & 0{,}7 & 0{,}1 \\ 0 & 0{,}15 & 0{,}85 \end{pmatrix}}$$

3. a) L'année 2015 correspond à $n = 3$. On obtient $P_3 \approx (\,0{,}20 \quad 0{,}57 \quad 0{,}23\,)$. C'est donc le niveau 2 qui a le plus d'adhérents.

b) La matrice de transition admet une puissance dont tous les coefficients sont strictement positifs, donc le processus admet un unique état stable et la suite des états probabilistes converge vers l'état stable S indépendamment de l'état initial.
$S = SM$. On obtient $S = \begin{pmatrix} \frac{1}{6} & \frac{1}{2} & \frac{1}{3} \end{pmatrix}$.

Index

N° d'editeur : 10183123
Achevé d'imprimer Mars 2012 par Dédalo Offset